中国科学院科学出版基金资助出版

《现代数学基础丛书》编委会

主　编：杨　乐

副主编：姜伯驹　李大潜　马志明

编　委：（以姓氏笔画为序）

王启华　王诗宬　冯克勤　朱熹平

严加安　张伟平　张继平　陈木法

陈志明　陈叔平　洪家兴　袁亚湘

葛力明　程崇庆

现代数学基础丛书·典藏版　127

有约束条件的统计推断及其应用

王金德　著

科学出版社

北　京

内 容 简 介

本书阐述有不等式约束的参数估计和假设检验的方法和理论，及其在最小二乘估计和随机序检验等方面的应用。本书把数学规划的方法和思想用到数理统计中，使得可解决的统计问题的范围进一步扩大。

本书可供统计专业高年级本科生，研究生、教师和医药，经济、环境科学、地球科学等领域中需解决有约束统计问题的实际科学工作者参考。

图书在版编目(CIP)数据

有约束条件的统计推断及其应用/王金德著. —北京：科学出版社，2012
(现代数学基础丛书·典藏版；127)
ISBN 978-7-03-033549-4

Ⅰ. ①有… Ⅱ.①王… Ⅲ.①统计推断-研究 Ⅳ. ①O212

中国版本图书馆 CIP 数据核字(2012) 第 022803 号

责任编辑：王丽平 房 阳／责任校对：钟 洋
责任印制：吴兆东／封面设计：陈 敬

科 学 出 版 社 出版
北京东黄城根北街 16 号
邮政编码：100717
http://www.sciencep.com

北京厚诚则铭印刷科技有限公司 印刷

科学出版社发行 各地新华书店经销
*
2012年 3 月第 一 版 开本：B5(720×1000)
2022年 4 月 印 刷 印张：15 1/2
字数：296 000

定价：98.00 元

(如有印装质量问题，我社负责调换)

《现代数学基础丛书》序

对于数学研究与培养青年数学人才而言，书籍与期刊起着特殊重要的作用．许多成就卓越的数学家在青年时代都曾钻研或参考过一些优秀书籍，从中汲取营养，获得教益．

20世纪70年代后期，我国的数学研究与数学书刊的出版由于文化大革命的浩劫已经破坏与中断了 10 余年，而在这期间国际上数学研究却在迅猛地发展着．1978 年以后，我国青年学子重新获得了学习、钻研与深造的机会．当时他们的参考书籍大多还是50年代甚至更早期的著述．据此，科学出版社陆续推出了多套数学丛书，其中《纯粹数学与应用数学专著》丛书与《现代数学基础丛书》更为突出，前者出版约40卷，后者则逾80卷．它们质量甚高，影响颇大，对我国数学研究、交流与人才培养发挥了显著效用．

《现代数学基础丛书》的宗旨是面向大学数学专业的高年级学生、研究生以及青年学者，针对一些重要的数学领域与研究方向，作较系统的介绍．既注意该领域的基础知识，又反映其新发展，力求深入浅出，简明扼要，注重创新．

近年来，数学在各门科学、高新技术、经济、管理等方面取得了更加广泛与深入的应用，还形成了一些交叉学科．我们希望这套丛书的内容由基础数学拓展到应用数学、计算数学以及数学交叉学科的各个领域．

这套丛书得到了许多数学家长期的大力支持，编辑人员也为其付出了艰辛的劳动．它获得了广大读者的喜爱．我们诚挚地希望大家更加关心与支持它的发展，使它越办越好，为我国数学研究与教育水平的进一步提高做出贡献．

杨　乐

2003年8月

前　言

众所周知，几乎所有的数学模型都有一定的限制条件，统计问题也不例外，对被估计的量或待检验的假设会有一些先验条件。这些条件必须作为约束条件放在统计推断模型中，这样就形成了有约束条件的统计推断问题。这些约束条件大都是已有的理论和知识，因此，它们会给统计推断提供更多的信息，用好这些信息会使统计推断更有效、更合理。另一方面，有些原来没有约束条件的统计模型也会变形为有约束条件的统计推断问题，还有些原来没有约束条件的统计问题因为比较复杂而无法求解，只有化成有约束的模型后才能求解和进行统计分析。现在，有约束统计所研究的问题已经超过了“有些统计问题必须加上约束条件”这一狭义范围。

有约束统计推断问题出现得越来越频繁，其应用范围也越来越广。在医药、经济、环境科学、基因研究等领域的研究中起着越来越重要的作用。

许多统计推断问题都涉及函数最优化问题，如最小二乘参数估计问题、极大似然估计问题、似然比检验问题、函数估计问题等。有约束统计中相应的这些问题将导致有约束条件的最优化问题。在早期研究中，由于所用方法的力量所限，所能处理的统计模型比较简单，理论分析方面的进展 (主要是指统计量的概率分布) 不能跟上，以至于必要的统计推断无法进行。这种状态，不管是从实际应用还是从理论分析的角度来看，都是不能令人满意的。

有约束统计推断问题必须用适合于它的数学工具来处理。从其数学实质来看，大部分带不等式约束的参数估计问题和假设检验问题都是有不等式约束的最优化问题，即数学规划问题。从 20 世纪 80 年代中期起，用数学规划来研究有不等式约束的统计问题的工作逐步开展。首先，有约束统计推断问题的计算方法问题迎刃而解。随后，到 90 年代中期，借助数学规划理论终于解决了其中最基本的问题 —— 统计量的 (渐近) 概率分布。这样，对有不等式约束的统计问题就可以作比较完整的统计分析了。

不过，到目前为止，国际上已有的有约束统计方面的专著，如 Barlow et al.，1972；Robertson et al.，1988；Silvapulle and Sen，2005 都没有反映这些进展，这几本书都把注意力集中于不等式假设的检验问题。

本书的主要目的就是介绍有不等式约束的参数估计问题和假设检验问题的基本方法、有关理论及其应用，以使得这类统计问题可以得到比较彻底的处理。

作者特别愿意指出的是，在介绍这些结果的同时，也就介绍了如何把最优化理论和方法应用到数理统计中的途径。这样，处理统计中的最优化问题的方法就不仅只有微积分了，可处理的 (可归结为最优化问题的) 统计问题的范围也可扩大很多：不管是有还是没有约束条件的，不管是光滑的还是非光滑的，不管是线性的还是非线性的，也不管随机误差是哪种分布的，都可以用这种方法进行处理。本书第 5~7 章中的很多结果也证明了这一点。这对数理统计的发展应该是有所裨益的，作者希望本书能起到这方面的作用。

书稿虽经作者多次检查、修改，但疏漏和不足之处恐怕仍在所难免，真诚欢迎读者批评指正。

王金德
于南京大学数学系
2011 年 12 月

目　　录

《现代数学基础丛书》序
前言
第 1 章　引言 ······ 1
1.1　有约束统计问题的产生和例子 ······ 1
1.1.1　关于待估的总体参数有一定限制条件的例 ······ 2
1.1.2　随机变量的比较 ······ 6
1.1.3　一些复杂的统计问题化为数学规划问题才得以求解 ······ 7
1.2　有约束统计问题的主要类型 ······ 8
1.2.1　抽象约束 ······ 9
1.2.2　等式约束条件 ······ 9
1.2.3　有不等式约束的统计问题 ······ 9
1.3　有不等式约束的统计问题的特点 ······ 11
1.4　本书概要 ······ 13
第 2 章　有不等式约束的回归分析问题 ······ 16
2.1　有不等式约束回归问题的最小二乘估计法 ······ 16
2.2　一个例子 ······ 17
2.3　估计量的渐近分布 ······ 23
2.3.1　极限规划问题 ······ 23
2.3.2　极限分布 ······ 26
2.4　估计量的渐近表示 ······ 30
2.5　参数的区间估计：方差已知的情形 ······ 36
2.5.1　$c^{\mathrm{T}}\theta_0$ 的置信区间 ······ 37
2.5.2　θ_0 的置信区域 ······ 47
2.6　参数的区间估计: 方差未知的情形 ······ 49
2.6.1　方差 σ^2 的估计 ······ 50
2.6.2　θ_n 和 σ_n^2 之间的渐近独立性 ······ 51
2.6.3　条件 t 统计量与条件 F 统计量 ······ 53
2.6.4　$c^{\mathrm{T}}\theta_0$ 的置信区间 ······ 54
2.7　残差分析 ······ 56
2.8　定理 2.3.2 的证明 ······ 58

2.8.1　求极限规划问题 ······ 58
2.8.2　推导极限分布 ······ 61
第 3 章　有不等式约束的极大似然估计 ······ 68
3.1　不等式约束下参数的极大似然估计问题 ······ 68
3.1.1　极大似然估计问题的形式和算法 ······ 68
3.1.2　不等式约束的极大似然估计法的合理性 ······ 69
3.2　极大似然估计量的渐近性态 ······ 70
3.2.1　极大似然估计量的渐近分布 ······ 71
3.2.2　极大似然估计量的渐近表示 ······ 76
3.2.3　似然函数极大值的渐近表示 ······ 79
3.3　等式约束下的极大似然估计 ······ 81
3.3.1　极大似然估计量的渐近表示 ······ 81
3.3.2　似然函数极大值的渐近表示 ······ 83
第 4 章　有不等式约束的假设检验 ······ 85
4.1　有不等式约束的假设检验问题 ······ 85
4.1.1　正态总体均值大小关系的检验 ······ 85
4.1.2　一般分布参数不等式的检验问题 ······ 87
4.2　似然比检验 ······ 87
4.2.1　似然比检验方法 ······ 87
4.2.2　似然比的渐近分布的推导 ······ 89
4.3　似然比渐近分布的另一种推导 ······ 92
4.3.1　随机变量到凸锥的投影 ······ 92
4.3.2　似然比统计量的渐近分布的推导 ······ 96
4.3.3　几种简单情况下权数的计算 ······ 99
第 5 章　最小一乘估计 ······ 101
5.1　最小一乘估计法的必要性与合理性 ······ 102
5.2　最小一乘估计方法 ······ 104
5.2.1　随机误差为独立同分布的情形 ······ 104
5.2.2　时间序列参数的最小一乘估计 ······ 115
5.2.3　数据有删失时参数的最小一乘估计 ······ 123
5.3　最小一乘估计法在函数估计中的应用 ······ 132
5.3.1　最小一乘局部多项式函数估计 ······ 132
5.3.2　在变系数模型的函数估计中的应用 ······ 134
5.3.3　在空间数据模型的函数估计中的应用 ······ 146

第 6 章　有不等式约束的经度数据分析 ······ 153
6.1　经度数据的特点 ······ 153
6.1.1　几个例子 ······ 153
6.1.2　经度数据的主要特点和经度数据分析统计问题的结构 ······ 154
6.2　回归模型的参数估计 ······ 156
6.3　参数的极大似然估计 ······ 160
第 7 章　随机序的检验 ······ 171
7.1　随机序 ······ 171
7.1.1　随机序的引入 ······ 171
7.1.2　简单随机序和增凸序的定义 ······ 173
7.1.3　随机序的检验问题 ······ 175
7.2　随机序的检验方法 ······ 176
7.2.1　增凸序的检验方法 ······ 176
7.2.2　简单随机序的检验 ······ 184
7.3　随机序下的多重比较 ······ 200
7.3.1　多重比较 ······ 201
7.3.2　多重比较方法 ······ 203
7.3.3　随机序下的多重比较 ——MCC 问题、控制 FWE ······ 204
附录　数学规划知识简要 ······ 213
A.1　数学规划问题 ······ 213
A.2　最优性条件 ······ 214
A.3　对偶理论 ······ 216
A.4　数学规划的算法 ······ 217
A.4.1　无约束最优化问题的算法 ······ 217
A.4.2　有约束最优化问题的算法 ······ 219
A.5　最优化稳定性理论 ······ 220
参考文献 ······ 223
致谢 ······ 230
《现代数学基础丛书》已出版书目 ······ 231

第1章　引　　言

在几乎所有实用领域的统计推断问题中，对于所给定的统计模型都会有某些事先限定的条件，特别是在医药、环境科学、经济金融等领域，这样的问题更是常见。这些条件通常是先验的知识或理论，因此，它们为相应的统计推断提供了更多的信息，会使统计推断更合理。在这些限定条件下作统计推断时，应该使所作的推断符合这些先决条件。反之，如果作统计推断时对这些事先限定的条件 (已有信息和知识) 不予理睬，则所作的统计推断就可能不符合实际要求，或者所作的统计推断不合理。例如，如果一个协方差阵的估计量不是半正定的，则不能把它作为协方差阵的估计值。因此，在这些情况下作统计推断时，必须把这些事先限定的条件考虑在内，把这些条件表达为约束条件，与给定的统计模型联合在一起，组成一个有约束条件的统计推断问题。

有约束条件的统计推断问题也可能从本来是无约束条件的统计问题产生，随机变量的比较就是这种类型的问题。而随机变量的比较是一类应用很广泛、内容非常丰富的问题。著名的方差分析这一分支正是为比较随机变量 (的期望) 是否相等而建立的。

还有一些无约束条件的统计问题，因为比较复杂，只有化成有约束条件的统计推断问题才可以求解，如最小一乘估计问题和分位数回归问题就是这种类型的问题，而这两种方法已成为公认的稳健估计方法。

因此，研究有约束条件的统计推断问题的重要性已超出“有些统计问题会有约束条件”这一狭义范围，已涉及数理统计的许多分支。

统计推断问题中有了约束条件，特别是引进不等式约束条件后，问题的数学实质发生了相应的变化，需要新的方法来求解这些问题，无约束统计问题中所使用的数学方法常常不能再使用，它的统计推断结果也与无约束统计中相应问题的结果不同。

本章将介绍本书中讨论的有约束统计推断问题的主要类型和问题的主要特点，概述本书的主要内容。

1.1　有约束统计问题的产生和例子

可以说，任何统计模型都会有某些事先限定的条件，这是实际应用中常遇到的情况，所以有约束统计问题应该是很普遍的一类问题。

这些事先限定的条件通常是先验的知识或理论，因此，考虑到这些限定条件会使统计推断更合理。人们不应该把这些约束条件看成一种负担或累赘。反之，如果作统计推断时对这些事先限定的条件不予理睬，则所作的统计推断就会有很大偏差，或者所作的统计推断不合理。事实上，人们也是在有了这种教训以后才觉悟到必须考虑有约束条件统计问题的。因此，在这些情况下作统计推断时，必须把这些事先限定的条件考虑在内，把这些条件表达为约束条件，与给定的统计模型联合在一起，组成一个有约束条件的统计推断问题。

除了很多问题中本来就会有约束条件外，有些原来没有约束条件的模型也会产生有约束条件的统计推断问题。例如，随机变量的比较问题就是这种类型的问题。随机变量的比较问题与随机变量的估计问题、假设检验问题一样，都是统计的重要任务。统计中著名的方差分析分支就是处理这类问题的。对要比较的每个随机变量而言，可能原本没有什么约束条件，但是比较它们是否有相等或不等关系时，就产生了有不等式约束的假设检验问题。例如，设要比较几个随机变量的均值是否有某种不等关系就是检验均值不等式的问题。后来，又发展到检验几个均值的单调次序关系及其更远的延伸。这些正是有约束条件的统计问题最初研究的内容，见文献 (Bartholomew，1959a，1959b，1961a，1961b)。现在已有更多类型的随机变量的比较问题。

还有一些无约束条件的统计问题，因为比较复杂，反而只有在化成有约束条件的统计推断问题时才容易求解。例如，无约束条件的最小一乘估计问题和分位数回归问题，由于其目标函数的不可微性而无法求解，化成有约束条件的估计问题才算是找到了解决这类问题的出路。

下面给出一些有约束条件的统计问题的例子。

1.1.1　关于待估的总体参数有一定限制条件的例

例 1.1.1　剂量–反应模型。在医药研究中，比较哪种剂量 (药物、治疗方案等) 更有效是一个非常重要而常见的问题。设要估计某种动物服用某种药物在不同剂量 $d_1,\cdots,d_p$ 下的平均反应水平 $\theta_1,\cdots,\theta_p$，其中 $d_1,\cdots,d_p$ 为药物服用剂量，设为依递增次序排列，θ_i 为反应水平的均值。用 y_i 表示对第 i 组 (服药剂量为 d_i) 中动物服药后观测到的反应值，y_{ij} 表示对第 i 组中第 j 个动物服药后观测到的反应值，$j=1,\cdots,n_i$。设对 $i=1,\cdots,p$，y_i 服从正态分布。用极大似然估计法可得 $\tilde{\theta}_i=n_i^{-1}\sum_{j=1}^{n_i}y_{ij}$ 可作为均值参数 θ_i 的估计值。

根据医学常识，较低剂量的药产生较小的反应值。但是，由于试验的随机性，它们的估计量 $\tilde{\theta}_i(i=1,\cdots,p)$ 不一定依非降次序排列。为了得到合理的估计，应该把下列顺序约束条件：

$$\theta_1 \leqslant \theta_2 \leqslant \cdots \leqslant \theta_p$$

加到相应极大似然估计问题中，从而得到以下的估计问题：

$$\begin{aligned} \min \quad & \sum_{i=1}^{p}\sum_{j=1}^{n_i}(y_{ij}-\theta_i)^2 \\ \text{s.t.} \quad & \theta_1 \leqslant \theta_2 \leqslant \cdots \leqslant \theta_p \end{aligned}$$

参见文献 (Schöenfield，1986)。

这种剂量–反应问题是医学、制药、环境科学、计量化学等领域中的一个基本问题。

例 1.1.2 基因联合效应检测 (Piegorsch，1990)。设要检验两种基因对某一肌体功能是有联合效应 (synergism)，还是单独作用 (simple independent action)。所用回归统计模型为下列广义混合线性模型：

$$-\log(1-\pi_{ij}) = \mu + \alpha_i + \beta_j + \eta_{ij}, \quad i=1,\cdots,m, j=1,\cdots,n$$

如果对所有 i，j 都有 $\eta_{ij}=0$，则表明单独作用假设成立；如果对所有 i，j，η_{ij} 非负且至少有某一 η_{ij} 为正，则表明联合效应假设成立。因此，要检验的假设为

$$H_0: \eta = 0, \quad H_1: \eta \geqslant 0$$

其中 $\eta = \{\eta_{ij}, i=1,\cdots,m, j=1,\cdots,n\}$

例 1.1.3 方差估计中的非负性限制。估计随机变量的方差与随机向量的协方差阵是统计中的基本任务之一。由方差与协方差阵的基本属性，应该要求方差的估计量是非负的，而随机向量的协方差阵的估计量是非负定的。

在有些统计模型中，方差的估计量明显能保证非负性要求，所以这时通常不必提出这一限制。例如，设有来自某随机变量的样本 $x_i(i=1,\cdots,n)$，要估计其方差 σ^2。经典的估计是使用

$$\hat{\sigma}^2 = \frac{1}{n-1}\sum_{1}^{n}(x_i-\bar{x})^2$$

作为方差 σ^2 的估计量，这种估计方法是矩估计法。这一估计量肯定是非负的，人们不必对此估计问题加上非负性要求。在回归分析中也有类似的估计量。

但在略为复杂一些的模型中，方差的估计量的非负性要求不一定能满足。例如，设有下述随机效应模型：

$$y_{ij} = \mu + \beta_i + e_{ij}, \quad i=1,\cdots,m, j=1,\cdots,n_i$$

其中 μ 为平均效应，β_i 为随机效应，e_{ij} 为随机误差。设 β_i 满足

$$E(\beta_i)=0, \quad \text{var}(\beta_i)=\sigma_\beta^2$$

e_{ij} 满足

$$E(e_{ij})=0,\quad \mathrm{var}(e_{ij})=\sigma_e^2,\quad \mathrm{cov}(e_{ij},e_{i'j'})=0,\quad i\neq i'\ \text{或}\ i=i',j\neq j'$$

则总方差为

$$\mathrm{var}(y_{ij})=\sigma_y^2=\sigma_\beta^2+\sigma_e^2$$

其中 σ_β^2 和 σ_e^2 称为 σ_y^2 的方差分量。

方差分析的任务是估计平均效应 μ 和检验假设

$$H_0:\beta_1=\cdots=\beta_m$$

为此，需作方差分析表

$$\begin{array}{ll}
\text{Groups} & \mathrm{SS_A}=n\sum_{i=1}^{m}(\bar{y}_{i.}-\bar{y}_{..})^2\\
\text{Within group} & \mathrm{SS_E}=\sum_{i=1}^{m}\sum_{j=1}^{n}(y_{ij}-\bar{y}_{i.})^2\\
\text{Total} & \mathrm{SS_T}=\sum_{i=1}^{m}\sum_{j=1}^{n}(y_{ij}-\bar{y}_{..})^2\\
 & \mathrm{SS_T}=\mathrm{SS_A}+\mathrm{SS_E}
\end{array}$$

方差 σ_e^2 和 σ_β^2 的估计量分别为

$$\begin{aligned}
\hat{\sigma}_e^2&=\frac{1}{m(n-1)}\mathrm{SS_E}=\mathrm{MSE}\\
\hat{\sigma}_\beta^2&=n^{-1}\left(\frac{\mathrm{SS_A}}{m-1}-\hat{\sigma}_e^2\right)\\
&=n^{-1}\left(\frac{\mathrm{SS_A}}{m-1}-\frac{\mathrm{SS_E}}{m(n-1)}\right)=n^{-1}(\mathrm{MSA}-\mathrm{MSE})
\end{aligned}$$

其中的 MSA−MSE 是否一定非负？不是的。已有理论研究结果表明，依一个不小的概率，这个量会取负值。因此，在这种方差分析模型中估计方差时，必须另外加上非负性限制。

不过，对这一特殊问题而言，加上非负性限制并不影响估计过程，因为已经确定好用 MSA−MSE 来估计 σ_β^2。若此估计量的样本值为负，则修正为零作为方差估计值。

在另一种方差估计方法中必须加上非负性限制，这就是方差的极大似然估计法。在 20 世纪 60 年代，方差分析的研究者发现，方差的矩估计量经常不是很有效，于是便提出用极大似然估计法来估计方差，参见方差分析专著 (Sahai and Ojeda，2004)。这时，如果样本不是服从独立同分布且为正态的，则所得的极大似然估计量往往不能保证是非负的。因此，必须对方差估计量加上非负性要求，从而形成有约束统计估计问题

$$\begin{aligned}\max_{(\mu,\sigma^2)} \quad & L(x,\mu,\sigma^2)=\prod_1^n f(x_i,\mu,\sigma^2)\\ \text{s.t.} \quad & \sigma^2 \geqslant 0\end{aligned}$$

例 1.1.4 多元方差分析中的协方差阵估计。

多元方差分析 (MANOVA) 中需估计多元随机变量的协方差阵。对于协方差阵的估计问题，因为其估计量的结构更为复杂，所以是否能具有非负定性不能保证，也不容易看出。设多元方差分析模型为

$$y_{ij}=\mu+b_j+e_{ij},\quad j=1,\cdots,r,i=1,\cdots,n$$

其中 $\mu(p\times 1$ 维) 为固定效应，$b_j(p\times 1$ 维) 为随机效应，并且有 $E(b_j)=0,\text{cov}(b_j)=\Sigma_b$，$E(e_{ij})=0$，$\text{cov}(e_{ij})=\Sigma_e$。

记

$$M_{bb}=\frac{r}{n-1}\sum_{i=1}^n(\bar{y}_{i.}-\bar{y}_{..})(\bar{y}_{i.}-\bar{y}_{..})^{\text{T}}$$
$$M_{ee}=\frac{1}{n(r-1)}\sum_{i=1}^n\sum_{j=1}^r(y_{ij}-\bar{y}_{i.})(y_{ij}-\bar{y}_{i.})^{\text{T}}$$

在 MANOVA 中，矩阵 Σ_e 与 Σ_b 的估计量分别为

$$\hat{\Sigma}_e=M_{ee},\quad \hat{\Sigma}_b=\frac{1}{r}(M_{bb}-M_{ee})$$

如果 $(M_{bb}-M_{ee})$ 是非负定的，则 $\hat{\Sigma}_b$ 为可行的估计量；否则，便是不可行的。遗憾的是，已有研究表明，这一协方差阵的估计量的非负定性不能保证。因此，必须在这类问题中提出估计量的非负定性这一限制条件。在 20 世纪 80 年代的研究中便已注意到这一问题，参见文献 (Amemiya，1985) 等。

同样，也有用极大似然估计法来估计协方差阵的。当然，也需提出估计量的非负定性限制。于是产生估计问题

$$\begin{aligned}\max_{(\mu,\Sigma)} \quad & L(x,\mu,\sigma^2)=\prod_1^n f(x_i,\mu,\Sigma)\\ \text{s.t.} \quad & \Sigma \geqslant 0\end{aligned}$$

其中 $\Sigma\geqslant 0$ 表示 Σ 为非负定。

由于矩阵非负定性限制条件的复杂性，如何在非负定限制下估计协方差阵的问题至今尚未很好地解决，目前正在热烈研究中，特别是估计量的理论分析问题更是没有很好地解决。

例 1.1.5 函数估计问题中产生的带不等式约束的统计问题。

在概率分布函数和一般函数的估计问题中，往往对被估计函数有一些限制。例如，设非参数回归模型为

$$y=f(x)+\varepsilon$$

其中 $(x_i, y_i)(i = 1, \cdots, n)$ 为一组观测数据，$f(x)$ 为待估计函数。如果被估计函数是单调函数，此时，在很多情况下要求估计量 (如分布函数的估计量) 也是单调的。用普通的函数估计方法得出的估计量不能保证是单调的，必须加上单调性的要求，参见文献 (Barlow et al，1972；Robertson et al，1988；Mammen，1991) 等。这时得到非参数有约束回归问题。在 (Barlow et al，1972) 和 (Robertson et al，1988) 两本书中，它们被称为保序回归 (isotropic regression). 如果假定被估函数是光滑的，则此单调性约束条件可被函数导数的非负性条件代替，仍然得到有不等式约束的统计问题。

在以上这些问题中，关于被推断的对象都有一个已知的先验条件，所作的统计推断必须符合这些条件，因而形成有约束的统计推断问题。

1.1.2　随机变量的比较

随机变量的比较是产生随机变量不等式关系检验问题的一个重要源泉。

例 1.1.6　检验几种新的处方 (药物) 是否好于对照处方。设有 $k-1$ 种新处方，分别是 $T_1, \cdots, T_{k-1}$，以及一种对照处方 T_k。对 k 组病人分别给予不同的处方治疗，设其治疗效果为 $x_{ij}(j = 1, \cdots, m_i, i = 1, \cdots, k)$。这里，比较处方好坏是用治疗效果的均值 $\theta_1, \cdots, \theta_k$ 作为指标的。

于是有假设检验问题

$$H_0:\ \theta_1 = \theta_i, i = 1, \cdots, k, \quad H_A:\ \theta_k \leqslant \theta_i, i = 1, \cdots, k-1$$

这是有不等式约束的假设检验问题。

例 1.1.7　检验反应是否随剂量单调增加。考虑例 1.1.1 中的模型。如果对药物 (平均) 效应关于剂量的单调 (增加) 趋势尚不能完全确定，则需先进行检验。

设要估计某种动物服用某种药物在不同剂量 $d_1, \cdots, d_p$ 下的平均反应水平 $\theta_1, \cdots, \theta_k$ 是否随剂量单调增加，于是有检验问题

$$H_0:\ \theta_1 = \cdots = \theta_k, \quad H_1:\ \theta_1 \leqslant \cdots \leqslant \theta_k$$

注 1.1.1　剂量–反应模型的研究是医药、化工、农药、计量化学等许多重大实用领域的重要问题。如何设置药物的最小有效剂量、最大安全剂量，使药物服用既安全又有效，副作用最小等问题中常遇到的统计模型。处理好这类问题，对药品、农药的制造、使用有很大作用。在环境污染已经极端严重的今天，这项工作具有极大的社会价值。

例 1.1.8　伞形约束检验问题。心理学研究中，在研究人的智商时通常认定，人的智商在某一年龄前随人的年龄的增加而提高，而在这一年龄后随人的年龄的增加而降低。检验这种趋势的存在性并找出从上升转为下降的转折点是这类研究的基本任务之一。这一情形导致下列伞形约束：

$$\theta_1 \leqslant \theta_2 \leqslant \cdots \leqslant \theta_k \geqslant \theta_{k+1} \geqslant \cdots \geqslant \theta_p$$

参见文献 (Mack and Wolfe，1981)。

例 1.1.9 检验 ARCH 模型中的方差变异性。

ARCH(auto regressive conditional heteroscedasticity) 模型是计量经济中最常用的模型之一，提出这一模型的作者因此而获得诺贝尔经济学奖。ARCH 模型的一个基本形式为

$$y_t = \mu + \beta^{\mathrm{T}} x_t + \epsilon_t$$
$$\epsilon_t | F_{t-1} \sim N(0, h_t^2), \quad h_t = \alpha_0 + \psi_1 \epsilon_{t-1}^2 + \cdots + \psi_p \epsilon_{t-p}^2$$

其中，F_{t-1} 为包含关于随机变量 $\epsilon_i (i = 1, \cdots, t-1)$ 的所有信息的 σ 体，$E(\epsilon_t | F_{t-1})$ 为 ϵ_t 在给定 F_{t-1} 条件下的条件期望。它可以用来刻画随时间 t 而变化的状态。要检验的假设为

$$H_0 : \psi_1 = \cdots = \psi_p = 0, \quad H_1 : \text{至少有一个 } \psi_i > 0$$

即 ϵ_t 的方差是否随 t 而变化。这是一个检验不等式假设的问题。对这一模型更详细的描述可参见文献 (Silvapulle and Silvapulle，1995)。

例 1.1.10 检验厄尔尼诺现象与暴风雨的关系。

厄尔尼诺现象是指出现在圣诞节期间，持续数月的太平洋暖流。气象学家猜想，厄尔尼诺现象与太平洋中部的季风雨、印度尼西亚和澳大利亚的旱灾、森林火灾有关系，所需检验的假设为

H_0: 暖和的厄尔尼诺抑制暴风雨，而冷的厄尔尼诺激发暴风雨

为了检验这一假设，需要更具体的统计模型。把厄尔尼诺分为三种水平：冷的 $(i = 1)$、中性的 $(i = 2)$、暖和的 $(i = 3)$。用 y_{ij} 表示暴风雨的次数，则可建立模型

$$y_{ij} = \mu_i + e_{ij}$$

其中 μ_i 为暴风雨的期望值。根据大气科学和其他知识可以猜测，关系

$$H_0 : \mu_1 \geqslant \mu_2 \geqslant \mu_3$$

可能成立，其对立假设为 H_0 不成立。

以上这些例子都是为比较随机变量 (的均值) 而形成的有不等式约束的检验问题。比较随机变量的概率分布也会形成有不等式约束的检验问题，这将在第 7 章中介绍。

1.1.3 一些复杂的统计问题化为数学规划问题才得以求解

例 1.1.11 最小一乘估计问题。设有线性回归模型

$$y_i = x_i^{\mathrm{T}} \theta + e_i$$

其中参数向量 θ 的最小一乘估计问题为

$$\min \sum_{i=1}^{n} |y_i - x_i^{\mathrm{T}}\theta|$$

由于绝对值函数的不可微性，这一问题的数值求解都一直无法进行，更不用说对此进行理论分析了。后来，数学规划专家 Charnes 等 (1955) 把它化为下列线性规划问题才得以求解：

$$\begin{array}{ll} \min_{(\theta,d_i^+,d_i^-)} & \sum_{i=1}^{n}(d_i^+ + d_i^-) \\ \text{s.t.} & x_i^{\mathrm{T}}\theta + d_i^+ - d_i^- = y_i, d_i^+ \geqslant 0, d_i^- \geqslant 0, i = 1,\cdots,n \end{array}$$

这一问题的最优解 $(\theta_n, d_{in}^+, d_{in}^-)$ 的第一部分 θ_n 就是对应最小一乘问题的最优解，即 θ 的最小一乘估计量。

这是一个有等式与不等式约束条件的最优化问题。

例 1.1.12　一般分位数回归问题。回归模型参数的最小一乘估计问题实际上是 $\frac{1}{2}$ 分位数回归问题，它是更一般的 α 分位数回归问题的特殊情形。

设有线性回归模型

$$y_i = x_i^{\mathrm{T}}\theta + e_i$$

其中参数向量 θ 的 α 分位数回归问题为

$$\min \sum_{i=1}^{n} \alpha(y_i - x_i^{\mathrm{T}}\theta)_+ + (1-\alpha)(y_i - x_i^{\mathrm{T}}\theta)_-$$

其中 $(.)_+, (.)_-$ 分别为正部和负部函数，定义为

$$(u)_+ = \begin{cases} 1, & u \geqslant 0, \\ 0, & u < 0, \end{cases} \qquad (u)_- = \begin{cases} 0, & u > 0, \\ 1, & u \leqslant 0 \end{cases}$$

这一问题可以化为下列线性规划问题：

$$\begin{array}{ll} \min_{(\theta,d_i^+,d_i^-)} & \sum_{i=1}^{n}(\alpha d_i^+ + (1-\alpha)d_i^-) \\ \text{s.t.} & x_i^{\mathrm{T}}\theta + d_i^+ - d_i^- = y_i, d_i^+ \geqslant 0, d_i^- \geqslant 0, i = 1,\cdots,n \end{array}$$

从以上的例子可见，在很多情况下都会产生有约束条件的统计问题，而且这些约束条件的加入，或者能使相应统计问题的解更合理，避免统计推断结果进入谬误范围，或者能使不易求解的统计问题得以求解。

1.2　有约束统计问题的主要类型

统计问题中的约束条件是多种多样的，有对统计模型中涉及的概率分布参数或回归函数中的参数的约束，即参数型约束；也有对涉及的概率分布函数或回归函数的函数类型 (非参数类型) 的约束；也有对统计模型本身的约束等。

本书讨论有参数型约束的统计问题。参数型约束有多种形式，其中最广泛的是如下的抽象约束条件：

$$\theta \in S$$

其中 S 为参数空间的一个子集；也有的是等式约束条件，如

$$A\theta = b$$

还有不等式约束条件，如

$$A\theta \leqslant b$$

当然，这些约束条件可以扩张为非线性的，或既有等式约束条件又有不等式约束条件等。

1.2.1 抽象约束

约束条件

$$\theta \in S$$

称为抽象约束，这是形式最广泛的约束条件。文献中早就出现过带这类约束条件的统计问题，如 (Chernoff，1954)。但由于这种问题过于一般而无法进行深入分析，因而也不能付之实际应用。

1.2.2 等式约束条件

一种具体而比较简单的约束条件是等式约束条件。在通常的回归分析和方差分析中，常有这类等式约束统计问题的讨论。例如，在回归分析中经常会碰到检验

$$A\theta = b$$

形式的假设。这时，需先进行在此条件下的回归分析，再将所得结果与无约束条件下的回归分析结果进行比较。Aitchison 和 Silvey(1958) 研究了等式约束条件下回归参数估计量的概率性质。

等式约束回归问题实质上是把 p 维 (参数的维数) 参数估计问题化为一个低维空间中的无约束回归问题。从数学方法而言，这是一个等式约束下求函数最小值的问题。对此，微积分教材中都有详细的阐述。因此，这类问题与无约束回归问题并无实质性的差别，只是处理技术和结果的形式要略为复杂一些。

本书中基本上不讨论以上两类有约束统计推断问题 (但还是对带等式约束的极大似然估计进行了一些讨论，那是为了讨论不等式约束下的似然比问题的方便)。

1.2.3 有不等式约束的统计问题

还有一类约束条件是不等式约束。在回归分析和极大似然估计问题中经常会对参数有一些不等式约束条件的限制。

1.2.3.1　几类典型的带不等式约束统计问题

有不等式约束的统计问题是很广泛的一类问题。从统计模型的角度来看，无论是参数估计问题，还是假设检验问题；无论是线性模型，还是非线性模型；也无论是统计问题中面对的是哪种数据类型，是独立同分布的还是相依数据，是 Panel 数据还是纵向数据；无论是参数模型，还是非参数模型，几乎各种类型的统计问题都可能出现相应的有不等式约束的统计问题。

本书讨论参数模型有不等式约束的回归问题和极大似然估计问题、不等式约束下的检验问题。就像在无约束统计中一样，这些问题是不等式约束的统计推断问题中的重要组成部分。而其他类型的不等式约束的统计推断问题则可以根据处理这些问题的思想和方法作相应处理 (非参数类型的问题除外)。

1.2.3.2　非线性不等式约束回归问题的具体形式

设有回归模型

$$y = f(x, \theta) + e$$

和一组相应观察值 $(x_i, y_i)(i = 1, \cdots, n)$, 服从

$$y_i = f(x_i, \theta) + e_i$$

其中 $\theta \in \mathbf{R}^p$ 为被估参数向量，$e_1, \cdots, e_n$ 为随机误差。假设 θ 必须满足约束条件

$$\begin{cases} g_j(\theta) \leqslant 0, & j = 1, \cdots, l \\ h_j(\theta) = 0, & j = l+1, \cdots, m \end{cases}$$

则相应的最小二乘估计问题为

$$\begin{aligned} \min \quad & \sum_{i=1}^{n} (y_i - f(x_i, \theta))^2 \\ \text{s.t.} \quad & g_j(\theta) \leqslant 0, \quad j = 1, \cdots, l \\ & h_j(\theta) = 0, \quad j = l+1, \cdots, m \end{aligned} \tag{1.2.1}$$

1.2.3.3　有不等式约束的极大似然估计问题

设一总体有分布密度函数 $f(x, \theta)$，从此总体中抽得样本点 $x_i(i = 1, \cdots, n)$。设 θ 必须满足约束条件

$$\begin{cases} g_j(\theta) \leqslant 0, & j = 1, \cdots, l \\ h_j(\theta) = 0, & j = l+1, \cdots, m \end{cases}$$

则相应的不等式约束极大似然估计问题的一般形式为

$$\begin{aligned}\max \quad & \prod_{i=1}^{n} f(x_i,\theta) \\ \text{s.t.} \quad & g_j(\theta) \leqslant 0, \quad j=1,\cdots,l \\ & h_j(\theta)=0, \quad j=l+1,\cdots,m\end{aligned} \tag{1.2.2}$$

根据无约束统计中的经验，极大似然估计在不等式约束统计中也应起到很大作用，而且这也是似然比检验的基础。

1.2.3.4 有不等式约束条件的检验问题

在有不等式约束的统计文献库中，研究不等式约束检验问题的论述占了极大的比重。最早研究的是正态总体均值比较问题

$$H_0:\ \mu=0, \quad H_A:\mu\geqslant 0,$$

$$H_0:\ \mu_1=\mu_i, i=1,\cdots,p, \quad H_A:\ \mu_1\leqslant\mu_i, i=1,\cdots,p$$

以及单调序假设

$$H_0:\ \mu_1=\mu_2=\cdots=\mu_p, \quad H_A:\ \mu_1\leqslant\mu_2\leqslant\cdots\leqslant\mu_p$$

这些都是常见的模型。最后一个模型的备择假设是各个均值分量依单调序排列，因此，也称为序约束 (order restricted) 模型。

把均值推广到一般分布参数，以上这些检验问题都是下列一般模型的特殊情形：

$$H_0: A\theta=b, \quad H_1: A\theta\leqslant b \tag{1.2.3}$$

其中 A 为 $m\times p$ 矩阵，b 为一向量，$\theta\in\mathbf{R}^p$ 为分布参数。这是最基本的一类不等式约束条件的检验问题，其他一些类型的检验问题都可以在此基础上发展出来。

1.3 有不等式约束的统计问题的特点

对无约束参数统计问题，包括回归问题和极大似然估计问题等重要类型，给出合适的求解方法和统计量的概率性质是有关研究的主要任务。对于有约束条件的估计问题而言，这些任务也是最基本、最主要的。而不等式假设的检验问题，因为大都用极大似然比作检验统计量，所以也需先解决有约束条件的估计问题。

遗憾的是，无约束参数估计问题的研究方法和结论在有不等式约束条件的估计问题中大都不再有用。这是因为无约束参数估计问题的研究中常用的参数估计问题的理论推导大都是从估计方程 (即，使最优化函数的梯度向量等于零) 得出的 (当然也有一些方法不遵从这一途径，但极少)。例如，当求最小二乘估计量时，通

常是使误差平方和函数关于被估参数的梯度向量等于零，形成估计方程，从此方程中求出最小二乘估计量的表达式或近似表达式，并从此表达式出发，求最小二乘估计量的概率分布 (或渐近分布)；当求极大似然估计量时，是使对数似然函数关于被估参数的梯度向量等于零形成估计方程等。但是，当估计问题中有不等式约束条件出现时，这些方法不再能用。要导出所需结果，必须寻找另外的方法。

从数学方法的观点来看，无约束条件回归的最小二乘估计问题和极大似然估计问题是无约束最优化问题。那里，对简单问题 (如线性回归) 可直接得出估计量的表达式，对非线性问题可对目标函数作近似展开而得出解的近似表达式，从而利用概率论相关理论推导出统计量的概率分布或渐近概率分布。于是所需后续统计推断得以进行。而有不等式约束的回归问题和有不等式约束的极大似然估计问题是有不等式约束条件的最优化问题，即数学规划问题。数学规划的算法都是用迭代法给出最优解 (估计量) 的近似值，(一般) 不能对最优解 (估计量) 给出一个公式。因此，要找出估计量的概率分布是一个很有挑战性的问题。实际上，这也是长期以来困扰有约束统计的发展的一个主要障碍。在 (Robertson et al，1988) 一书 (P405) 中指出，“由于这些问题的难度”，这些问题到那时尚未被解决。

有不等式约束的回归问题和有不等式约束的极大似然估计问题的数学实质是有不等式约束的最优化问题，因此，选择用数学规划的方法和理论是很自然的。引进这一方法后所取得的进展也表明这一选择是正确的。对于有约束统计问题的估计量的数值计算，使用数学规划的常用算法即可解决问题。现在，数学规划的算法已发展到相当高的水平，一般统计问题的计算都可以顺利进行。只有一个方面的困难尚不能很好解决，那就是局部极值计算方法的发展情况较好，总体极值计算方法的发展情况较差。因此，本书中也只限于处理局部极值问题。这个方面的情况与无约束参数统计问题的情况相当。

而对于有不等式约束问题的统计量的 (渐近) 概率分布问题，情况不是那么简单。从问题的数学实质来说，由于这些统计量是数学规划问题的最优解，它的渐近分布问题也就是数学规划的最优解的稳定性问题，但是没有一个数学规划的方法和理论能直接导致这些分布的求出。幸运的是，这些困难现在都不再是本质性的障碍，都已基本得以克服，相应的有约束统计问题的统计量的渐近分布也已可以求出。

从已得到的结果来看，有不等式约束问题的统计量的 (渐近) 概率分布的形式也不同于相应的无约束统计问题的 (渐近) 概率分布的形式。在后面几章可以看到，对于有不等式约束的回归问题和有不等式约束的极大似然估计问题的估计量，设记为 θ_n，而参数真值记为 θ_0，则 $n^{\frac{1}{2}}(\theta_n-\theta_0)$ 不是服从正态的渐近分布，而是服从逐片正态分布。这是与无约束和有等式约束问题相应统计量的本质区别。后面将会看到，这一区别正是由不等式约束造成的。

$n^{\frac{1}{2}}(\theta_n-\theta_0)$ 的渐近分布的非正态性和其他性质又给相应统计问题作统计推断和统计分析造成了一系列新的问题。重要问题之一是：即使有了 $n^{\frac{1}{2}}(\theta_n-\theta_0)$ 的渐近分布，后续统计推断和有关统计分析也不能立即进行，仍需进一步努力，这与无约束问题有明显的不同。

这些都是有约束统计问题特别需要解决的问题，也是本书要阐述的主要内容。

1.4 本书概要

第 2~4 章是全书的主要理论和方法部分，阐述有不等式约束的统计问题的求解方法和主要理论。第 5~7 章是这些方法和理论的直接或间接应用。

第 2 章阐述如何求解有不等式约束的回归问题。首先，给出估计量的渐近分布和渐近表示，这是其中最核心的问题。然后，用这些估计量的渐近分布来作有关的统计推断。本章对区间估计、残差分析等回归分析中的主要问题作了基本的讨论。这些结果同时也展示了带不等式约束条件的统计问题的解的基本特点和解决方法。

回归参数估计量的渐近分布的详细证明在 2.8 节给出。如前所述，参数估计量的渐近分布问题是长期以来困扰有约束统计发展的一个主要障碍。本书运用数学规划的方法和理论来解决这一问题。特别愿意指出的是，这一思想和途径是很具有一般性的，它也适合于其他许多不等式约束的统计问题和其他复杂的统计问题 (甚至也适合于一般的统计问题，不管它是否具有不等式约束条件，见第 5~7 章)。本书其他很多章节都将用这一思想和途径处理不同形式的有不等式约束的回归问题。

第 3 章阐述如何求解有不等式约束的极大似然估计问题、估计量的渐近理论和似然函数极大值的概率分布。后者是为了第 4 章中阐述似然比检验的理论做准备。同样为了这个目的的还有等式约束的极大似然估计问题的分析，虽然它不属于不等式约束的统计问题这一范畴。

第 4 章阐述如何求解有不等式假设的检验问题，一般是原假设是关于参数的等式关系，备择假设是关于参数的不等式关系，所用工具仍然是似然比检验。但由于备择假设中有不等式假设，所以古典的似然比检验理论不再适用，必须建立新的理论和相应的检验方法。在第 2，第 3 章的基础上，有不等式假设的似然比的 (渐近) 分布容易求出，而且检验问题的模型也不必限于正态总体均值之间的关系，可以扩展到一般分布参数之间的比较。

第 5 章叙述最小一乘估计问题。初看起来，这类问题似乎不属于有约束条件的统计问题这一范围。不过，它们可以化为有约束条件的统计问题。实际上，也正是因为找到了这一途径才使最小一乘估计问题得以求 (数值) 解。在这之前，最小一乘估计的想法一直被搁置一旁长达几百年。现在，它们已成为公认的较为稳健的参数估计方法，特别是在统计模型中的数据有异常点的情形，最小一乘估计量更为有效。由于最小一乘估计问题中求极小值的函数的不可微性，解决最小一乘估计量的渐近理论问题成为继其计算方法问题之后的另一个困难问题。用第 2 章中所用的基本思路即可解决这一问题。本章阐述在几种情形 (随机误差独立同分布情形、时间序列的情形、删失数据的情形) 下的最小一乘估计问题。

最小一乘估计方法虽然是一种参数估计方法，但也可用到非参数估计 (即函数估计) 问题中。这是因为在不少非参数回归方法中都有一部分参数估计任务。对这一部分参数估计的任务，以往大都使用最小二乘估计法完成。在统计模型中的数据有异常点的情形下，如果对这一部分参数估计的任务改用最小一乘估计方法当然也应该能给出更有效的结果，这样最小一乘估计在非参数回归中也发挥出独特而有益的作用。5.3 节介绍了最小一乘估计与应用广泛的局部多项式函数估计法结合的函数估计法，并把它应用到数据结构比较复杂但很有必要应用最小一乘估计函数方法的两种统计模型中去：变系数模型的函数估计和空间数据的函数估计。

第 6 章阐述如何求解有不等式约束且数据为经度数据的参数估计问题。在前几章中大都假设随机误差是独立同分布的，而对经度数据，组内随机误差有某种相关性。本章给出这类参数估计问题的求解方法和估计量的概率分布，因此，本章的结果是独立随机误差情况的发展。经度数据模型现在被应用到许多领域中，特别是医药统计和生物统计，那里经常出现有不等式约束的统计问题。

第 7 章阐述随机序的检验问题。所谓随机序，就是根据随机变量的概率分布建立的随机变量之间的某种大小次序。因此，可以按照随机序来比较随机变量的大小关系。在现有文献中，在实用统计问题中比较随机变量时，极大部分结果都是比较总体均值之间的大小关系。对于比较粗糙的应用或研究而言，基于均值的比较所得出的结论也许已经够了，但是由于均值只能反映概率分布的很少一部分信息，所以比较总体的概率分布之间的某种大小关系要比比较均值之间的大小关系更有价值。这将为实用研究的有关问题提供更多、更深入的统计推断结论。

随机序的概率论方面的研究 (即随机序的性质和互相之间的关系等) 成果已有不少，但统计方面的研究 (即如何从一组观测数据来检验随机序等) 成果至今极少。随机序的检验问题在医药工作中的重要性早在半个世纪以前就被认识到。也许是由于一直没有合适的工具来解决这种类型的检验问题，所以这方面的发展非常有限，遇到较为复杂一些的数据就无法处理。本章阐述如何把一些随机序的检验问题化为对不等式假设的检验问题，然后利用本书中处理有约束条件的统计问题的思想和技巧，使有比较复杂数据的随机序检验问题得到解决。这也是第 2 章所给出的思路的又一贡献。本章介绍增凸序和简单随机序这两种随机序，并结合剂量反应模型阐述如何进行这两种随机序的检验和严格的理论结果 (不是靠随机模拟给出一个说明)。

本章的另一内容是阐述随机序意义下的多重比较问题。多重比较问题就是同时检验多个 (多于两个) 假设的检验问题。因此，从统计理论的观点来看，它是古典假设检验问题 (只检验两个假设：原假设和备择假设) 的进一步扩展，其中有许多新概念、新问题，需要相应的新方法、新理论。现在，它在医药科学、生命科学的研究中起着重要作用。已有的多重比较问题的应用也是只限于随机变量均值的多重比较，这里把它发展到随机序意义下的多重比较。这一发展之所以可能，也是因为现在有办法来处理复杂的有不等式约束的检验问题。

第2章　有不等式约束的回归分析问题

本章阐述不等式约束回归分析问题。与无约束回归问题一样，这里将讨论回归分析中的一些基本问题，包括回归模型参数的最小二乘估计法，推导估计量的 (渐近) 概率分布，研究估计量的基本性质，讨论构造区间估计的方法、假设检验、残差分析等问题，其中最关键的是求出估计量的 (渐近) 概率分布。

第 1 章中已指出，对于有约束统计问题的估计量的数值计算，可使用数学规划的常用算法得出其近似值。因此，不等式约束回归问题的数值计算方法 (至少在理论上) 可以认为不存在什么问题。

数学规划的常用算法一般来说都是逐步迭代法，不能给出最优解的表达式，即使近似表达式都不可能给出。这一情形使得推导估计量的概率分布 (即使是近似概率分布) 变得非常困难。这是有约束统计研究开始以来一直存在着的棘手问题。众所周知，估计量的概率分布是进行统计推断的一个最关键的问题。这一问题能否解决影响到后续统计推断的一系列基本问题能否解决。本章将详细阐述如何应用最优化逼近理论来解决这一根本问题，其基本思想在 2.3 节中说明，而详细证明细节则在 2.8 节给出。

下面将看到有不等式约束回归问题参数估计量的概率分布与无约束情形有很大的不同。在无约束情形下，(在常规性条件下) 估计量基本都服从渐近正态分布，而在有不等式约束回归问题中，即使这些常规性条件得以满足，其估计量也不再服从正态分布，而是服从逐片正态分布，从而在与之相关的统计推断问题，如区间估计、残差分析等方面，无约束回归问题中所使用的方法不再能用，所得结果也都不同。另一重要的不同之处是：在无约束情形下，有了统计量的 (渐近) 概率分布，就可以进行关于未知参数的统计推断；而对有约束回归问题，有了统计量的 (渐近) 概率分布以后，也不能立即进行这些常规的统计推断，其困难之处正是由于统计量的 (渐近) 概率分布是逐片正态分布这一情况引起的。

本章将给出解决这些问题的方法与有关结果。推导有不等式约束回归问题参数估计量的概率分布方法的基本思想在 2.3 节给出。这些方法的基本思想也适用于其他很多类型的带不等式约束的统计问题统计量的研究，如有不等式约束的极大似然估计问题等。

2.1　有不等式约束回归问题的最小二乘估计法

设有非线性回归模型

$$y_i = f(x_i, \theta) + e_i \tag{2.1.1}$$

其中 x_i 为协变量的值，y_i 为因变量的值，$i=1,\cdots,n$ ，θ 为 p 维待估计未知参数向量，设其真值为 θ_0。设根据某些先验知识，θ 应服从不等式约束条件

$$\begin{aligned} g_j(\theta) &\leqslant 0, \quad j=1,\cdots,l \\ h_j(\theta) &= 0, \quad j=l+1,\cdots,m \end{aligned}$$

则对于样本 $(x_i, y_i)(i=1,\cdots,n)$ 的有不等式约束回归的最小二乘估计问题的一般形式可写为

$$\begin{aligned} \min \quad & \sum_{i=1}^{n}(y_i - f(x_i,\theta))^2 \\ \text{s.t.} \quad & g_j(\theta) \leqslant 0, \quad j=1,\cdots,l \\ & h_j(\theta) = 0, \quad j=l+1,\cdots,m \end{aligned} \tag{2.1.2}$$

从数值计算的角度来看，这是一个非线性规划问题。

线性模型是统计中一种最基本而有用的模型。如果回归模型为

$$y_i = x_i^{\mathrm{T}}\theta + e_i$$

约束条件中的函数 $g_i(\theta), h_j(\theta)$ 也都是线性函数，则 (2.1.2) 便成为一个二次规划问题

$$\begin{aligned} \min \quad & \sum_{i=1}^{n}(y_i - x_i^{\mathrm{T}}\theta)^2 \\ \text{s.t.} \quad & A\theta \leqslant b \\ & B\theta = d \end{aligned} \tag{2.1.3}$$

其中 A 为 $l \times p$ 矩阵，B 为 $(m-l)\times p$ 矩阵。

(2.1.2) 和 (2.1.3) 都可以用数学规划中的已有算法求解。如果问题 (2.1.3) 中的目标函数是正定二次型，则此二次规划问题更易求解。

2.2 一个例子

先考虑一个比较简单的例子，其中回归模型为线性模型，不等式约束条件也是线性的，并假定随机误差 e_i 服从正态分布。从这个例子可以看出不等式约束回归问题的一些基本特点，也可以使读者更容易理解以后几节的内容。

例 2.2.1 设有回归模型

$$y_i = x_{i1}\theta_1 + x_{i2}\theta_2 + e_i \tag{2.2.1}$$

其中未知参数 θ_1, θ_2 需满足约束条件

$$\theta_1 \geqslant \theta_2, \quad \theta_2 \geqslant 0$$

设有样本 $\{(y_i, x_{i1}, x_{i2}), i = 1, \cdots, n\}$，于是估计参数向量 (θ_1, θ_2) 的最小二乘估计问题为

$$\begin{aligned} \min \quad & \sum_{i=1}^{n}(y_i - x_{i1}\theta_1 - x_{i2}\theta_2)^2 \\ \text{s.t.} \quad & \theta_2 - \theta_1 \leqslant 0 \\ & -\theta_2 \leqslant 0 \end{aligned} \tag{2.2.2}$$

记矩阵 (x_{ij}) 为 X，向量 $(y_1, \cdots, y_n)^{\mathrm{T}}$ 为 Y，记 (2.2.2) 的最优解为 $(\theta_{n1}, \theta_{n2})$。对于给定样本数据 $\{(y_i, x_{i1}, x_{i2}), i = 1, \cdots, n\}$，$(\theta_{n1}, \theta_{n2})$ 的 (近似) 值可用数学规划中的二次规划算法求出。

下面考虑最小二乘估计量的概率分布问题，即对各个不同的可能样本值 $\{(y_i, x_{i1}, x_{i2}), i = 1, \cdots, n\}$，$(\theta_{n1}, \theta_{n2})$ 的概率分布问题。

如果对未知参数向量 (θ_1, θ_2) 没有约束条件，则对应的无约束回归的最小二乘估计问题为

$$\min \sum_{i=1}^{n}(y_i - x_{i1}\theta_1 - x_{i2}\theta_2)^2$$

记它的解为 $(\tilde{\theta}_{n1}, \tilde{\theta}_{n2})$。根据无约束回归的最小二乘估计法的结果，应有

$$\begin{pmatrix} \tilde{\theta}_{n1} \\ \tilde{\theta}_{n2} \end{pmatrix} = (XX^{\mathrm{T}})^{-1}XY \triangleq HY = \begin{pmatrix} \sum_{i=1}^{n} h_{1i}y_i \\ \sum_{i=1}^{n} h_{2i}y_i \end{pmatrix}$$

估计量 $(\tilde{\theta}_{n1}, \tilde{\theta}_{n2})$ 服从正态分布，它的可能值正态地分布于整个空间。根据最小二乘估计量的无偏性，它的数学期望是 (θ_1, θ_2) 的真值，设为 $(\theta_{10}, \theta_{20})$。

有约束问题估计量 $(\theta_{n1}, \theta_{n2})$ 的分布情况将会是怎样的呢？对一组给定的样本 $\{(y_i, x_{i1}, x_{i2}), i = 1, \cdots, n\}$，$(\theta_{n1}, \theta_{n2})$ 与相应的无约束回归的最小二乘估计量 $(\tilde{\theta}_{n1}, \tilde{\theta}_{n2})$ 之间有什么样的联系呢？这里，先作一些直观的说明。

如上所述，无约束回归的最小二乘估计量 $(\tilde{\theta}_{n1}, \tilde{\theta}_{n2})$ 正态地分布于整个空间 (但基本上集中于 (θ_1, θ_2) 的真值周围)。因此，对于某些样本点 $\{(y_i, x_{i1}, x_{i2}), i = 1, \cdots, n\}$，$(\tilde{\theta}_{n1}, \tilde{\theta}_{n2})$ 位于图中区域 S 内，即问题 (2.2.2) 的可行解集中；对于另一些样本数据，$(\tilde{\theta}_{n1}, \tilde{\theta}_{n2})$ 位于 S 之外。

位于 S 之内的 $(\tilde{\theta}_{n1}, \tilde{\theta}_{n2})$ 满足约束条件，则此时 (根据这些样本的) 无约束问题的解 $(\tilde{\theta}_{n1}, \tilde{\theta}_{n2})$ 也是有约束问题的解，从而有

$$(\theta_{n1}, \theta_{n2}) = (\tilde{\theta}_{n1}, \tilde{\theta}_{n2})$$

如果 $(\tilde{\theta}_{n1},\tilde{\theta}_{n2})$ 位于可行解集合之外，则此时有约束问题的解 $(\theta_{n1},\theta_{n2})$ 是 $(\tilde{\theta}_{n1},\tilde{\theta}_{n2})$ 到可行解集 S 上的某种投影 (即与可行解集 S 有公共点，并且使 $\sum\limits_{i=1}^{n}(y_i-x_{i1}\theta_1-x_{i2}\theta_2)^2$ 的值最小的那个等值面与 S 的切点，如图 2.2.1 所示)。若 $(\tilde{\theta}_{n1},\tilde{\theta}_{n2})$ 位于图 2.2.1 中的区域 S_1 中，则投影点位于射线 $P_1=\{\theta_1=\theta_2,\theta_2>0\}$ 上；如果 $(\tilde{\theta}_{n1},\tilde{\theta}_{n2})$ 位于区域 S_2，则此时约束问题的解 $(\theta_{n1},\theta_{n2})$ 是 $(\tilde{\theta}_{n1},\tilde{\theta}_{n2})$ 到可行解集 S 上的投影点：S 的顶点；如果 $(\tilde{\theta}_{n1},\tilde{\theta}_{n2})$ 位于图 2.2.1 中的区域 S_3，则此时约束问题的解 $(\theta_{n1},\theta_{n2})$ 是 $(\tilde{\theta}_{n1},\tilde{\theta}_{n2})$ 到可行解集 S 上的投影，投影点位于射线 $P_2=\{\theta_1>0,\theta_2=0\}$ 上。

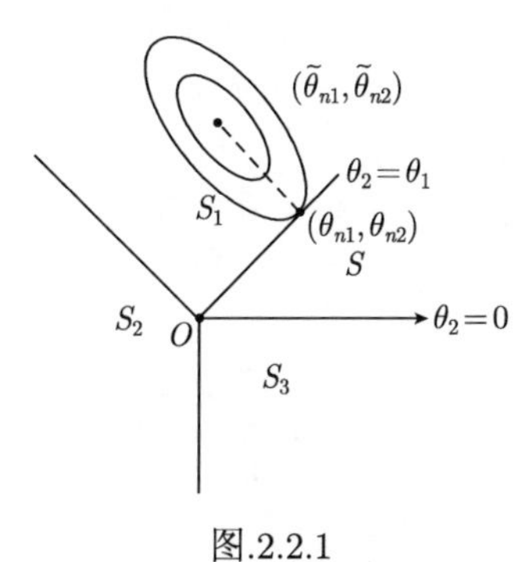

图.2.2.1

根据具体数据求 (2.2.2) 的数值解可以用二次规划的算法得出。下面给出估计量在可行解集 S 的不同位置 (关于随机误差 $e_i(i=1,\cdots,n)$ 或等价地，关于 $(x_i,y_i)(i=1,\cdots,n)$) 的表达式。

如果 $(\tilde{\theta}_{n1},\tilde{\theta}_{n2})$ 位于图中区域 S，即满足 (2.2.2) 中的可行解条件

$$\sum_{i=1}^{n}h_{1i}y_i\geqslant\sum_{i=1}^{n}h_{2i}y_i,\quad \sum_{i=1}^{n}h_{2i}y_i\geqslant 0$$

则此解也是有约束问题的解。于是有

$$(\theta_{n1},\theta_{n2})=(\tilde{\theta}_{n1},\tilde{\theta}_{n2})=(XX^{\mathrm{T}})^{-1}XY$$

如果 $(\tilde{\theta}_{n1},\tilde{\theta}_{n2})$ 位于图中区域 S_1，即满足

$$\sum_{i=1}^{n}h_{1i}y_i\leqslant\sum_{i=1}^{n}h_{2i}y_i,\quad \sum_{i=1}^{n}h_{2i}y_i\geqslant 0$$

则此时 (2.2.2) 的最优解 $(\theta_{n1},\theta_{n2})$ 位于射线 $\theta_1=\theta_2,\theta_2\geqslant 0$ 上。作为数学规划问题 (2.2.2) 的最优解，它应该满足如下的最优性条件 (参见附录)，即 Kuhn-Tucker 最优性条件方程组

$$
\begin{cases}
2\theta_1 \sum_{i=1}^{n} x_{i1} - 2\sum_{i=1}^{n} x_{i1} y_i - \lambda_1 = 0 \\
2\theta_2 \sum_{i=1}^{n} x_{i2} - 2\sum_{i=1}^{n} x_{i2} y_i + \lambda_2 = 0 \\
\lambda_1(\theta_1 - \theta_2) = 0 \\
\lambda_2 \theta_2 = 0 \\
\theta_1 - \theta_2 = 0 \\
\theta_2 \geqslant 0 \\
\lambda_1 \geqslant 0, \quad \lambda_2 \geqslant 0
\end{cases}
\tag{2.2.3}
$$

(2.2.3) 同时含有等式条件和不等式条件，而且其中第 3，4 个方程为非线性的，这样的系统无法求得显式解。考虑到现在仅限于位于射线 P_1 上的解 θ_{n1}, θ_{n2}，因此，第 3 个方程必定满足，因而可以去掉。P_1 上的解肯定有 $\theta_{n2} > 0$, 故为满足第 4 个方程必须取 $\lambda_2 = 0$。这样，第 4 个方程也可以去掉。然后，再暂时略去 (稍后会考虑它们) 最后两个不等式，得到方程组

$$
\begin{cases}
2\theta_1 \sum_{i=1}^{n} x_{i1} - 2\sum_{i=1}^{n} x_{i1} y_i - \lambda_1 = 0 \\
2\theta_2 \sum_{i=1}^{n} x_{i2} - 2\sum_{i=1}^{n} x_{i2} y_i = 0 \\
\theta_1 - \theta_2 = 0
\end{cases}
\tag{2.2.4}
$$

则可解出

$$
\begin{aligned}
\theta_{n1} = \theta_{n2} &= \left(\sum_{i=1}^{n} x_{i2}\right)^{-1} \sum_{i=1}^{n} x_{i2} y_i \\
\lambda_{n1} &= -2\sum_{i=1}^{n} x_{i1} y_i + 2\frac{\sum_{i=1}^{n} x_{i1}}{\sum_{i=1}^{n} x_{i2}} \sum_{i=1}^{n} x_{i2} y_i
\end{aligned}
\tag{2.2.5}
$$

因为暂时略去了 (2.2.3) 中的最后两个不等式，上述 $\theta_{n1}, \theta_{n2}, \lambda_{n1}$ 并不一定就是 (2.2.3) 的解。必须满足 (2.2.3) 中的最后两个不等式，即在下列限制条件下：

$$
\begin{aligned}
&\left(\sum_{i=1}^{n} x_{i2}\right)^{-1} \sum_{i=1}^{n} x_{i2} y_i \geqslant 0 \\
&2\frac{\sum_{i=1}^{n} x_{i1}}{\sum_{i=1}^{n} x_{i2}} \sum_{i=1}^{n} x_{i2} y_i - 2\sum_{i=1}^{n} x_{i1} y_i \geqslant 0
\end{aligned}
$$

才是 (2.2.3) 的解。结合 $(\tilde{\theta}_{n1}, \tilde{\theta}_{n2})$ 位于图中区域 S_1 的条件，最终 $\theta_{n1}, \theta_{n2}, \lambda_{n1}$ 在下列限制条件下才是 (2.2.3) 的解:

$$\begin{aligned}&\sum_{i=1}^{n} h_{1i} y_i \leqslant \sum_{i=1}^{n} h_{2i} y_i\\&\sum_{i=1}^{n} h_{2i} y_i \geqslant 0\\&\left(\sum_{i=1}^{n} x_{i2}\right)^{-1} \sum_{i=1}^{n} x_{i2} y_i \geqslant 0\\&2\frac{\sum\limits_{i=1}^{n} x_{i1}}{\sum\limits_{i=1}^{n} x_{i2}} \sum_{i=1}^{n} x_{i2} y_i - 2\sum_{i=1}^{n} x_{i1} y_i \geqslant 0\end{aligned} \tag{2.2.6}$$

类似地，如果 $(\tilde{\theta}_{n1}, \tilde{\theta}_{n2})$ 位于图中区域 S_3，即

$$\sum_{i=1}^{n} h_{1i} y_i \geqslant \sum_{i=1}^{n} h_{2i} y_i, \quad \sum_{i=1}^{n} h_{2i} y_i \leqslant 0$$

则 θ_{n1}, θ_{n2} 将位于射线 $\theta_1 \geqslant 0, \theta_2 = 0$ 上，θ_{n1}, θ_{n2} 应该满足如下的最优性条件：

$$\begin{cases}2\theta_1 \sum\limits_{i=1}^{n} x_{i1} - 2\sum\limits_{i=1}^{n} x_{i1} y_i = 0\\2\theta_2 \sum\limits_{i=1}^{n} x_{i2} - 2\sum\limits_{i=1}^{n} x_{i2} y_i - \lambda_2 = 0\\\theta_2 = 0\\\lambda_2 \geqslant 0\end{cases} \tag{2.2.7}$$

暂时先略去 (2.2.7) 中最后的不等式 $\lambda_2 \geqslant 0$，得一方程组。解之得

$$\begin{aligned}&\theta_{n1} = \left(\sum_{i=1}^{n} x_{i1}\right)^{-1} \sum_{i=1}^{n} x_{i1} y_i, \quad \theta_{n2} = 0\\&\lambda_{n2} = -2\sum_{i=1}^{n} x_{i2} y_i, \quad \lambda_{n1} = 0\end{aligned} \tag{2.2.8}$$

考虑到先略去了 (2.2.7) 中最后的不等式 $\lambda_2 \geqslant 0$，上述表达式只有在条件

$$\begin{aligned}&\lambda_{n2} = -2\sum_{i=1}^{n} x_{i2} y_i \geqslant 0\\&\sum_{i=1}^{n} h_{1i} y_i \geqslant \sum_{i=1}^{n} h_{2i} y_i, \quad \sum_{i=1}^{n} h_{2i} y_i \leqslant 0\end{aligned}$$

成立时才是 (2.2.7) 的解。

同样，(2.2.7) 也不是完整的 Kuhn-Tucker 最优性条件方程组，还应加上下面几个条件：

$$\lambda_1(\theta_1-\theta_2)=0$$
$$\lambda_2\theta_2=0$$
$$\lambda_1\geqslant 0$$

然而，根据前面的假定，这里是限于位于射线 P_2 上的 θ_{n1},θ_{n2}，因此，这些条件都能满足。考虑到 $(\tilde{\theta}_{n1},\tilde{\theta}_{n2})$ 位于图中区域 S_3，即有

$$\sum_{i=1}^{n}h_{1i}y_i\geqslant\sum_{i=1}^{n}h_{2i}y_i,\quad \sum_{i=1}^{n}h_{2i}y_i\leqslant 0$$

从而 (2.2.8) 所给出的确为位于射线 $\theta_1\geqslant 0,\ \ \theta_2=0$ 上的最优解。

最后考察如果 $(\tilde{\theta}_{n1},\tilde{\theta}_{n2})$ 位于图中区域 S_2 的情形。根据前面的分析，这时 $(\theta_{n1},\theta_{n2})$ 应该位于 S_1 的顶点 O，从而有

$$\theta_{n1}=\theta_{n2}=0$$

需要注意的是，最优解落在这一顶点的概率质量，即 $(\tilde{\theta}_{n1},\tilde{\theta}_{n2})$ 位于图中区域 S_3 的概率质量，并不等于零，虽然坐标原点 O 的 Lebesgue 测度等于 0。

从以上所得出的最优解落在 S_1 内及射线 P_1，射线 P_2 和顶点 O 上的表达式可见，在给定最优解落在某一部位的条件下，由于已假设随机误差服从正态分布，并且 $(\theta_{n1},\theta_{n2})$ 是 y_i 的线性组合，故 $(\theta_{n1},\theta_{n2})$ 服从正态分布 (或退化正态分布)。从总体来说，$(\theta_{n1},\theta_{n2})$ 服从逐片正态分布。从这个简单例子可以看出有不等式约束条件时回归系数估计量为什么是逐片正态的、分片是按什么原则等基本特点。

上面的分析是在“无约束回归的最小二乘估计量 $(\tilde{\theta}_{n1},\tilde{\theta}_{n2})$ 正态地分布于整个空间”的基础上考虑的。如果再进一步考虑到“无约束回归的最小二乘估计量基本上集中于 (θ_1,θ_2) 的真值 $(\theta_{10},\theta_{20})$ 周围”这一特点，则又需从真值的不同位置来分析对以上结果的影响。例如，若 $(\theta_{10},\theta_{20})$ 位于 S 的内部，并且离 S 的边界较远，则无约束回归的最小二乘估计量 $(\tilde{\theta}_{n1},\tilde{\theta}_{n2})$ 基本上都位于 S 内部，$(\tilde{\theta}_{n1},\tilde{\theta}_{n2})$ 散落在 S 外面的极少，所以这时 $(\theta_{n1},\theta_{n2})$ 依很大的概率就等于 $(\tilde{\theta}_{n1},\tilde{\theta}_{n2})$。又如，若 $(\theta_{10},\theta_{20})$ 位于射线 P_1 上，并且离 S 的顶点较远，则 $(\tilde{\theta}_{n1},\tilde{\theta}_{n2})$ 依近 0.5 的概率落在 S 的内部，依近 0.5 的概率落在 S 的外部。落在内部的 $(\tilde{\theta}_{n1},\tilde{\theta}_{n2})$ 也就是有约束问题的解，落在外部的 $(\tilde{\theta}_{n1},\tilde{\theta}_{n2})$ 到 P_1 上的投影就是约束问题的解。

因此，在研究有约束回归的最小二乘估计量的概率分布时，不仅要考虑到估计量的位置，还要考虑参数真值的位置。遗憾的是，参数真值的位置并不知道，这给有约束回归分析的统计推断增加了不少难度。

2.3 估计量的渐近分布

对于非线性回归问题 (包括回归模型是非线性的，或约束函数是非线性的) 以及随机误差不服从正态分布的问题，则回归系数估计量的表达式 (或渐近表达式) 不能用 2.2 节中的方法得到，而且因为数学规划的算法都是用逐步搜索法给出最优解 (估计量) 的近似值，从而无法用无约束回归中的方法 (通常是先求估计量的表达式或近似表达式，然后求其极限) 来推导其概率分布或渐近分布。这一情况一直困扰着有约束统计理论的发展，所以在以往的专著中都没有这方面的结果。下面采用一种新的思路来处理这一问题，即先求 (2.1.2) 的极限问题，然后再用最优化稳定性理论，结合有关概率论极限理论来证明 (2.1.2) 的解收敛于该极限问题的解。下面来叙述这一结果 (由于这一结果的推导过程比较长，也比较复杂，详细的证明放在 2.8 节)。

2.3.1 极限规划问题

众所周知，当考虑估计量 θ_n 的概率分布时，应当把诸 y_i 看成随机变量 (随机观察值)，所以把它写成下述形式更清晰：

$$y_i = f(x_i, \theta_0) + e_i$$

其中 θ_0 为 θ 的未知真值。把上式代入最小二乘估计问题 (2.1.2)，得到 下列最优化问题:

$$\begin{aligned} \min \quad & \sum_{i=1}^{n}(e_i + f(x_i, \theta_0) - f(x_i, \theta))^2 \\ \text{s.t.} \quad & g_j(\theta) \leqslant 0, \quad j = 1, \cdots, l \\ & h_j(\theta) = 0, \quad j = l+1, \cdots, m \end{aligned} \tag{2.3.1}$$

因为感兴趣的是 $n^{\frac{1}{2}}(\theta_n - \theta_0)$ 的渐近分布, 因此使用 $z = n^{\frac{1}{2}}(\theta - \theta_0)$ 代替 θ 作为最优化问题 (2.3.1) 中的新变量是一种很自然的想法。Prakasa Rao 曾成功地用这一技巧来推导无约束非线性回归问题中 $n^{\frac{1}{2}}(\theta_n - \theta_0)$ 的渐近分布，参见文献 (Prakasa Rao，1987)。这样，得到一个以 z 为优化变量的最优化问题如下：

$$\begin{aligned} \min \quad & \sum_{i=1}^{n}(e_i + f(x_i, \theta_0) - f(x_i, \theta_0 + n^{-\frac{1}{2}}z))^2 \\ \text{s.t.} \quad & g_j(\theta_0 + n^{-\frac{1}{2}}z) \leqslant 0, \quad j = 1, \cdots, l \\ & h_j(\theta_0 + n^{-\frac{1}{2}}z) = 0, \quad j = l+1, \cdots, m \end{aligned} \tag{2.3.2}$$

显然，它等价于下列问题:

$$
\begin{aligned}
\min \quad & \sum_{t=1}^{n}(e_i+f(x_i,\theta_0)-f(x_i,\theta_0+n^{-\frac{1}{2}}z))^2-\sum_{i=1}^{n}e_i^2 \\
\text{s.t.} \quad & g_j(\theta_0+n^{-\frac{1}{2}}z)\leqslant 0, \quad j=1,\cdots,l \\
& h_j(\theta_0+n^{-\frac{1}{2}}z)=0, \quad j=l+1,\cdots,m
\end{aligned}
\tag{2.3.3}
$$

(2.3.3) 是由在 (2.3.2) 的目标函数中加上了一项 $-\sum\limits_{i=1}^{n}e_i^2$ 而成，而这一项与优化变量 z 无关，因而最优化问题 (2.3.2) 与 (2.3.3) 有相同的最优解，但最优值不同。而 $n^{\frac{1}{2}}(\theta_n-\theta_0)$ 的渐近分布只涉及这两个问题的最优解。

用 $F_n(e,z)$ 表示数学规划问题 (2.3.3) 的目标函数，$\hat{D}_n$ 表示其可行解 z 的集合，z_n 表示其最优解，u_n 和 v_n 表示其对应于不等式约束的拉格朗日乘子和对应于等式约束的拉格朗日乘子。不难看出，$z_n=n^{\frac{1}{2}}(\theta_n-\theta_0)$。需要指出的是，虽然 (2.3.1) 的可行解集 S 不依赖于 n，但其等价问题 (2.3.3) 的可行解集却依赖于 n，故记为 $\hat{D}_n$。这是由于引进新变量 z 造成的。

为保证所需结果成立，引用下面的假设条件：

(1) 随机误差 $e_1,\cdots,e_n$ 是独立同分布的，并且有 $Ee_i=0$ 和 $\text{var}e_i=\sigma^2$;

(2) $f(x_i,\theta)$ $(i=1,\cdots,n)$ 关于 θ 是可微的，并且存在 θ_0 的一个邻域 W，使得在其中成立下列展开式：

$$
f(x_i,\theta)=f(x_i,\theta_0)+(\theta-\theta_0)^{\mathrm{T}}\nabla f(x_i,\theta_0)+r_i(\theta)(\|\theta-\theta_0\|)^2
$$

其中 $\nabla f(x_i,\theta_0)$ 为 $f(x_i,\theta)$ 关于 θ 在 $\theta=\theta_0$ 处的梯度,$\|\cdot\|$ 表示欧几里得模，余项 $r_i(\theta)$ 在 W 中一致地满足

$$
\lim_{n\to\infty}\frac{1}{n}\sum_{i=1}^{n}r_i(\theta)^2<\infty
$$

(3) 下列极限式成立：

$$
\lim_{n\to\infty}\frac{1}{n}\sum_{i=1}^{n}[\nabla f(x_i,\theta_0)(\nabla f(x_i,\theta_0))^{\mathrm{T}}]=K
$$

其中 K 为正定矩阵；

(4) 约束函数 $g_i(.)$ $(i=1,\cdots,m)$, $h_j(.)$ $(j=1,\cdots,N)$ 在 W 中连续可微;

(5) 向量组 $\nabla g_j(\theta_0)(j\in J(\theta_0)),\nabla h_j(\theta_0)(j=l+1,\cdots,m)$ 线性独立, 其中 $J(\theta_0)=\{j:g_j(\theta_0)=0\}$，即约束 $g_j(\theta)\leqslant 0$ 在 θ_0 处为积极 (active) 约束。

条件 (1)~(3) 是用来保证目标函数序列 $F_n(\theta)$ 的收敛性的。与无约束非线性回归问题中的相应条件比较，这里引用的一些条件与那里引用的基本相同 (可与 (Prakasa Rao，1987) 一书第 5 章中的条件相比较)。条件 (1) 中的独立同分布性只

是最初考虑这一问题时设置的条件，以使基本成果得以建立，以后将会看到，它们可以很大程度地放松。而条件 (4) 和 (5) 则是用来保证可行解集合序列 $\hat{D}_n$ 的收敛性的。因此，这里引用的条件并没有因为有不等式约束而过分苛刻。

与无约束回归问题一样，确认 z_n，也即 $n^{\frac{1}{2}}(\theta_n-\theta_0)$ 的依概率有界性是必要的。它是推导所需极限分布时所必需的，又有它自身的意义。对此有下面的结果。

定理 2.3.1 设上述条件 (1)~(5) 成立，则 $z_n=n^{\frac{1}{2}}(\theta_n-\theta_0)$ 依概率有界。

注 2.3.1 $z_n=n^{\frac{1}{2}}(\theta_n-\theta_0)$ 依概率有界，则 $\theta_n-\theta_0$ 依概率趋于零，这蕴涵了估计量 θ_n 的弱相合性。

关于 $z_n=n^{\frac{1}{2}}(\theta_n-\theta_0)$ 的极限分布，则有下列结果：

定理 2.3.2 设上述条件 (1)~(5) 成立，则 (2.3.3) 的最优解 z_n 依分布收敛于下列数学规划问题的最优解 $\hat{z}$:

$$\begin{aligned}\min\quad & z^{\mathrm{T}}Kz-2z^{\mathrm{T}}\xi \\ \text{s.t.}\quad & \nabla g_j(\theta_0)^{\mathrm{T}}z\leqslant 0,\quad j\in J(\theta_0) \\ & \nabla h_j(\theta_0)^{\mathrm{T}}z=0,\quad j=l+1,\cdots,m\end{aligned}\tag{2.3.4}$$

其中 ξ 是分布为 $N(0,\sigma^2K)$ 的正态变量.

定理 2.3.1 与定理 2.3.2 的证明见 2.8 节。

注 2.3.2 从极限问题 (2.3.4) 可以看出，$\hat{z}$ 的分布并不与所有的不等式约束 $g_j(\theta)\leqslant 0$ 有关，而只与在 θ_0 处成积极约束的 $g_j(\theta)\leqslant 0$ 有关。这是一个很重要的事实，后面不少地方会用到它。从可行解集 S 与 D 的图 (图 2.3.1、图 2.3.2) 可以看出其中的道理，这是因为 $z_n=n^{\frac{1}{2}}(\theta_n-\theta_0)$ 是依概率有界的，θ_n 依近乎 1 的概率落在 θ_0 附近。而如果在 θ_0 处有 $g_j(\theta_0)<0(j\notin J(\theta_0))$，则对于这些 j，由函数 $g_j(\theta)$ 的连续性，必有 $g_j(\theta_n)\leqslant 0$，即 θ_n 肯定能满足这些约束条件。于是对于这些 j，没有必要把 $g_j(\theta)\leqslant 0$ 考虑为约束条件，因而可以删去。

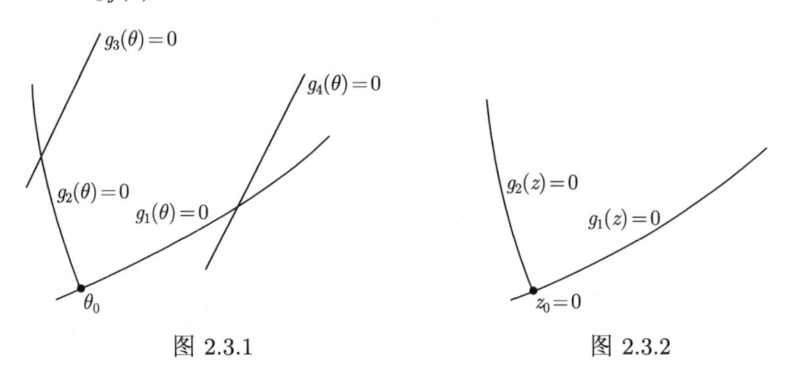

图 2.3.1　　图 2.3.2

注 2.3.3 从 (2.3.4) 可见，极限问题的结构依赖于 θ_0 的位置，对不同的 θ_0 的位置，指标集 $J(\theta_0)$ 不相同，于是对应的极限问题的可行解集也不同。

2.3.2 极限分布

虽然定理 2.3.2 已断言 $n^{\frac{1}{2}}(\theta_n-\theta_0)$ 依分布收敛于极限规划问题 (2.3.4) 的最优解，但该定理并没有给出其最优解 $\hat{z}$ 的分布的具体形式。下面来给出这个分布。

对应于随机向量 ξ 的不同的值，(2.3.4) 的最优解 $\hat{z}$ 可能位于可行解集 D 的不同位置，可以在 D 的相对内部，也可以在 D 的相对边界上。而在不同区域里的最优解 $\hat{z}$ 有不同的分布。下面推导 $\hat{z}$ 在各个区域里的分布。

D 是一个凸多面体，用 D^{o} 表示 D 的相对内部，D_j, $D_{j_1,\cdots,j_k}$ 分别表示其边界面和它们的交，$D^{\mathrm{o}}_{j_1,\cdots,j_k}$ 表示 $D_{j_1,\cdots,j_k}$ 的相对内部，它们定义如下：

$$
\begin{aligned}
D^{\mathrm{o}}&=\{z:\nabla g_j^{\mathrm{T}}z<0, j\in J(\theta_0);\nabla h_j(\theta_0)^{\mathrm{T}}z=0, j=l+1,\cdots,m\}\\
D_{j_1,\cdots,j_k}&=\{z:\nabla g_{j_r}(\theta_0)^{\mathrm{T}}z=0, j_r\in J(\theta_0), r=1,\cdots,k;\\
&\qquad\nabla g_k(\theta_0)^{\mathrm{T}}z\leqslant 0, k\in J(\theta_0)\setminus\{j_1,\cdots,j_k\},\nabla h_j(\theta_0)^{\mathrm{T}}z=0, j=l+1,\cdots,m\}\\
D^{\mathrm{o}}_{j_1,\cdots,j_k}&=\{z:\nabla g_{j_r}(\theta_0)^{\mathrm{T}}z=0, j_r\in J(\theta_0), r=1,\cdots,k;\\
&\qquad\nabla g_k(\theta_0)^{\mathrm{T}}z<0, k\in J(\theta_0)\setminus\{j_1,\cdots,j_k\},\nabla h_j(\theta_0)^{\mathrm{T}}z=0, j=l+1,\cdots,m\}
\end{aligned}
$$

记梯度向量 $\nabla g_j(\theta_0)$ 为 ∇g_j，$\nabla h_j(\theta_0)$ 为 ∇h_j，并令

$$
\begin{aligned}
\nabla g&=(\nabla g_j, j\in J(\theta_0)^{\mathrm{T}})\\
\nabla h&=(\nabla h_{l+1},\cdots,\nabla h_m)^{\mathrm{T}}
\end{aligned}
$$

下面的定理给出 $\hat{z}$ 在 D 的各个部分的分布。

定理 2.3.3 设定理 2.3.1 的假设成立，则

(1) 给定 $\hat{z}\in D^{\mathrm{o}}$，$\hat{z}$ 的条件分布为 $\hat{z}=M\xi$;

(2) 给定 $\hat{z}\in D^{\mathrm{o}}_{j_1,\cdots,j_k}$，$\hat{z}$ 的条件分布为 $M_{j_1,\cdots,j_k}\xi$，其中

$$
\begin{aligned}
M&=K^{-1}(I-\nabla h(\nabla h^{\mathrm{T}}K^{-1}\nabla h)^{-1}\nabla h^{\mathrm{T}}K^{-1})\\
M_{j_1,\cdots,j_k}&=K^{-1}\left[I-\frac{(\nabla h^{\mathrm{T}}K^{-1}\nabla h)\nabla g\nabla g^{\mathrm{T}}-(\nabla g^{\mathrm{T}}K^{-1}\nabla h)\nabla g\nabla h^{\mathrm{T}}}{(\nabla h^{\mathrm{T}}K^{-1}\nabla h)(\nabla g^{\mathrm{T}}K^{-1}\nabla g)-(\nabla g^{\mathrm{T}}K^{-1}\nabla h)(\nabla h^{\mathrm{T}}K^{-1}\nabla g)}K^{-1}\right.\\
&\qquad\left.-\frac{(\nabla g^{\mathrm{T}}K^{-1}\nabla g)\nabla h\nabla h^{\mathrm{T}}-(\nabla h^{\mathrm{T}}K^{-1}\nabla g)\nabla h\nabla g^{\mathrm{T}}}{(\nabla h^{\mathrm{T}}K^{-1}\nabla h)(\nabla g^{\mathrm{T}}K^{-1}\nabla g)-(\nabla g^{\mathrm{T}}K^{-1}\nabla h)(\nabla h^{\mathrm{T}}K^{-1}\nabla g)}K^{-1}\right]
\end{aligned}
$$

注 2.3.4 由此可见，当 (2.3.4) 的最优解分别位于其内部 D^{o}，各边界面 H_{j_0} 及其它们的交上时，最优解及其对应的拉格朗日乘数都是服从正态分布的，但其分布参数各不相同。总的来说，(2.3.4) 的最优解与对应的拉格朗日乘子是逐片正态分布的。

证明 推导这个分布的基础是数学规划问题的最优性条件 ——Kuhn-Tucker 条件 (见附录)。

因为 K 是一个正定矩阵，$\hat{z}$ 是凸二次规划问题 (2.3.4) 的最优解当且仅当下列条件得以满足:

$$\begin{cases} 2Kz - 2\xi + \lambda^{\mathrm{T}}\nabla g + \nu^{\mathrm{T}}\nabla h = 0 \\ \lambda_j \nabla g_j^{\mathrm{T}} z = 0, \quad j \in J(\theta_0) \\ \nabla h_j^{\mathrm{T}} z = 0, \quad j = l+1, \cdots, m \\ \nabla g_j^{\mathrm{T}} z \leqslant 0, \quad j \in J(\theta_0) \\ \lambda_j \geqslant 0, \quad j \in J(\theta_0) \end{cases} \tag{2.3.5}$$

其中

$$\lambda = (\lambda_j, j \in J(\theta_0))^{\mathrm{T}}, \quad \nu = (\nu_{l+1}, \cdots, \nu_m)^{\mathrm{T}}$$

因此，(2.3.5) 是一个同时有等式和不等式的系统，不可能从中解出 $\hat{z}$，$\hat{\lambda}$，$\hat{\mu}$ 的表达式。下面将在不同的情况下对它作一些不同的变化，以期得出 $\hat{z}$，$\hat{\lambda}$，$\hat{\mu}$ 的表达式，进而得出它们的分布。

分几种情况来讨论。

1) 对于 D^{o} 中的 $\hat{z}$

对 (2.3.4) 的位于 D 的相对内部 D^{o} 中的最优解 $\hat{z}$ 有

$$\nabla g_j^{\mathrm{T}} z < 0, \quad \forall j \in J(\theta_0)$$

欲使互补性条件 ((2.3.5) 的第二个方程) 成立，只需取其对应的拉格朗日乘数 $\hat{\lambda}_j$ 都等于零。这样可把 (2.3.5) 中的第二个等式删去，而且 (2.3.5) 中的最后一组不等式，即非负性条件 $\lambda_j \geqslant 0$ 肯定都满足 (因为已取各 $\lambda_j = 0$)，可以去掉。由于假设 $\hat{z}$ 位于 D 的相对内部，(2.3.5) 中最后第二组不等式也成立。这样，位于 D^{o} 中的最优解 $\hat{z}$ 应满足下列方程组:

$$\begin{cases} 2Kz - 2\xi + \nu^{\mathrm{T}}\nabla h = 0 \\ \nabla h^{\mathrm{T}} z = 0 \end{cases} \tag{2.3.6}$$

把 (2.3.6) 化成下列形式:

$$\begin{cases} 2Kz + \nu^{\mathrm{T}}\nabla h = 2\xi \\ \nabla h^{\mathrm{T}} z = 0 \end{cases} \tag{2.3.7}$$

引进新变量 ν^*，使得 $\nu = 2\nu^*$。然而，仍用 ν 记这个新变量，并记 (2.3.7) 的系数矩阵为 B，即

$$B = \begin{pmatrix} K & \nabla h \\ \nabla h^{\mathrm{T}} & 0 \end{pmatrix}$$

因为向量组 $\{\nabla g_j, j \in J(\theta_0), \nabla h_j, j = l+1, \cdots, m\}$ 是线性无关的，并且 K 是正定的，故 B 是可逆的。把 B^{-1} 写成如下分块形式:

$$B^{-1} = \begin{pmatrix} M & R_{12} \\ R_{21} & R_{22} \end{pmatrix}$$

由简单计算得

$$\begin{cases} M = K^{-1}(I - \nabla h(\nabla h^{\mathrm{T}}K^{-1}\nabla h)^{-1}\nabla h^{\mathrm{T}}K^{-1}) \\ R_{12} = K^{-1}\nabla h(\nabla h^{\mathrm{T}}K^{-1}\nabla h)^{-1} \\ R_{21} = R_{12}^{\mathrm{T}} \\ R_{22} = -(\nabla h^{\mathrm{T}}K^{-1}\nabla h)^{-1} \end{cases}$$

其中 I 为单位矩阵。于是可得 (2.3.7) 的解的表达式

$$\hat{z} = M\xi, \quad \hat{\nu} = R_{21}\xi \tag{2.3.8}$$

必须注意，因为假定了最优解 $\hat{z}$ 位于 D 的相对内部才得出这一表达式，所以只有当由 (2.3.8) 给出的 $\hat{z}$ 满足 $\nabla g^{\mathrm{T}}M\xi < 0$ 时，(2.3.8) 给出的才是 (2.3.4) 的最优解和相应的拉格朗日乘子。因此，只有对那些满足条件

$$\nabla g^{\mathrm{T}}M\xi < 0$$

的 ξ 值，(2.3.8) 才表示位于 D° 中的最优解和相应的拉格朗日乘子。

因此，更完整地，应该是 (2.3.4) 在 D° 中的最优解和相应的拉格朗日乘数为

$$\hat{z} = M\xi, \hat{\lambda} = 0, \hat{\nu} = R_{21}\xi, \quad \nabla g^{\mathrm{T}}M\xi < 0 \tag{2.3.9}$$

从这第一个表达式可以看出，(2.3.4) 在 D° 中的最优解和拉格朗日乘子是正态分布的，因为 ξ 是正态的。

2) $D_{j_0}^{\circ}$ 上的 $\hat{z}$ 的分布

仍然是从 Kuhn-Tucker 条件 (2.3.5) 来推导。由于现在 $\hat{z}$ 位于 $D_{j_0}^{\circ}$ 上，即满足约束条件 $\nabla g_{j_0}^{\mathrm{T}}z = 0$，对应的拉格朗日乘子 λ_{j_0} 不一定等于零；而对于其他 $j \in J(\theta_0) \setminus \{j_0\}$ 有 $\nabla g_j^{\mathrm{T}}z < 0$，对应的拉格朗日乘子 λ_{j_0} 必须取为零，因此，暂时略去 (2.3.5) 中应满足的最后第二组不等式 $\nabla g_j^{\mathrm{T}}z < 0(j \in J(\theta_0) \setminus \{j_0\})$ 和对于拉格朗日乘子 λ_{j_0} 的非负性要求后，最优解应满足

$$\begin{cases} Kz + \lambda_{j_0}\nabla g_{j_0} + \nu^{\mathrm{T}}\nabla h = \xi \\ \nabla g_{j_0}^{\mathrm{T}}z = 0 \\ \nabla h^{\mathrm{T}}z = 0 \end{cases} \tag{2.3.10}$$

用 B_{j_0} 记 (2.3.10) 的系数矩阵，即

$$B_{j_0} = \begin{pmatrix} K & \nabla g_{j_0} & \nabla h \\ \nabla g_{j_0}^{\mathrm{T}} & 0 & 0 \\ \nabla h^{\mathrm{T}} & 0 & 0 \end{pmatrix}$$

把 B_{j_0} 的逆矩阵写成如下分块 (子块的划分对应于 B_{j_0} 中子块的划分) 形式：

$$B_{j_0}^{-1} = \begin{pmatrix} M_{j_0} & V_{12} & V_{13} \\ V_{21} & V_{22} & V_{23} \\ V_{31} & V_{32} & V_{33} \end{pmatrix}$$

则 (2.3.10) 的解为

$$\hat{z} = M_{j_0}\xi, \quad \lambda_{j_0} = V_{21}\xi, \quad \nu = V_{31}\xi \tag{2.3.11}$$

其中各量的具体表达式可由后面的 (2.3.14) 以 $k=1$ 代入即得。

同样，预先限制了 $\hat{z}$ 位于 $D_{j_0}^{\circ}$ 上，并且略去了对 λ_{j_0} 的非负要求，(2.3.11) 中的 $\hat{z}, \lambda_{j_0}, \nu$ 能是 (2.3.4) 在 $D_{j_0}^{\circ}$ 上的最优解和相应的拉格朗日乘数，只有对那些满足条件

$$\begin{aligned} &\nabla g_j M_{j_0}\xi < 0, \quad j \in J(\theta_0) \setminus \{j_0\} \\ &V_{21}\xi \geqslant 0 \end{aligned}$$

的 ξ 值才行。最后有

$$\hat{z} = M_{j_0}\xi, \lambda j_0 = V_{21}\xi, \nu = V_{31}\xi, \quad \nabla g_k^{\mathrm{T}} M_{j_0}\xi < 0, V_{21}\xi \geqslant 0 \tag{2.3.12}$$

3) $D_{j_1,\cdots,j_k}^{\circ}$ 上的 $\hat{z}$ 的分布

仍然是从 Kuhn-Tucker 条件 (2.3.5) 来推导。由于现在 $\hat{z}$ 位于 $D_{j_1,\cdots,j_k}^{\circ}$ 上，对应于约束条件 $\nabla g_j^{\mathrm{T}} z \leqslant 0 (j = j_1, \cdots, j_k)$ 的拉格朗日乘子 λ_j 不一定等于零，因此，暂时先略去 (2.3.5) 中应满足的最后一组不等式 $\nabla g_j^{\mathrm{T}} z \leqslant 0 (j \in J(\theta_0) \setminus \{j_1, \cdots, J_k\})$ 和诸拉格朗日乘 λ_j 的非负性条件后，最优解应满足

$$\begin{cases} Kz + \displaystyle\sum_{j=j_1,\cdots,j_k} \lambda_j^{\mathrm{T}} \nabla g_j + \nu^{\mathrm{T}} \nabla h = \xi \\ \nabla g_{j_t}^{\mathrm{T}} z = 0, \quad t = 1, \cdots, k \\ \nabla h^{\mathrm{T}} z = 0 \end{cases} \tag{2.3.13}$$

用 $B_{j_1,\cdots,j_k}$ 记 (2.3.13) 的系数矩阵，即

$$B_{j_1,\cdots,j_k} = \begin{pmatrix} K & \nabla g & \nabla h \\ \nabla g^{\mathrm{T}} & 0 & 0 \\ \nabla h^{\mathrm{T}} & 0 & 0 \end{pmatrix}$$

其中 $\nabla g^{\mathrm{T}} = (\nabla g_{j_1}, \cdots, \nabla g_{j_k})$。把 $B_{j_1,\cdots,j_k}$ 的逆矩阵写成如下分块形式:

$$B_{j_1,\cdots,j_k}^{-1} = \begin{pmatrix} M_{j_1,\cdots,j_k} & T_{12} & T_{13} \\ T_{21} & T_{22} & T_{23} \\ T_{31} & T_{32} & T_{33} \end{pmatrix}$$

其中各个子矩阵不难用初等运算得出，

$$M_{j_1,\cdots,j_k}=K^{-1}\left\{I-\frac{(\nabla h^{\mathrm T}K^{-1}\nabla h)\nabla g\nabla g^{\mathrm T}-(\nabla g^{\mathrm T}K^{-1}\nabla h)\nabla g\nabla h^{\mathrm T}}{(\nabla h^{\mathrm T}K^{-1}\nabla h)(\nabla g^{\mathrm T}K^{-1}\nabla g)-(\nabla g^{\mathrm T}K^{-1}\nabla h)(\nabla h^{\mathrm T}K^{-1}\nabla g)}K^{-1}\right.$$
$$\left.-\frac{(\nabla g^{\mathrm T}K^{-1}\nabla g)\nabla h\nabla h^{\mathrm T}-(\nabla h^{\mathrm T}K^{-1}\nabla g)\nabla h\nabla g^{\mathrm T}}{(\nabla h^{\mathrm T}K^{-1}\nabla h)(\nabla g^{\mathrm T}K^{-1}\nabla g)-(\nabla g^{\mathrm T}K^{-1}\nabla h)(\nabla h^{\mathrm T}K^{-1}\nabla g)}K^{-1}\right\}$$

$$T_{21}=\frac{(\nabla h^{\mathrm T}K^{-1}\nabla h)\nabla g^{\mathrm T}-(\nabla g^{\mathrm T}K^{-1}\nabla h)\nabla h^{\mathrm T}}{(\nabla h^{\mathrm T}K^{-1}\nabla h)(\nabla g^{\mathrm T}K^{-1}\nabla g)-(\nabla g^{\mathrm T}K^{-1}\nabla h)(\nabla h^{\mathrm T}K^{-1}\nabla g)}K^{-1}$$

$$T_{31}=\frac{(\nabla g^{\mathrm T}K^{-1}\nabla g)\nabla h^{\mathrm T}-(\nabla h^{\mathrm T}K^{-1}\nabla g)\nabla g^{\mathrm T}}{(\nabla h^{\mathrm T}K^{-1}\nabla h)(\nabla g^{\mathrm T}K^{-1}\nabla g)-(\nabla g^{\mathrm T}K^{-1}\nabla h)(\nabla h^{\mathrm T}K^{-1}\nabla g)}K^{-1}$$

则 (2.3.13) 的解为

$$\hat{z}=M_{j_1,\cdots,j_k}\xi,\quad \hat{\lambda}=T_{21}\xi,\quad \hat{\nu}=T_{31}\xi \tag{2.3.14}$$

对于满足条件 $T_{21}\xi\geqslant 0$ 和 $\nabla g_j M_{j_1,\cdots,j_k}\xi<0(j\in J(\theta_0)\setminus\{j_1,\cdots,J_k\})$ 的 ξ 成立。

■

定理 2.3.3 给出的 $\hat{z}$ 在 D 的各个不同区域内的分布，也就是 $n^{\frac{1}{2}}(\theta_n-\theta_0)$ 的渐近分布。必须注意：对于给定的 θ_0，θ_n 的位置不同，就导致 $n^{\frac{1}{2}}(\theta_n-\theta_0)$ 在 D 中的位置不同，从而有不同的渐近分布。

2.4 估计量的渐近表示

2.3 节中导出的 $n^{\frac{1}{2}}(\theta_n-\theta_0)$ 的极限分布给出了它的渐近性态：有不等式约束的回归参数的最小二乘估计量，即 (2.3.4) 的最优解与对应的拉格朗日乘子是逐片正态分布的。进一步的问题是，对于给定的数据和相应的 θ_n 究竟如何分片。此外，根据无约束回归分析中的经验，如果能得出 $n^{\frac{1}{2}}(\theta_n-\theta_0)$ 的渐近表示，则在很多方面的分析 (如残差分析、影响分析等) 中会提供很大的方便。这里的渐近表示是指通过样本数据 $(x_i,y_i)(i=1,\cdots,n)$，或等价地，通过诸 x_i 和随机误差 $e_i(i=1,\cdots,n)$ 来表出 $n^{\frac{1}{2}}(\theta_n-\theta_0)$。然而，由于不等式约束的存在，无法得出其精确表示式，所以只能得出渐近表示式。

为了避免技术上的复杂性，突出如何处理有约束问题这一重点，这里限于讨论仅有线性不等式约束条件 (无等式约束) 的线性回归问题。而对于一般非线性问题，其处理方式和基本思想几乎一样，只是形式上复杂一些，详细分析可参见文献 (Wang，2000)。

设所考虑的回归模型为

$$y_i=x_i^{\mathrm T}\theta_0+e_i \tag{2.4.1}$$

所面临的最小二乘估计问题为

$$\begin{aligned} \min \quad & \sum_{i=1}^{n}(y_i - x_i^{\mathrm{T}}\theta)^2 \\ \text{s.t.} \quad & A\theta \leqslant b \end{aligned} \tag{2.4.2}$$

记

$$K_n = \frac{1}{n}\sum_{i=1}^{n} x_i x_i^{\mathrm{T}}, \quad X = (x_1, \cdots, x_n)$$

故 $XX^{\mathrm{T}} = nK_n$。

对于线性模型，所需假设条件如下：假定 K_n(当 n 充分大后) 是正定的，约束向量 $A_1, \cdots, A_m$ 是线性无关的。

把 (2.4.1) 代入 (2.4.2)，得到估计问题

$$\begin{aligned} \min \quad & \sum_{i=1}^{n}(e_i - x_i^{\mathrm{T}}(\theta - \theta_0))^2 \\ \text{s.t.} \quad & A_j^{\mathrm{T}}\theta \leqslant b_j, j = 1, \cdots, m \end{aligned} \tag{2.4.3}$$

推导渐近表示式的基础仍然是数学规划问题 (2.4.3) 的 Kuhn-Tucker 条件方程组

$$\begin{cases} 2nK_n(\theta - \theta_0) - 2\displaystyle\sum_{i=1}^{n} x_i e_i + 2\sum_{j=1}^{m}\lambda_j A_j = 0 \\ \lambda_j(A_j\theta - b_j) = 0, \quad j = 1, \cdots, m \\ A_j\theta - b_j \leqslant 0, \quad j = 1, \cdots, m \\ \lambda_j \geqslant 0, \quad j = 1, \cdots, m \end{cases} \tag{2.4.4}$$

根据假定，K_n 是正定的，约束向量 $A_1, \cdots, A_m$ 线性无关，故 (2.4.3) 是一个凸规划问题 (欲求最小值的目标函数是凸函数，可行解集是凸集)。由数学规划理论 (见附录)，最优性条件 (2.4.4) 是一个充分必要条件。

(2.4.4) 是等式与不等式的混合系统，无法得到 θ_n 的明确表示式 (精确的或渐近的)。克服这一困难的关键想法是利用数学规划理论中的互补性条件

$$\lambda_j(A_j\theta - b_j) = 0, \quad j = 1, \cdots, m$$

也就是 (2.4.4) 中的第二组方程。

同 $n^{\frac{1}{2}}(\hat{\theta}_n - \theta_0)$ 的渐近分布依赖于 θ_0 的位置一样，它的渐近表示也依赖于 θ_0 的位置。下面讨论 θ_0 位于可行解集的相对内部和相对边界情况下的渐近表示。

1) $\theta_0 \in S^{\circ}$ 的情形

$\theta_0 \in S^{\circ}$，即

$$A_j^{\mathrm{T}}\theta_0 < b_j, \quad j = 1, \cdots, m$$

在这种情形下，有如下命题：

命题 2.4.1　设 θ_0 在 S° 中，则依趋近于 1(当趋于无穷大时) 的概率 $n^{\frac{1}{2}}(\theta_n-\theta_0)$ 有下述渐近表示：

$$n^{\frac{1}{2}}(\theta_n-\theta_0)=n^{-\frac{1}{2}}K_n^{-1}\sum_{i=1}^{n}x_ie_i \tag{2.4.5}$$

证明　由定理 2.3.1，$n^{\frac{1}{2}}(\theta_n-\theta_0)$ 依概率有界，因此，当 n 充分大时，估计量 θ_n 将依趋近于 1 的概率落在 θ_0 的很小邻域内，即为可行解集 S 的相对内点，如图 2.4.1 所示。于是相应的拉格朗日乘数 $\lambda_j(j=1,\cdots,m)$ 全为零，所以互补性条件方程一定能满足，(2.4.4) 中的最后两个不等式组也能自动满足。于是 $n^{\frac{1}{2}}(\theta_n-\theta_0)$ 可以从 (2.4.4) 的第一个方程组 (注意到 $\lambda_j(j=1,\cdots,m)$ 全为零) 解出，即为所需解 (2.4.5)。■

注意：此时 θ_n 只是依趋近于 1 的概率 (并非依等于 1 的概率) 落在 θ_0 的很小邻域内，成为可行解集 S 的相对内点，所以此时，(2.4.5) 仍然只是一个渐近表示。

2) θ_0 在相对边界上

(1) θ_0 位于 P_1 上，即

$$A_1^{\mathrm{T}}\theta_0=b_1,\quad A_j^{\mathrm{T}}\theta_0<b_j,\quad j=2,\cdots,m$$

这时，θ_n 将依趋近于 1 的概率在 θ_0 的很小邻域内：对 $e=(e_1,\cdots,e_n)$ 的某些值，θ_n 位于 S 的内部; 对 e 的其他一些值，θ_n 位于 P_1 上，如图 2.4.2 所示。这时，$n^{\frac{1}{2}}(\theta_n-\theta_0)$ 的渐近表示如下命题所示。

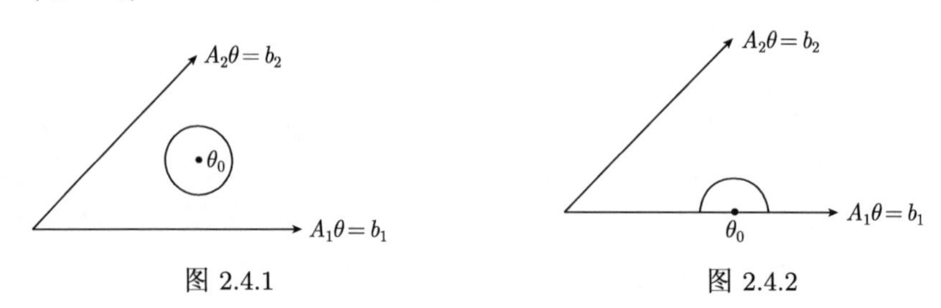

图 2.4.1　　　　图 2.4.2

命题 2.4.2　设 θ_0 在 P_1° 上，则依趋近于 1 的概率有

$$n^{\frac{1}{2}}(\theta_n-\theta_0)=\begin{cases}K_n^{-1}n^{-\frac{1}{2}}\displaystyle\sum_{i=1}^{n}x_ie_i, & A_1^{\mathrm{T}}K_n^{-1}\displaystyle\sum_{i=1}^{n}x_ie_i<0\\ S_{11}n^{-\frac{1}{2}}\displaystyle\sum_{i=1}^{n}x_ie_i, & A_1^{\mathrm{T}}K_n^{-1}\displaystyle\sum_{i=1}^{n}x_ie_i\geqslant 0\end{cases} \tag{2.4.6}$$

其中矩阵

$$S_{11}=K_n^{-1}(I-A_1(A_1^{\mathrm{T}}K_n^{-1}A_1)^{-1}A_1^{\mathrm{T}}K_n^{-1})$$

证明 因为 θ_0 在 P_1^o 上，又 $n^{\frac{1}{2}}(\theta_n-\theta_0)$ 依概率有界，θ_n 将依趋近于 1 的概率在 θ_0 的很小邻域内，对 $e=(e_1,\cdots,e_n)$ 的某些值，θ_n 位于 S 的内部; 对 e 的其他一些值，θ_n 位于 P_1^o 上。

对于位于 S 内部的 θ_n 有

$$A_j^{\mathrm{T}}\theta_n < b_j, \quad j=1,\cdots,m$$

由互补性条件，(2.4.4) 中相应的拉格朗日乘数 λ_j 必全为零。(2.4.4) 中最后两个不等式组也能自动满足。于是 $n^{\frac{1}{2}}(\theta_n-\theta_0)$ 仍然可以从 (2.4.4) 的第一个方程组 (注意到 $\lambda_j(j=1,\cdots,m)$ 全为零) 解出，这样 $n^{\frac{1}{2}}(\theta_n-\theta_0)$ 仍有渐近表示 (2.4.5)，即 (2.4.6) 的第一部分。

位于 P_1^o 上的 θ_n，即满足条件

$$\begin{cases} A_1^{\mathrm{T}}\theta_n = b_1 \\ A_j^{\mathrm{T}}\theta_n < b_j, \quad j=2,\cdots,m \end{cases}$$

对于这些 θ_n，Kuhn-Tucker 条件方程组 (2.4.4) 中的拉格朗日乘数 $\lambda_j(j=2,\cdots,m)$ 都一定为零，但 λ_1 不一定为零。暂时略去 $\lambda_1 \geqslant 0$ 的要求，θ_n,λ_1 必须满足下面的方程组：

$$\begin{cases} nK_n(\theta_n-\theta_0)+\lambda_1 A_1 = \sum\limits_{i=1}^n x_i e_i \\ A_1^{\mathrm{T}}(\theta_n-\theta_0)=0 \end{cases} \tag{2.4.7}$$

(2.4.7) 中最后一个方程必须满足，这是因为现在假定 θ_n 和 θ_0 都位于 P_1 上。记方程组 (2.4.7) 的系数矩阵为

$$B_1=\begin{pmatrix} nK_n & A_1 \\ A_1^{\mathrm{T}} & 0 \end{pmatrix}$$

将 B_1 的逆矩阵写成分块矩阵的形式

$$B_1^{-1}=\begin{pmatrix} \tilde{S}_{11} & \tilde{S}_{12} \\ \tilde{S}_{21} & \tilde{S}_{22} \end{pmatrix}$$

其中

$$\begin{cases} \tilde{S}_{11}=n^{-1}K_n^{-1}(I-A_1(A_1^{\mathrm{T}}K_n^{-1}A_1)^{-1}A_1^{\mathrm{T}}K_n^{-1}) \\ \tilde{S}_{21}=(A_1^{\mathrm{T}}K_n^{-1}A_1)^{-1}A_1^{\mathrm{T}}K_n^{-1} \\ \tilde{S}_{12}=\tilde{S}_{21}' \\ \tilde{S}_{22}=-n(A_1^{\mathrm{T}}K_n^{-1}A_1)^{-1} \end{cases}$$

令 $n\tilde{S}_{11}=S_{11}$，$n\tilde{S}_{21}=S_{21}$，则对 (2.4.7) 的解 $((\theta_n-\theta_0),\lambda_{n1})$ 乘以 $n^{\frac{1}{2}}$ 得

$$\begin{pmatrix} n^{\frac{1}{2}}(\theta_n-\theta_0) \\ n^{\frac{1}{2}}\lambda_{n1} \end{pmatrix} = \begin{pmatrix} S_{11}n^{-\frac{1}{2}}\sum_{i=1}^{n}x_ie_i \\ S_{21}n^{-\frac{1}{2}}\sum_{i=1}^{n}x_ie_i \end{pmatrix}$$

其中的 $n^{\frac{1}{2}}(\theta_n-\theta_0)$ 部分的解正是 (2.4.6) 的第二部分。因为 (2.4.7) 不是完整的 Kuhn-Tucker 方程组，上面方程组的解 $(\theta_n,\hat{\lambda}_1)$ 能成为 (2.4.2) 的最优解和相应的拉格朗日乘数当且仅当它们能满足可行性条件和互补性条件。

$(\theta_n,\hat{\lambda}_1)$ 的可行性条件为

$$A_j^{\mathrm{T}}\theta_n \leqslant b_j,\quad j=2,\cdots,m$$
$$\lambda_j \geqslant 0,\quad j=1,\cdots,m$$

关于其互补性条件，注意到 θ_n 依趋近于 1 的概率位于 θ_0 的小邻域里，并且由命题中所设条件有 $A_j^{\mathrm{T}}\theta_0<b_j(j=2,\cdots,m)$。因此，条件 $A_j^{\mathrm{T}}\theta_n<b_j(j=2,\cdots,m)$ 能自动满足，从而由互补性条件，$\lambda_j=0(j=2,\cdots,m)$。剩下的问题是 $\lambda_1\geqslant 0$ 能否成立，即是否有

$$S_{21}\sum_{i=1}^{n}x_ie_i \geqslant 0$$

代入 S_{21} 的表达式 (注意到 $(A_1^{\mathrm{T}}K_n^{-1}A_1)$ 为正数)，这一条件等价于

$$A_1^{\mathrm{T}}K_n^{-1}\sum_{i=1}^{n}x_ie_i \geqslant 0$$

而这正是命题中所需要的表达式。此外，因为 (2.4.4) 是最优解的一个充分必要条件，以上所解出的 $\theta_n,\lambda_j(j=1,\cdots,m)$ 正是 (2.4.2) 的最优解和相应的拉格朗日乘数。■

(2) θ_0 在 $P^{\mathrm{o}}_{j_1,\cdots,j_k}$ 中。此时，θ_0 满足

$$A_{j_l}^{\mathrm{T}}\theta_0=b_{j_l},\quad l=1,\cdots,k,\quad A_j^{\mathrm{T}}\theta_0<b_j, j\neq j_1,\cdots,j_k$$

而 θ_n 可以位于 S^{o}，$P_{j_l}(l=1,\cdots,k)$，或它们中 $r(r=2,\cdots,k)$ 个边界面的交集中。

命题 2.4.3 设 $\theta_0\in P_{j_1,\cdots,j_k}$，则对于 $P_{j_l,\cdots,j_r}$ 中的 θ_n，$n^{\frac{1}{2}}(\theta_n-\theta_0)$ 有渐近表示

$$n^{\frac{1}{2}}(\theta_n-\theta_0)=R_rn^{-\frac{1}{2}}\sum_{i=1}^{n}x_ie_i \triangleq R_rn^{-\frac{1}{2}}Xe \tag{2.4.8}$$

其中 e 满足

$$e\in E_i=\left\{e:K_n^{-1}D_r(D_n^{\mathrm{T}}k_n^{-1}D_r)^{-1}\sum_{j=1}^{n}x_je_j\geqslant 0\right\} \tag{2.4.9}$$

而

$$\begin{aligned} R_r &= K_n^{-1}[I - D_r(D_r^{\mathrm{T}} K_n^{-1} D_r)^{-1} D_r^{\mathrm{T}} K_n^{-1}] \\ D_r &= (A_{j_1}, \cdots, A_{j_r}), \quad r = 1, \cdots, k \end{aligned} \tag{2.4.10}$$

证明 再次强调，θ_n 依趋近于 1 的概率位于 θ_0 的小邻域里。

对于 S^{o} 中的 θ_n，$n^{\frac{1}{2}}(\theta_n - \theta_0)$ 的渐近表示如命题 2.4.1 中所示。

对于 $P_{j_1, \cdots, j_r}$ 中的 θ_n，下面的部分 Kuhn-Tucker 条件必须成立 (对照 (2.4.7)，即 $r = 1$ 的情形)：

$$\begin{cases} nK_n(\theta_n - \theta_0) + \sum\limits_{j=1}^{r} \lambda_{j_l} A_{j_l} = \sum\limits_{i=1}^{n} x_i e_i \\ A_{j_l}^{\mathrm{T}}(\theta_n - \theta_0) = 0, \quad l = 1, \cdots, r \end{cases} \tag{2.4.11}$$

这里，也是暂时略去了互补性条件和拉格朗日乘数非负性条件。方程组 (2.4.11) 的系数矩阵为

$$M_r = \begin{pmatrix} nK_n & D_r \\ D_r^{\mathrm{T}} & 0 \end{pmatrix}$$

其中

$$D_r = (A_{j_1}, \cdots, A_{j_r})$$

把它的逆矩阵写成如下分块形式:

$$M_r^{-1} = \begin{pmatrix} \bar{R}_r & \bar{Q}_r \\ \bar{W}_r & \bar{Z}_r \end{pmatrix}$$

简单计算可得

$$\begin{aligned} \bar{R}_r &= n^{-1} K_n^{-1}(I - D_r(D_r^{\mathrm{T}} K_n^{-1} D_r)^{-1} D_r^{\mathrm{T}} K_n^{-1}) \\ \bar{W}_r &= (D_r^{\mathrm{T}} K_n^{-1} D_r)^{-1} D_r^{\mathrm{T}} K_n^{-1} \\ \bar{Q}_r &= \bar{W}_r^{\mathrm{T}} \\ \bar{Z}_r' &= -n(D_r^{\mathrm{T}} K_n^{-1} D_r)^{-1} \end{aligned}$$

令 $R_r = n\bar{R}_r, W_r = n\bar{W}_r$，则对 (2.4.11) 的解有

$$\begin{cases} n^{\frac{1}{2}}(\theta_n - \theta_0) = R_r n^{-\frac{1}{2}} \sum\limits_{i=1}^{n} x_i e_i \\ n^{\frac{1}{2}} \lambda_n = W_r n^{-\frac{1}{2}} \sum\limits_{i=1}^{n} x_i e_i \end{cases} \tag{2.4.12}$$

其中 $\lambda_n = (\lambda_{nj_1}, \cdots, \lambda_{nj_r})$。这正是所要求的渐近表示。根据所设，$\theta_n \in P_{j_1, \cdots, j_r}$，互补性条件也成立。因此，只需拉格朗日乘数非负性条件 ($\lambda_n \geqslant 0$) 成立，即对满足条

件

$$W_r \sum_{i=1}^{n} x_i e_i \geqslant 0$$

的 e, (2.4.12) 即为问题的最优解及其相应拉格朗日乘数的渐近表示。■

从本节三个命题可见，有不等式约束的回归问题中 $n^{\frac{1}{2}}(\theta_n - \theta_0)$ 的渐近表示有以下特点：

(1) 表示式随着 θ_0 的位置而变；

(2) 对于给定 θ_0，其表示式随着 θ_n 的位置而变；

(3) 从 $n^{\frac{1}{2}}(\theta_n - \theta_0)$ 的渐近表示容易看出，对于各个不同的给定 θ_0 和 θ_n, $n^{\frac{1}{2}}(\theta_n - \theta_0)$ 是分片正态的 (分片方法已在上述讨论中给出)。

这些渐近表示给出了 $n^{\frac{1}{2}}(\theta_n - \theta_0)$ 一个清晰的结构，就好像是无约束问题中一样。有了这些表示式，很多事情处理起来就方便多了。它们可以消去一些有约束问题带来的麻烦。这将在以后进一步的统计分析中显示出来。

2.5 参数的区间估计: 方差已知的情形

无约束条件回归分析中，在进行了最小二乘回归参数估计后，还有一系列有关统计推断的工作要做，如待估参数的区间估计、回归函数的置信带、参数的假设检验等。对有约束回归分析，这些统计分析也是必须的任务。关于参数的假设检验问题，留到第 3 章专门处理。本节中，将讨论对有约束回归分析中如何构造置信区间和置信区域的问题。

正如将要看到的，对这些统计推断问题，有约束和无约束的情形有很大差别。首先，在无约束统计问题中，有了有关估计量的概率分布 (或渐近分布) 立即可构造所需置信区间和置信区域。但对有约束统计问题，情况不是这样，即使有了有关估计量的概率分布 (或渐近分布)，仍无法构造所需置信区间和置信区域。因此，这种问题必须再加进一步研究。其次，对于有约束和无约束的情形参数的置信区间和置信区域的结构和形状有本质性的差别。本节给出解决这一问题的方法和结果。

为技术上简单起见，仍然只考虑线性回归模型且带有线性约束的问题。这样，所面临的回归问题为

$$\begin{aligned} \min \quad & \sum_{i=1}^{n} (y_i - x_i^{\mathrm{T}} \theta)^2 \\ \text{s.t.} \quad & A\theta \leqslant b \end{aligned} \tag{2.5.1}$$

其中 A 为 $m \times p$ 矩阵，b 为 m 维向量。与之相对应的极限规划问题为

$$\begin{aligned} \min \quad & z^{\mathrm{T}} K z - 2 z^{\mathrm{T}} \xi \\ \text{s.t.} \quad & z \in D = \{z : A_j^{\mathrm{T}} z \leqslant 0, j \in J(\theta_0)\} \end{aligned} \tag{2.5.2}$$

其中 $J(\theta_0)=\{j: A_j^{\mathrm{T}}\theta_0=b_j\}$。

这里，讨论 $c^{\mathrm{T}}\theta_0$ 的置信区间的构造问题和 θ_0 的置信区域的构造问题。

2.5.1 $\boldsymbol{c}^{\mathrm{T}}\boldsymbol{\theta}_0$ 的置信区间

不失一般性，假定向量 c 的模 $\| c \|$ 等于 1.

对有不等式约束的回归分析问题，虽然 $n^{\frac{1}{2}}(\theta_n-\theta_0)$ 的渐近分布 (即 $\hat{z}$ 的分布) 和渐近表示已在前两节中给出，但要对 $c^{\mathrm{T}}\theta_0$ 作区间估计或假设检验仍然有一些本质性的障碍，主要是

(1) 由于 $\hat{z}$ 的分布随 θ_0 的位置而变化，所以这一分布并不完全已知，因为指标集 $J(\theta_0)$ 未知 (θ_0 未知的);

(2) 在 D 的不同部位，$\hat{z}$ 有不同的分布。作区间估计时只拥有估计值 θ_n 和 $\hat{\lambda}_n$ 的值，必须解决如何据此决定用哪一个分布来构造置信区间的问题;

(3) 必须研究如何在构造置信区间时考虑不等式约束对置信区间的限制。

下面分两种情况来研究构造置信区间的问题：θ_n 是 (2.5.1) 的可行解集 S 的相对内点还是相对边界点。分别记 S 的相对内部和相对边界为 S^{o} 和 ∂S。∂S 由其面

$$P_i=\{\theta: A_i^{\mathrm{T}}\theta=b_i, A_j^{\mathrm{T}}\theta\leqslant b_j, j=1,\cdots,m, j\neq i\},\quad i=1,\cdots,m$$

和它们的交集

$$P_{i_1,\cdots,i_k}=\{\theta: A_{i_j}^{\mathrm{T}}\theta=b_{i_j}, j=1,\cdots,k; A_i^{\mathrm{T}}\theta\leqslant b_i, i\neq i_1,\cdots,i_k\},\quad k=2,\cdots,m$$

组成。

2.5.1.1 θ_n 在 S^{o} 中

这时有

$$A_j^{\mathrm{T}}\theta<b_j,\quad j=1,\cdots,m$$

命题 2.5.1 设 θ_n 在 S^{o} 中，则 $c^{\mathrm{T}}\theta_0$ 的置信度为 $1-\alpha$ 的置信区间可设置为

$$\begin{aligned}&I_1=(c^{\mathrm{T}}\theta_n-n^{-\frac{1}{2}}t_\alpha, c^{\mathrm{T}}\theta_n+n^{-\frac{1}{2}}t_\alpha)\\&t_\alpha\leqslant\bar{t}_\alpha\end{aligned}\tag{2.5.3}$$

其中 t_α 为 $c^{\mathrm{T}}K^{-1}\xi$ 的临界值，$K=\lim\limits_{n\to\infty}\dfrac{1}{n}\sum\limits_{i=1}^{n}X_iX_i^{\mathrm{T}}$，$\xi$ 是分布为 $N(0,K)$ 的正态变量。t_α 满足条件

$$P(| c^{\mathrm{T}}K^{-1}\xi |\leqslant t_\alpha)=1-\alpha$$

$$\bar{t}_\alpha=n^{\frac{1}{2}}\min\{\bar{\tau}_j, j=1,\cdots,m\}$$

$$\bar{\tau}_j=\left|\frac{b_j-A_j^{\mathrm{T}}\theta_n}{A_j^{\mathrm{T}}c}\right|,\quad A_j^{\mathrm{T}}c>0$$

证明　由假设条件，θ_n 在 S° 中，即 $A\theta_n < b$。因此，对任何 $j \in J(\theta_0) = \{j : A_j^{\mathrm{T}}\theta_0 = b_j\}$, 都有

$$A_j^{\mathrm{T}} n^{\frac{1}{2}}(\theta_n - \theta_0) < 0$$

因此，$z_n = n^{\frac{1}{2}}(\theta_n - \theta_0)$ 满足

$$A_j^{\mathrm{T}} z_n < 0, \quad \forall j \in J(\theta_0)$$

这意味着 z_n 是 D 的内点，从而根据定理 2.3.3，在 D 的相对内部，$\hat{z}$ 的渐近分布为 $M\xi = K^{-1}\xi$。因此，$c^{\mathrm{T}} n^{\frac{1}{2}}(\theta_n - \theta_0)$ 的渐近分布为 $c^{\mathrm{T}} K^{-1}\xi$。据此，可作概率陈述

$$P(| c^{\mathrm{T}} n^{\frac{1}{2}}(\theta_n - \theta_0) | \leqslant t_\alpha) \approx 1 - \alpha \tag{2.5.4}$$

从式 (2.5.4) 即可构造出 $c^{\mathrm{T}}\theta_0$ 的 $1-\alpha$ 水平的置信区间为

$$I_1 = (c^{\mathrm{T}}\theta_n - n^{-\frac{1}{2}} t_\alpha, c^{\mathrm{T}}\theta_n + n^{-\frac{1}{2}} t_\alpha)$$

下面讨论如何在构造置信区间时把约束条件考虑进去。注意：所想要的置信区间是从概率陈述式 (2.5.4) 得出的，为此，只要研究 (2.5.4) 中的 t_α 可允许取多大即可。观察图 2.5.1，其中 L 为一条通过点 θ_n，具有方向 c 的射线限制于 S 中的线段。$c^{\mathrm{T}} n^{\frac{1}{2}}(\theta_n - \theta)$ 在等值面 $c^{\mathrm{T}} n^{\frac{1}{2}}(\theta_n - \theta) = \nu$ 上的值等于 $c^{\mathrm{T}} n^{\frac{1}{2}}(\theta_n - \bar{\theta}_0)$，其中 $\bar{\theta}_0$ 为 L 与超平面 $c^{\mathrm{T}} n^{\frac{1}{2}}(\theta_n - \theta) = \nu$ 的交点。$c^{\mathrm{T}} n^{\frac{1}{2}}(\theta_n - \bar{\theta}_0)$ 在 L 上的值代表 $c^{\mathrm{T}} n^{\frac{1}{2}}(\theta_n - \theta_0)$ 在 S 中阴影部分中的可能值。因此，只要得出 $c^{\mathrm{T}} n^{\frac{1}{2}}(\theta_n - \bar{\theta}_0)$ 在 L 上的值的界即可。

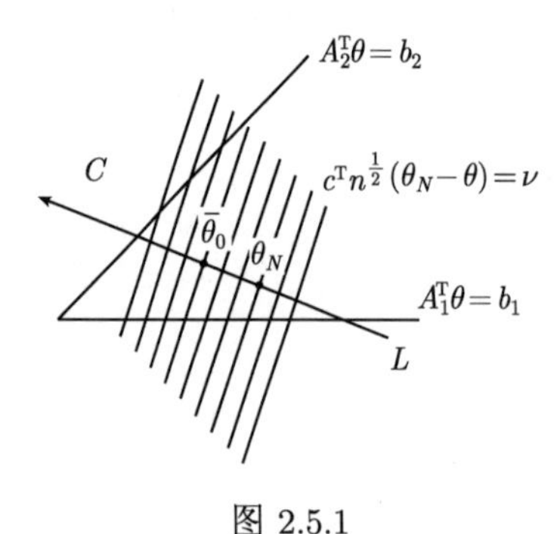

图 2.5.1

L 上任一点 $\bar{\theta}_0$ 可表示为

$$\bar{\theta}_0 = \theta_n + \tau c$$

因为 $\bar{\theta}_0$ 必须限制在可行解集 S 之中，故下面的约束条件必须满足：

$$A_j^{\mathrm{T}}(\theta_n + \tau c) \leqslant b_j, \quad j = 1, \cdots, m$$

于是得出 τ 的最大允许值 $\bar{\tau}$:

$$\bar{\tau} = \min\{\bar{\tau}_j, j = 1, \cdots, m\}$$

其中

$$\bar{\tau}_j = \left| \frac{b_j - A_j^{\mathrm{T}}\theta_n}{A_j^{\mathrm{T}} c} \right|, \quad A_j^{\mathrm{T}} c \neq 0$$

注意：若 $A_j^{\mathrm{T}} c < 0$，则由 $A_j^{\mathrm{T}}\theta_n < b_j$，对任何 $\tau > 0$，总有

$$A_j^{\mathrm{T}}(\theta_n+\tau c)\leqslant b_j$$

于是可取 $\bar{\tau}_j=+\infty$，所以为减少不必要的计算，可令

$$\bar{\tau}=\min\{\bar{\tau}_j, A_j^{\mathrm{T}}c>0,\ j=1,\cdots,m\}$$

这样，$c^{\mathrm{T}}n^{\frac{1}{2}}(\theta_n-\theta_0)$ 的值的界 $\bar{t}_\alpha$ 就是

$$\bar{t}_\alpha=n^{\frac{1}{2}}\bar{\tau} \tag{2.5.5}$$

(由 $\| c \|=1$ 和 $| c^{\mathrm{T}}n^{\frac{1}{2}}(\theta_n-\theta_0) |=| c^{\mathrm{T}}n^{\frac{1}{2}}\tau c |\leqslant n^{\frac{1}{2}}\bar{\tau}$)。这就产生了 $c^{\mathrm{T}}\theta_0$ 的由 (2.5.3) 给出的置信区间。■

一个常用的特殊情形是 $c=e_j=(0,\cdots,0,1,0,\cdots,0)^{\mathrm{T}}$, 它的第 j 个分量是 1，其余分量全为零。这时，(2.5.3) 给出 θ_0 的第 j 个分量 θ_{0j} 的 $1-\alpha$ 水平置信区间，即

$$\theta_{nj}-n^{-\frac{1}{2}}t_\alpha\leqslant\theta_{0j}\leqslant\theta_{nj}+n^{-\frac{1}{2}}t_\alpha,\quad t_\alpha\leqslant\bar{t}_\alpha$$

其中 θ_{nj} 为 θ_n 的第 j 个分量，

$$\bar{t}_\alpha=n^{\frac{1}{2}}\bar{\tau},\quad \bar{\tau}=\min\left\{\left|\frac{b_i-A_i^{\mathrm{T}}\theta_n}{A_{ij}}\right|, i=1,\cdots,m, A_{ij}>0\right\}$$

注 2.5.1 初看起来，θ_n 是 S 的相对内点的情形和无约束回归问题差不多，但是，这里仍有一些相异之处。首先，这里必须给出一个理由：为什么在许多可能的极限分布中选取 $\hat{z}=M\xi$ 作为 $n^{\frac{1}{2}}(\theta_n-\theta_0)$ 的渐近分布来构造置信区间；其次，必须考虑约束条件，即必须把 θ_0 的推断值限制在可行解集 S 内。

注 2.5.2 (2.5.3) 是一个对称的置信区间。如果不强调要对称的置信区间，则也可构造一个更长一些的，其方法类似于无约束回归中的情形。

注 2.5.3 对于 t_α 的限制有时也是对置信水平 $1-\alpha$ 的限制。如果 θ_n 太靠近 S 的边界或 α 太小，则置信区间 I_1 可能会越出可行解集 S 的范围，这时只好构造一个短一些的置信区间，即降低置信度。

以上几点注解对以下 θ_n 位于 S 的边界的情形仍然适用，以后不再列出。

2.5.1.2 *θ_n 在边界 ∂S 上*

下面将分 θ_n 在 S 的一个边界面、两个边界面的交集上和 k 个边界面的交集上这几种情形来处理。

1) θ_n 在 S 的一个边界面上

为确定计，假定 θ_n 满足

$$A_1^{\mathrm{T}}\theta_n=b_1,\quad A_j^{\mathrm{T}}\theta_n<b_j, j=2,\cdots,m \tag{2.5.6}$$

这时，需进一步区分 $A_1^{\mathrm{T}}c<0$ 和 $A_1^{\mathrm{T}}c=0$ 两种情形。

(1) $A_1^{\mathrm{T}}c<0$。

命题 2.5.2　设 θ_n 满足 (2.5.6)，且 $A_1^{\mathrm{T}}c<0$，则 $c^{\mathrm{T}}\theta_0$ 的 $1-\alpha$ 水平的置信区间可设置为

$$I_2=(c^{\mathrm{T}}\theta_n-n^{-\frac{1}{2}}t_\alpha,c^{\mathrm{T}}\theta_n+n^{-\frac{1}{2}}t'_\alpha),\quad t_\alpha,t'_\alpha\leqslant\bar{t}_\alpha \tag{2.5.7}$$

其中 t_α 为 $c^{\mathrm{T}}K^{-1}\xi$ 的临界点，$K=\lim\limits_{n\to\infty}\dfrac{1}{n}\sum\limits_{i=1}^{n}X_iX_i^{\mathrm{T}}$，$t_\alpha$ 满足条件

$$P(|\ c^{\mathrm{T}}K^{-1}\xi\ |\leqslant t_\alpha)=1-\alpha$$

t'_α 为随机变量 $c^{\mathrm{T}}M_1\xi$ 的 α 分位数，满足条件

$$P(|\ c^{\mathrm{T}}M_1\xi\ |\leqslant t'_\alpha)=1-\alpha$$

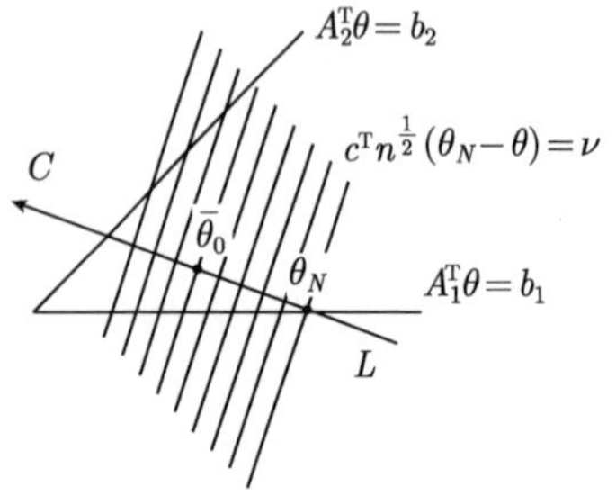

M_1 的定义见定理 2.3.3，$\bar{t}_\alpha$ 仍如命题 2.5.1 中所定义。

证明　因为 θ_0 应该被推断在 θ_n 的邻近范围里，在当前的情形 $(\theta_n\in P_1)$ 下，从图 2.5.2 可见，这时 θ_0 的推断值可能位于 S 的内部，也可能位于面 $A_1^{\mathrm{T}}\theta_n=b_1$ 上。在这两种情形下，$n^{\frac{1}{2}}(\theta_n-\theta_0)$ 有不同的渐近分布，从而置信限的两个端点表达式也完全不同。

图 2.5.2

注意：根据 $J(\theta_0)$ 的定义，对任一 $j\in J(\theta_0)$ 有 $A_j\theta_0=b_j$。因此，(2.5.6) 蕴涵着

$$A_j^{\mathrm{T}}n^{\frac{1}{2}}(\theta_n-\bar{\theta}_0)<0,\quad j\in J(\theta_0),j\neq 1 \tag{2.5.8}$$

另一方面，条件 $A_1^{\mathrm{T}}c<0$ 意味着向量 c 和超平面 $P_1=\{\theta:A_1^{\mathrm{T}}\theta=b_1\}$ 的内法线之间的夹角为锐角，因此，方向 c 是 S 在 θ_n 处的可行方向 (即存在某一数 $\delta>0$，使得对于所有满足 $0<t<\delta$ 的 t，θ_n+tc 都在 S 中)。仍令 L 为从点 θ_n 出发且具有方向 c 的射线限制在 S 中的线段，由于 $n^{\frac{1}{2}}(\theta_n-\theta_0)$ 依概率有界，θ_0 应该被推断在 θ_n 的邻近。$c^{\mathrm{T}}n^{\frac{1}{2}}(\theta_n-\theta)$ 在等值面 $c^{\mathrm{T}}n^{\frac{1}{2}}(\theta_n-\theta)=0$ 左侧的等值面 $c^{\mathrm{T}}n^{\frac{1}{2}}(\theta_n-\theta)=\nu$ 上的值等于 $c^{\mathrm{T}}n^{\frac{1}{2}}(\theta_n-\bar{\theta}_0)$，其中 $\bar{\theta}_0$ 为这个超平面与线段 L 的交点，如图 2.5.2 所示 (对于 $c^{\mathrm{T}}n^{\frac{1}{2}}(\theta_n-\theta)$ 在等值面 $c^{\mathrm{T}}n^{\frac{1}{2}}(\theta_n-\theta)=0$ 右侧的值将在后面分析)。

对于 L 上的 $\bar{\theta}_0$ 有

$$A_1^{\mathrm{T}}n^{\frac{1}{2}}(\theta_n-\bar{\theta}_0)=\tau A_1^{\mathrm{T}}c<0 \tag{2.5.9}$$

把式 (2.5.9) 与 (2.5.8) 结合起来得到

$$A_j^{\mathrm{T}} n^{\frac{1}{2}}(\theta_n - \bar{\theta}_0) < 0, \quad j \in J(\theta_0)$$

因此，对于 θ_0 的这些推断值 $\bar{\theta}_0$，$\hat{z}_n = n^{\frac{1}{2}}(\theta_n - \bar{\theta}_0)$ 是 D 的内点。根据定理 2.3.3 的第一个结论有

$$n^{\frac{1}{2}}(\theta_n - \bar{\theta}_0) \sim K^{-1}\xi \tag{2.5.10}$$

现在转到 $c^{\mathrm{T}} n^{\frac{1}{2}}(\theta_n - \theta)$ 在等值面 $c^{\mathrm{T}} n^{\frac{1}{2}}(\theta_n - \theta) = 0$ 右侧的等值面 $c^{\mathrm{T}} n^{\frac{1}{2}}(\theta_n - \theta) = \nu$ 上的值。这时，$c^{\mathrm{T}} n^{\frac{1}{2}}(\theta_n - \theta)$ 的值可由 $c^{\mathrm{T}} n^{\frac{1}{2}}(\theta_n - \bar{\theta}_0)$ 代表，其中 $\bar{\theta}_0$ 为等值面 $c^{\mathrm{T}} n^{\frac{1}{2}}(\theta_n - \theta) = \nu$ 与超平面 $A_1^{\mathrm{T}}\theta = b_1$ 的交点。对这些 $\bar{\theta}_0$ 有

$$A_1^{\mathrm{T}}(\theta_n - \bar{\theta}_0) = 0$$

而对其他 $j \in J(\theta_0)$，由于

$$A_j^{\mathrm{T}}\bar{\theta}_0 = b_j, j \in J(\theta_0), \quad A_j^{\mathrm{T}}\theta_n < b_j$$

从而有

$$A_j^{\mathrm{T}}(\theta_n - \bar{\theta}_0) < 0, \quad j \in J(\theta_0), j \neq 1$$

所以 $n^{\frac{1}{2}}(\theta_n - \bar{\theta}_0)$ 就是 D 的边界面 $D_1 = \{z : A_1^{\mathrm{T}} z = 0, A_j^{\mathrm{T}} z < 0, j \in J(\theta_0), j \neq 1\}$ 上的点。对此，根据定理 2.3.3 的第二个结论，有如下分布：

$$n^{\frac{1}{2}}(\theta_n - \bar{\theta}_0) \sim M_1\xi \tag{2.5.11}$$

现在可以来构造所需置信区间了。注意: 沿着 c 方向，等值面 $c^{\mathrm{T}} n^{\frac{1}{2}}(\theta_n - \theta) = \nu$ 的值可表达为

$$c^{\mathrm{T}} n^{\frac{1}{2}}(\theta_n - \theta) = -\tau\|c\|^2$$

因此，该等值面的值沿着 c 方向是逐渐下降的。于是按照前面一段的论述，可找到一个临界值 t_α，使得

$$P(c^{\mathrm{T}} n^{\frac{1}{2}}(\theta_n - \theta_0) \leqslant -t_\alpha) = \frac{1}{2}\alpha \tag{2.5.12}$$

而右侧的等值面 $c^{\mathrm{T}} n^{\frac{1}{2}}(\theta_n - \theta) = \nu$ 上 $c^{\mathrm{T}} n^{\frac{1}{2}}(\theta_n - \theta)$ 的值沿着 $-c$ 方向是逐渐增加的。由 (2.5.11)，对给定的 α，可以找出 $c^{\mathrm{T}} M_1\xi$ 的临界值 t'_α，使得

$$P(c^{\mathrm{T}} n^{\frac{1}{2}}(\theta_n - \bar{\theta}_0) \geqslant t'_\alpha) = P(c^{\mathrm{T}} M_1\xi \geqslant t'_\alpha) = \frac{1}{2}\alpha \tag{2.5.13}$$

结合 (2.5.12) 和 (2.5.13) 两式，得到

$$P(c^{\mathrm{T}}\theta_n - n^{-\frac{1}{2}}t_\alpha \leqslant c^{\mathrm{T}}\bar{\theta}_0 \leqslant c^{\mathrm{T}}\theta_n + n^{-\frac{1}{2}}t'_\alpha) = 1 - \alpha$$

于是 $c^{\mathrm{T}}\theta_0$ 的 $1-\alpha$ 水平的置信区间可由下式给出：

$$I_2 = (c^{\mathrm{T}}\theta_n - n^{-\frac{1}{2}}t_\alpha, c^{\mathrm{T}}\theta_n + n^{-\frac{1}{2}}t'_\alpha) \tag{2.5.14}$$

对于 t_α, t'_α 的限制可用类似于前面对于 t_α 的方法得出，其原则就是要保证所推断的 θ_0 位于可行解集 S 中。

这就完成了证明。■

(2) $A_1^{\mathrm{T}}c = 0$ 的情形。

命题 2.5.3 设 θ_n 如 (2.5.6) 所设且 $A_1^{\mathrm{T}}c = 0$，则 $c^{\mathrm{T}}\theta_0$ 的 $1-\alpha$ 水平的置信区间可设置为

$$\begin{aligned} &I_3 = (c^{\mathrm{T}}\theta_n - n^{-\frac{1}{2}}t'_\alpha, c^{\mathrm{T}}\theta_n + n^{-\frac{1}{2}}t'_\alpha) \\ &t'_\alpha \leqslant \bar{t}_\alpha \end{aligned} \tag{2.5.15}$$

其中 t'_α 为随机变量 $c^{\mathrm{T}}M_1\xi$ 的 α 分位数，$\bar{t}_\alpha$ 仍如命题 2.5.1 中所定义。

证明 由 $n^{\frac{1}{2}}(\theta_n - \theta_0)$ 的依概率有界性，θ_0 应该被推断在 θ_n 的邻近。这时，$c^{\mathrm{T}}n^{\frac{1}{2}}(\theta_n - \theta_0)$ 的值可以由 $c^{\mathrm{T}}n^{\frac{1}{2}}(\theta_n - \bar{\theta}_0)$ 位于面 $A_1^{\mathrm{T}}\theta = b_1$ 上 $\bar{\theta}_0$ 处的值代表，如图 2.5.3 所示。而对于 P_1 上的 θ_n 和 $\bar{\theta}_0$ 有

$$A_1^{\mathrm{T}}n^{\frac{1}{2}}(\theta_n - \bar{\theta}_0) = 0$$

而对其他 $j \in J(\theta_0)$，用命题 2.5.2 中后面部分的方法分析，同样可得

$$A_j^{\mathrm{T}}n^{\frac{1}{2}}(\theta_n - \bar{\theta}_0) < 0, \quad j \in J(\theta_0), j \neq 1$$

所以 $n^{\frac{1}{2}}(\theta_n - \bar{\theta}_0)$ 就是 D 的边界面 $D_1^{\circ} = \{z : A_1^{\mathrm{T}}z = 0, A_j^{\mathrm{T}}z < 0, j \in J(\theta_0), j \neq 1\}$ 上的点。于是根据定理 2.3.3 的第二个结论，有如下分布：

$$c^{\mathrm{T}}n^{\frac{1}{2}}(\theta_n - \theta_0) \sim c^{\mathrm{T}}M_1\xi$$

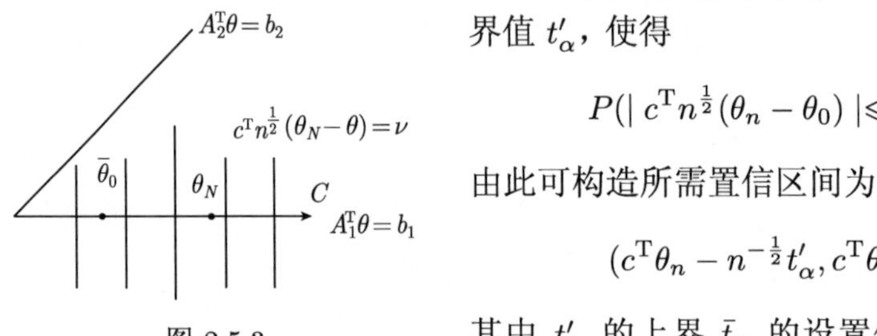

图 2.5.3

因此，对于给定概率水平 α，可取 (2.5.7) 中的临界值 t'_α，使得

$$P(| c^{\mathrm{T}}n^{\frac{1}{2}}(\theta_n - \theta_0) | \leqslant t'_\alpha) = 1 - \alpha$$

由此可构造所需置信区间为

$$(c^{\mathrm{T}}\theta_n - n^{-\frac{1}{2}}t'_\alpha, c^{\mathrm{T}}\theta_n + n^{-\frac{1}{2}}t'_\alpha)$$

其中 t'_α 的上界 $\bar{t}_\alpha$ 的设置仍如命题 2.5.1 中所示。■

2) θ_n 处于两个边界面的交的情形

为确定计，假定 θ_n 满足

$$\begin{aligned} &A_1^{\mathrm{T}}\theta_n = b_1, \quad A_2^{\mathrm{T}}\theta_n = b_2 \\ &A_j^{\mathrm{T}}\theta_n < b_j, \quad j = 3, \cdots, m \end{aligned} \tag{2.5.16}$$

由此得

$$A_j^{\mathrm{T}} n^{\frac{1}{2}}(\theta_n-\theta_0)<0, \quad j \in J(\theta_0), j \neq 1,2 \tag{2.5.17}$$

现在关于 c 的方向，需进一步区分以下 4 种情况来讨论区间估计问题:

$$\begin{aligned} &A_1^{\mathrm{T}} c<0, \quad A_2^{\mathrm{T}} c<0 \\ &A_1^{\mathrm{T}} c<0, \quad A_2^{\mathrm{T}} c=0 \\ &A_1^{\mathrm{T}} c=0, \quad A_2^{\mathrm{T}} c<0 \\ &A_1^{\mathrm{T}} c=0, \quad A_2^{\mathrm{T}} c=0 \end{aligned}$$

其中第 2，3 种情况是对称的，所以只讨论第 1，2，4 这三种情况就够了。

(1) $A_1^{\mathrm{T}} c<0, A_2^{\mathrm{T}} c<0$ 的情形。

命题 2.5.4 设 θ_n 满足 (2.5.16) 且 $A_1^{\mathrm{T}} c<0, A_2^{\mathrm{T}} c<0$，则 $c^{\mathrm{T}}\theta_0$ 的 $1-\alpha$ 水平的置信区间可设置为

$$\begin{aligned} &I_4=(c^{\mathrm{T}}\theta_n-n^{-\frac{1}{2}}t_\alpha, c^{\mathrm{T}}\theta_n+n^{-\frac{1}{2}}t_\alpha'') \\ &t_\alpha'' \leqslant \bar{t}_\alpha \end{aligned} \tag{2.5.18}$$

其中 t_α'' 为随机变量 $c^{\mathrm{T}} M_{12}\xi$ 的 α 分位数，$\bar{t}_\alpha$ 仍如命题 2.5.1 中所定义。

证明 条件 $A_1^{\mathrm{T}} c<0$ 和 $A_2^{\mathrm{T}} c<0$ 表明，方向 c 是 S 在 θ_n 处的可行方向。令 L' 为从 θ_n 出发且具有方向 c 的射线限制于 S 中的线段，所以 L' 上的点可表示为 $\theta_n+\tau c$。在等值面 $c^{\mathrm{T}} n^{\frac{1}{2}}(\theta_n-\theta)=0$ 的 c 方向一侧，$c^{\mathrm{T}} n^{\frac{1}{2}}(\theta_n-\theta)$ 在等值面 $c^{\mathrm{T}} n^{\frac{1}{2}}(\theta_n-\theta)=\nu$ 上的值可由 $c^{\mathrm{T}} n^{\frac{1}{2}}(\theta_n-\bar{\theta}_0)$ 代表，其中 $\bar{\theta}_0$ 为等值面 $c^{\mathrm{T}} n^{\frac{1}{2}}(\theta_n-\theta)=\nu$ 与线段 L' 的交点。对于 L' 上的 $\bar{\theta}_0$ 有

$$\begin{aligned} &A_1^{\mathrm{T}} n^{\frac{1}{2}}(\theta_n-\bar{\theta}_0)=\tau A_1^{\mathrm{T}} c<0 \\ &A_2^{\mathrm{T}} n^{\frac{1}{2}}(\theta_n-\bar{\theta}_0)=\tau A_2^{\mathrm{T}} c<0 \end{aligned}$$

将这两式与 (2.5.17) 结合，得到

$$A_j^{\mathrm{T}} n^{\frac{1}{2}}(\theta_n-\bar{\theta}_0)<0, \quad j \in J(\theta_0)$$

因此，$\hat{z}_n=n^{\frac{1}{2}}(\theta_n-\bar{\theta}_0)$ 是 D 的内点。根据定理 2.3.3 的第一个结论有

$$c^{\mathrm{T}} n^{\frac{1}{2}}(\theta_n-\bar{\theta}_0) \sim c^{\mathrm{T}} M\xi$$

注意: 沿着 c 方向，等值面 $c^{\mathrm{T}} n^{\frac{1}{2}}(\theta_n-\theta)=\nu(=-n^{\frac{1}{2}}\tau\|c\|^2)$ 的值是递减的，所以有临界值 t_α，使得

$$P(c^{\mathrm{T}} n^{\frac{1}{2}}(\theta_n-\theta_0) \leqslant -t_\alpha)=\frac{1}{2}\alpha \tag{2.5.19}$$

其中 t_α 为由命题 2.5.1 中使用的临界值。

在等值面 $c^{\mathrm{T}}n^{\frac{1}{2}}(\theta_n-\theta)=0$ 的 $-c$ 方向一侧，$c^{\mathrm{T}}n^{\frac{1}{2}}(\theta_n-\theta)$ 在等值面 $c^{\mathrm{T}}n^{\frac{1}{2}}(\theta_n-\theta)=\nu$ 上的值可由 $c^{\mathrm{T}}n^{\frac{1}{2}}(\theta_n-\bar{\theta}_0)$ 代表，其中 $\bar{\theta}_0$ 为等值面 $c^{\mathrm{T}}n^{\frac{1}{2}}(\theta_n-\theta)=\nu$ 与边界面 $A_1^{\mathrm{T}}\theta=b_1$ 与 $A_2^{\mathrm{T}}\theta=b_2$ 的交集的交点。对于这些 $\bar{\theta}_0$ 有

$$A_1^{\mathrm{T}}(\theta_n-\bar{\theta}_0)=0,\quad A_2^{\mathrm{T}}(\theta_n-\bar{\theta}_0)=0$$

这意味着 $n^{\frac{1}{2}}(\theta_n-\bar{\theta}_0)$ 位于 D 中的子集 $D_{12}=\{z:A_1^{\mathrm{T}}z=0,A_2^{\mathrm{T}}z=0;A_j^{\mathrm{T}}z\leqslant 0,j\in J(\theta_0),j\neq 1,2\}$ 上。根据定理 2.3.3 的第二个结论，近似地有

$$c^{\mathrm{T}}n^{\frac{1}{2}}(\theta_n-\bar{\theta}_0)\sim c^{\mathrm{T}}M_{12}\xi$$

于是对给定水平 α 可以找到临界值 t''_α，使得

$$P(c^{\mathrm{T}}n^{\frac{1}{2}}(\theta_n-\bar{\theta}_0)\geqslant t''_\alpha)=\frac{1}{2}\alpha \tag{2.5.20}$$

结合 (2.5.19) 与 (2.5.20) 得

$$P(c^{\mathrm{T}}\theta_n-n^{-\frac{1}{2}}t_\alpha\leqslant c^{\mathrm{T}}\bar{\theta}_0\leqslant c^{\mathrm{T}}\theta_n+n^{-\frac{1}{2}}t''_\alpha)=1-\alpha$$

于是由此可得 $c'\theta_0$，此时的 $1-\alpha$ 水平置信区间为

$$I_4=(c^{\mathrm{T}}\theta_n-n^{-\frac{1}{2}}t_\alpha,c^{\mathrm{T}}\theta_n+n^{-\frac{1}{2}}t''_\alpha)\ \blacksquare$$

(2) $A_1^{\mathrm{T}}c=0,A_2^{\mathrm{T}}c<0$ 的情形。

命题 2.5.5　设 θ_n 如 (2.5.16) 中所示且 $A_1^{\mathrm{T}}c=0,A_2^{\mathrm{T}}c<0$，则 $c^{\mathrm{T}}\theta_0$ 的 $1-\alpha$ 水平置信区间为

$$I_5=(c^{\mathrm{T}}\theta_n-n^{-\frac{1}{2}}t''_\alpha,c^{\mathrm{T}}\theta_n+n^{-\frac{1}{2}}t'_\alpha) \tag{2.5.21}$$

证明　条件 $A_1^{\mathrm{T}}c=0$ 和 $A_2^{\mathrm{T}}c<0$ 表明，方向 c 是可行解集合 S 在 θ_n 处在 P_1 上的可行方向。令 L' 为从 θ_n 出发且具有方向 c 的射线限制于 S 中在 P_1 中的线段。与从前一样，在等值面 $c^{\mathrm{T}}n^{\frac{1}{2}}(\theta_n-\theta)=0$ 的 c 方向一侧，$c^{\mathrm{T}}n^{\frac{1}{2}}(\theta_n-\theta)$ 在等值面 $c^{\mathrm{T}}n^{\frac{1}{2}}(\theta_n-\theta)=\nu$ 上的值可由 $c^{\mathrm{T}}n^{\frac{1}{2}}(\theta_n-\bar{\theta}_0)$ 代表，其中 $\bar{\theta}_0$ 为等值面 $c^{\mathrm{T}}n^{\frac{1}{2}}(\theta_n-\theta)=\nu$ 与线段 L' 的交点。

于是可得

$$c^{\mathrm{T}}n^{\frac{1}{2}}(\theta_n-\bar{\theta}_0)\sim c^{\mathrm{T}}M_1\xi$$

沿着 c 方向，等值面 $c^{\mathrm{T}}n^{\frac{1}{2}}(\theta_n-\theta)=\nu$ 的值是递减的，所以可以用临界值 t'_α，使得

$$P(c^{\mathrm{T}}n^{\frac{1}{2}}(\theta_n-\theta_0)\leqslant -t'_\alpha)=\frac{1}{2}\alpha$$

其中 t'_α 为命题 2.5.2 中所用的临界值。

在等值面 $c^{\mathrm{T}}n^{\frac{1}{2}}(\theta_n-\theta)=0$ 的 $-c$ 方向一侧，$c^{\mathrm{T}}n^{\frac{1}{2}}(\theta_n-\theta)$ 在等值面 $c^{\mathrm{T}}n^{\frac{1}{2}}(\theta_n-\theta)=\nu$ 上的值，就像在 $A_1^{\mathrm{T}}c<0$ 且 $A_2^{\mathrm{T}}c<0$ 的情形，近似地有

$$c^{\mathrm{T}}n^{\frac{1}{2}}(\theta_n-\bar{\theta}_0)\sim c^{\mathrm{T}}M_{12}\xi$$

于是对给定水平 α，可得临界值 t''_α，使得

$$P(c^{\mathrm{T}}n^{\frac{1}{2}}(\theta_n-\bar{\theta}_0)\geqslant t''_\alpha)=\frac{1}{2}\alpha$$

其中 t'_α 为随机变量 $c^{\mathrm{T}}M_{12}\xi$ 的 α 分位点。综合以上两式，便得概率式

$$P(c^{\mathrm{T}}\theta_n-n^{-\frac{1}{2}}t''_\alpha\leqslant c^{\mathrm{T}}\bar{\theta}_0\leqslant c^{\mathrm{T}}\theta_n+n^{-\frac{1}{2}}t'_\alpha)=1-\alpha$$

从而 $c^{\mathrm{T}}\theta_0$ 的 $1-\alpha$ 水平置信区间即为

$$I_5=(c^{\mathrm{T}}\theta_n-n^{-\frac{1}{2}}t''_\alpha,c^{\mathrm{T}}\theta_n+n^{-\frac{1}{2}}t'_\alpha)\ \blacksquare$$

(3) $A_1^{\mathrm{T}}c=0,A_2^{\mathrm{T}}c=0$ 的情形。

命题 2.5.6 设 θ_n 如 (2.5.16) 中所示且 $A_1^{\mathrm{T}}c=0,A_2^{\mathrm{T}}c=0$，则 $c^{\mathrm{T}}\theta_0$ 的 $1-\alpha$ 水平置信区间为

$$I_6=(c^{\mathrm{T}}\theta_n-n^{-\frac{1}{2}}t''_\alpha,c^{\mathrm{T}}\theta_n+n^{-\frac{1}{2}}t''_\alpha)\tag{2.5.22}$$

证明 令 L' 为从 θ_n 出发且具有方向 c 的射线限制于 S 中在 P_{12} 上的线段。$c^{\mathrm{T}}n^{\frac{1}{2}}(\theta_n-\theta_0)$ 的值可以由 $c^{\mathrm{T}}n^{\frac{1}{2}}(\theta_n-\bar{\theta}_0)$ 的值表示，其中 $\bar{\theta}_0$ 为等值面 $c^{\mathrm{T}}n^{\frac{1}{2}}(\theta_n-\theta)=\nu$ 与交界面 P_{12} 的交点，于是有

$$c^{\mathrm{T}}n^{\frac{1}{2}}(\theta_n-\theta_0)\sim c^{\mathrm{T}}M_{12}\xi$$

因此，对给定概率水平 α 有

$$P(|\ c^{\mathrm{T}}n^{\frac{1}{2}}(\theta_n-\theta_0)\ |\leqslant t''_\alpha)=1-\alpha$$

从而得所需置信区间为

$$I_6=(c^{\mathrm{T}}\theta_n-n^{-\frac{1}{2}}t''_\alpha,c^{\mathrm{T}}\theta_n+n^{-\frac{1}{2}}t''_\alpha)$$

3) 一般情形：θ_n 位于 k 个面的交集中

不失一般性，假定 θ_n 满足

$$\begin{aligned}&A_j^{\mathrm{T}}\theta_n=b_j,\quad j=1,\cdots,k\\&A_j^{\mathrm{T}}\theta_n<b_j,\quad j=k+1,\cdots,m\end{aligned}\tag{2.5.23}$$

于是有

$$A_j^{\mathrm{T}}n^{\frac{1}{2}}(\theta_n-\theta_0)<0,\quad j\in J(\theta_0),j\neq 1,\cdots,k\tag{2.5.24}$$

对于下标集 $\{1,\cdots,k\}$ 中的任一 j，有两种可能性：$A_j^{\mathrm{T}}c<0$ 或 $A_j^{\mathrm{T}}c=0$。不失一般性，假定

$$\begin{aligned}&A_j^{\mathrm{T}}c<0,\quad j=1,\cdots,s,s\leqslant k\\&A_j^{\mathrm{T}}c=0,\quad j=s+1,\cdots,k\end{aligned}\tag{2.5.25}$$

下面来构造这些情形下的置信区间。

从条件 (2.5.23)~(2.5.25) 可知，方向 c 是在 $P_{s+1,\cdots,k}$ 内 θ_n 处 S 的可行方向。令 L' 为从 θ_n 出发具有方向 c 且限制于 $P_{s+1,\cdots,k}$ 中的线段，因为 $n^{\frac{1}{2}}(\theta_n-\theta_0)$ 依概率有界，所以 θ_0 应该被推断为位于 θ_n 邻近。如以前一样，在位于等值面 $c^{\mathrm{T}}n^{\frac{1}{2}}(\theta_n-\theta)=0$ 的 c 方向的等值面 $c^{\mathrm{T}}n^{\frac{1}{2}}(\theta_n-\theta)=\nu$，$c^{\mathrm{T}}n^{\frac{1}{2}}(\theta_n-\theta)$ 的值等于 $c^{\mathrm{T}}n^{\frac{1}{2}}(\theta_n-\bar{\theta}_0)$，其中 $\bar{\theta}_0$ 为线段 L' 与等值面 $c^{\mathrm{T}}n^{\frac{1}{2}}(\theta_n-\theta)=\nu$ 的交点。

对于 L' 上的 $\bar{\theta}_0$ 有

$$\begin{aligned}&A_j^{\mathrm{T}}n^{\frac{1}{2}}(\theta_n-\bar{\theta}_0)=n^{\frac{1}{2}}\tau A_j^{\mathrm{T}}c<0,\quad j=1,\cdots,s\\&A_j^{\mathrm{T}}n^{\frac{1}{2}}(\theta_n-\bar{\theta}_0)=n^{\frac{1}{2}}\tau A_j^{\mathrm{T}}c=0,\quad j=s+1,\cdots,k\end{aligned}$$

把这些式子与 (2.5.23)，(2.5.24) 结合，对于 L' 上的 $\bar{\theta}_0$ 有

$$\begin{aligned}&A_j^{\mathrm{T}}n^{\frac{1}{2}}(\theta_n-\bar{\theta}_0)=0,\quad j=s+1,\cdots,k\\&A_j^{\mathrm{T}}n^{\frac{1}{2}}(\theta_n-\bar{\theta}_0)<0,\quad \text{对其他 } j\end{aligned}$$

因此，对于这些被推断的 $\theta_0(=\bar{\theta}_0)$，$\hat{z}_n=n^{\frac{1}{2}}(\theta_n-\bar{\theta}_0)$ 是 $D_{s+1,\cdots,k}$ 的相对内点。根据定理 2.3.3 的第二个结论有

$$n^{\frac{1}{2}}(\theta_n-\bar{\theta}_0)\sim M_{s+1,\cdots,k}\xi$$

于是对于给定 $P_{1,\cdots,k}$ 上的 θ_n 和向量 c 有

$$c^{\mathrm{T}}n^{\frac{1}{2}}(\theta_n-\theta_0)\sim c^{\mathrm{T}}M_{s+1,\cdots,k}\xi$$

注意：沿着 c 方向，等值面 $c^{\mathrm{T}}n^{\frac{1}{2}}(\theta_n-\theta)=\nu$ 的值是逐渐下降的。因此，可以找到 $c^{\mathrm{T}}M_{s+1,\cdots,k}\xi$ 的 α 分位数 t_α^*，使得

$$P(c^{\mathrm{T}}n^{\frac{1}{2}}(\theta_n-\theta_0)\leqslant -t_\alpha^*)=\frac{1}{2}\alpha$$

另一方面，对于任何 $\delta>0$，形为 $\theta_n-\delta c$ 的点都不在 S 中。因此，在位于等值面 $c^{\mathrm{T}}n^{\frac{1}{2}}(\theta_n-\theta)=0$ 的 $-c$ 方向的等值面 $c^{\mathrm{T}}n^{\frac{1}{2}}(\theta_n-\theta)=\nu$，$c^{\mathrm{T}}n^{\frac{1}{2}}(\theta_n-\theta)$ 的值等于 $c^{\mathrm{T}}n^{\frac{1}{2}}(\theta_n-\bar{\theta}_0)$，其中 $\bar{\theta}_0$ 为等值面 $c^{\mathrm{T}}n^{\frac{1}{2}}(\theta_n-\theta)=\nu$ 与 $P_{1,\cdots,k}$ 的交点。对于这些 $\bar{\theta}_0$ 有

$$A_j^{\mathrm{T}}(\theta_n-\bar{\theta}_0)=0,\quad j=1,\cdots,k$$

用与 (1), (2) 中类似的理由可得，对其他所有 $j \in J(\theta_0)$ 有

$$A_j^{\mathrm{T}}(\theta_n - \bar{\theta}_0) < 0$$

于是 $n^{\frac{1}{2}}(\theta_n - \bar{\theta}_0)$ 是集合 $D_{1,\cdots,k}$ 中的点。根据定理 2.3.3 的第二个结论有

$$c^{\mathrm{T}} n^{\frac{1}{2}}(\theta_n - \bar{\theta}_0) \sim c^{\mathrm{T}} M_{1,\cdots,k}\xi$$

找出 $c^{\mathrm{T}} M_{s+1,\cdots,k}\xi$ 的上 α 分位点 t_α^{**}，使得

$$P(c^{\mathrm{T}} n^{\frac{1}{2}}(\theta_n - \theta_0) \geqslant t_\alpha^{**}) = \frac{1}{2}\alpha$$

于是 $c^{\mathrm{T}}\theta_0$ 的 $1-\alpha$ 水平的置信区间可构造为

$$I_7 = (c^{\mathrm{T}}\theta_n - n^{-\frac{1}{2}} t_\alpha^{*}, c^{\mathrm{T}}\theta_n + n^{-\frac{1}{2}} t_\alpha^{**}) \quad \blacksquare$$

从以上讨论可见，对有约束回归问题构造置信区间时必须考虑以下两点：一是要决定对给定的 θ_n，应选取 $c^{\mathrm{T}} n^{\frac{1}{2}}(\theta_n - \theta)$ 的哪一片分布来作统计推断，二是必须保证所推断的 θ_0 是满足约束条件的。

2.5.2 θ_0 的置信区域

在许多实际问题中，常常需要给出未知参数 θ_0 的置信区域 (2.5.1 小节给出的 θ_0 各分量的置信区间不能代替 θ_0 的置信区域 —— 根据无约束回归分析的经验，各分量的置信区间的乘积不是整个参数向量的很好的置信区域)。这种区域的构造方法与置信区域的形状和无约束回归的情形有很大的不同。下面分 θ_n 在可行解集 S 的相对内部和相对边界上两种情形讨论。

2.5.2.1 θ_n 在 S° 中的情形

命题 2.5.7 设 θ_n 在 S 的相对内部，则 θ_0 的 $1-\alpha$ 水平置信区域可设置为

$$\begin{aligned} &R_1 = \{\theta_0 : n(\theta_n - \theta_0)^{\mathrm{T}} Q^{\mathrm{T}} Q(\theta_n - \theta_0) \leqslant r_\alpha\} \\ &r_\alpha \leqslant \bar{r} = \min\{r(i) = d(\theta_n, P_i), i = 1, \cdots, m\} \end{aligned} \tag{2.5.26}$$

其中矩阵 Q,r_α 的定义在证明中说明，$d(\theta_n, P_i)$ 为 θ_n 到面 P_i 的距离。

证明 在现在的情形下，如在 2.5.1 小节中所示，$n^{\frac{1}{2}}(\theta_n - \theta_0)$ 是 D 的内点，从而 $n^{\frac{1}{2}}(\theta_n - \theta_0)$ 有近似分布 $\hat{z} = K^{-1}\xi$，其中 ξ 为正态。因此，存在一个矩阵 Q，使得 $(QK^{-1}\xi)^{\mathrm{T}}(QK^{-1}\xi)$ 有自由度为 p 的 χ^2 分布，从而对给定水平 α，可以找到临界值 r_α，使得

$$P\{(QK^{-1}\xi)^{\mathrm{T}}(QK^{-1}\xi) \leqslant r_\alpha\} = 1 - \alpha$$

因此，近似地有

$$P\{n(Q(\theta_n - \theta_0))^{\mathrm{T}}(Q(\theta_n - \theta_0)) \leqslant r_\alpha\} = 1 - \alpha$$

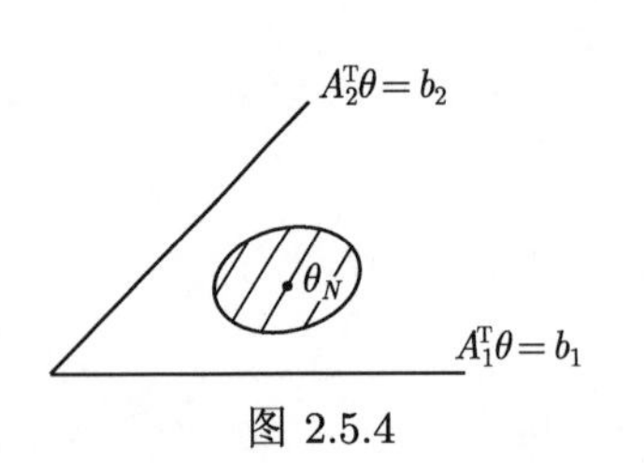

图 2.5.4

从这一概率表达式可以看出，θ_0 的 $1-\alpha$ 水平置信区域为 (2.5.26) 中的 R_1，它是一个椭球，如图 2.5.4 所示。

为保证所推断的 θ_0 限制在 S 中，r_α 必须被下式限制：

$$r_\alpha \leqslant \bar{r} = \min\{r(j) = d(\theta_n, P_j), j = 1, \cdots, m\} \quad ■$$

2.5.2.2　θ_n 在边界上的情形

这里只讨论 θ_n 处仅有一个约束是积极约束的情形，其他情形可用类似的方法，并结合设置置信区间时的一些原则处理。为确定计，设

$$A_1^{\mathrm{T}}\theta_n = b_1, \quad A_j^{\mathrm{T}}\theta_n < b_j, j = 2, \cdots, m \tag{2.5.27}$$

进一步，区分 $\lambda_{n1} > 0$ 和 $\lambda_{n1} = 0$ 这两种情形，其中 λ_{n1} 为约束回归问题 (2.5.1) 中不等式约束条件 $A_1\theta \leqslant b_1$ 所对应的拉格朗日乘数。

首先考虑 $\lambda_{n1} > 0$ 的情形。

命题 2.5.8　设 θ_n 满足 (2.5.27) 且 $\lambda_{n1} > 0$，则 θ_0 的 $1-\alpha$ 水平的置信区域可设置为

$$R_2 = \{(\theta_0 : n(\theta_n - \theta_0)^{\mathrm{T}} R^{\mathrm{T}} R(\theta_n - \theta_0) \leqslant r'_\alpha\} \tag{2.5.28}$$

其中矩阵 R 和常数 r'_α 如命题的证明中所示。

证明　定理 2.3.1 断言，$n^{\frac{1}{2}}(\theta_n - \theta_0)$ 依概率有界，因而 $\theta_n - \theta_0 \sim o_p(1)$。对称地 (根据数学规划的对偶理论，最优解与对应的拉格朗日乘数处于对称地位)，也有 $\lambda_{n1} - \lambda_{01} \sim o_p(1)$，其中 λ_{01} 为极限规划问题 (2.3.4) 对应于约束条件 $A_1^{\mathrm{T}}z \leqslant 0$ 的拉格朗日乘数。由 $\lambda_{n1} > 0$ 可得 λ_{01} 为正。这又蕴涵着 $z_n = n^{\frac{1}{2}}(\theta_n - \theta_0)$ 位于 D 的边界面 D_1 上，故 z_n 近似地服从分布 $M_1\xi$。于是存在矩阵 R，使得 $n(\theta_n - \theta_0)^{\mathrm{T}} R^{\mathrm{T}} R(\theta_n - \theta_0)$ 有自由度为 $p-1$ 的 χ^2 分布。对给定概率水平 α，可以找出常数 r'_α，使得

$$P\{n(\theta_n - \theta_0)^{\mathrm{T}} R^{\mathrm{T}} R(\theta_n - \theta_0) \leqslant r'_\alpha\} = 1 - \alpha$$

这样，所需置信区域即为 (2.5.28) 中的 R_2。

同样，这一置信区域应该限制在可行解集 S 范围内，所以 r'_α 应满足

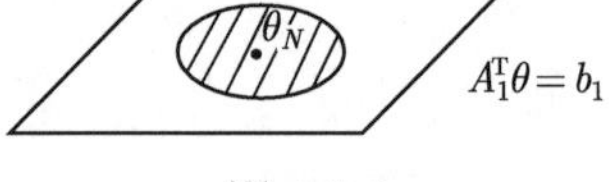

$$r'_\alpha \leqslant \bar{r}' = \min\{r'(j) = d(\theta_n, P_j), j = 2, \cdots, m\}$$

图 2.5.5

R_2 是位于边界面 $A_1^{\mathrm{T}}\theta = b_1$ 上的椭球，如图 2.5.5 所示。■

对于 $\lambda_{n1} = 0$ 的情形，有如下命题：

命题 2.5.9　设 θ_n 满足 (2.5.27) 且 $\lambda_{n1} = 0$，则 θ_0 的 $1-\alpha$ 水平置信区域可设置为

$$\begin{aligned}R_3 = &\{\theta_0 : n((\theta_n - \theta_0)^{\mathrm{T}} Q^{\mathrm{T}} Q(\theta_n - \theta_0) \leqslant r_\alpha, A_1^{\mathrm{T}}\theta_0 < b_1\} \\ &\cup \{\theta_0 : n(\theta_n - \theta_0)^{\mathrm{T}} R^{\mathrm{T}} R(\theta_n - \theta_0) \leqslant r'_\alpha, A_1^{\mathrm{T}}\theta_0 = b_1\}\end{aligned} \tag{2.5.29}$$

其中矩阵 Q 和 R, 常数 r_α 和 r'_α 如本命题证明中所定义。

证明 在 θ_n 位于边界面 $A'_1\theta = b_1$ 上的情况下，由 $n^{\frac{1}{2}}(\theta_n - \theta_0)$ 的依概率有界性，此时 θ_0 可推断位于 S 的内部或在 P_1 上。相应地，$n^{\frac{1}{2}}(\theta_n - \theta_0)$ 则在 D_0 或在 D_1 上。根据对前面两种情况的分析，对给定水平 α，可以找到临界值 r_α 和 r'_α，使得

$$P\{n(\theta_n - \theta_0)^{\mathrm{T}} Q^{\mathrm{T}} Q(\theta_n - \theta_0) \leqslant r_\alpha, A_1^{\mathrm{T}}\theta_0 < b_1\} = \frac{1}{2}(1-\alpha)$$

$$P\{n(\theta_n - \theta_0)^{\mathrm{T}} R^{\mathrm{T}} R(\theta_n - \theta_0) \leqslant r'_\alpha, A_1^{\mathrm{T}}\theta_0 = b_1\} = \frac{1}{2}(1-\alpha)$$

这样，所需置信区域 R_3 即为 (2.5.29) 所示。

R_3 是 S 中的一个半椭球以及 $A_1^{\mathrm{T}}\theta_0 = b_1$ 上一个低一维的椭球的和集，如图 2.5.6 所示。■

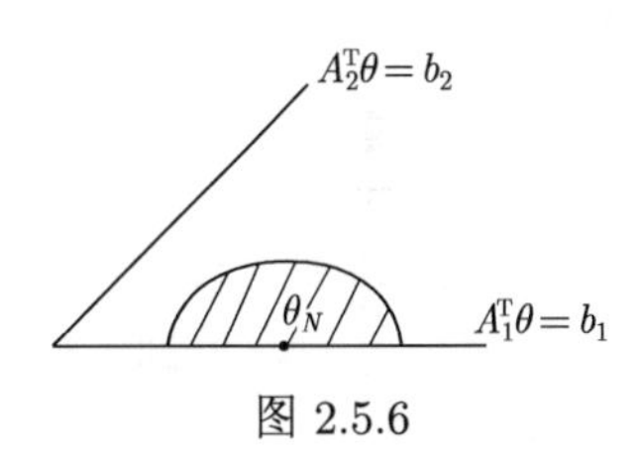

图 2.5.6

从以上过程可见，在构造有不等式约束问题的置信区域时，必须区分估计量 θ_n 是在 S 内部还是在边界上。如果 θ_n 在边界上，则还需区分对应的拉格朗日乘数是大于零还是等于零。

总结起来，构造置信区间或置信区域的主要步骤如下：①根据估计值 θ_n 的位置和对应的拉格朗日乘数的值来确定应该用 $n^{\frac{1}{2}}(\theta_n - \theta_0)$ 的那一片极限分布；②按选定渐近分布构造概率水平 α 下所需的置信区间或置信区域；③检查所构造的置信区间或置信区域是否超出可行解集合，如果是，则调整置信水平 α。

在有或无不等式约束问题构造置信区间或置信区域时的主要差别是：在有约束的情形，$n^{\frac{1}{2}}(\theta_n - \theta_0)$ 有许多可能的渐近分布，必须根据具体情况选择其中的一种。而在无约束的情形，$n^{\frac{1}{2}}(\theta_n - \theta_0)$ 只有一种渐近分布，无需进行选择。

在先前的一些文献中，人们一直希望能够找出构造不等式约束问题的置信区间或置信区域的关键量 (pivotal quantities)，参见文献 (Mukerjee and Tu，1995；Sen and Silvapulle，2002)。遗憾的是，一直未能找出这一重要的量。其实，这个关键量就是 $n^{\frac{1}{2}}(\theta_n - \theta_0)$ 的逐片正态极限分布。有一点需要进一步注意，即仅仅有这个极限分布还是不够的，还必须给出一种方法，以指出如何使用这一极限分布。这些正是在前面的论述中所做的。

2.6 参数的区间估计: 方差未知的情形

在 2.5 节的讨论中假定了随机误差 e_i 的方差 σ^2 是已知的。但在许多实际问

题中，这一方差可能是未知的。这时，必须同时估计参数向量 θ 和方差 σ^2，并给出估计量 θ_n 和 σ_n^2 的渐近分布以及在这种情形下作统计推断的方法。类似于无约束回归的情形，这里的关键问题是要证明 θ_n 和 σ_n^2 的 (渐近) 独立性，以能定义出相应的 t 统计量和 F 统计量。这里只能得出条件独立性，所定义的有关统计量则是给定条件下的 t 统计量和 F 统计量。利用这些统计量构造置信区间的方法和 2.5 节中的方法类似。

2.6.1 方差 σ^2 的估计

因为方差未知，首先需要估计方差。如在无约束回归中一样，这里仍然用

$$\sigma_n^2 = \frac{1}{n-p}\sum_{i=1}^{n}(y_i - x_i^{\mathrm{T}}\theta_n)^2 \tag{2.6.1}$$

作为 σ^2 的估计量。解完回归问题 (2.1.2) 后，得出 θ_0 的估计量 θ_n，便可由 (2.6.1) 得出 σ_n^2。

要得出 σ_n^2 的渐近表示，只要将 θ_n 的渐近表示 (2.4.8) 代入 (2.6.1) 即可，如下所示。为了把渐近表示写成更紧凑，这里用矩阵形式。

定理 2.6.1 设

(i) $e_1,\cdots,e_n$ 为独立同分布、具有均值零和方差 σ^2 的随机误差；

(ii) 矩阵 K_n 为正定的；

(iii) 向量组 $A_1,\cdots,A_m$ 为线性独立组，

则

(1) 若 θ_0 位于 S^{o} 中，则对所有 e(于是所有 θ_n)，σ_n^2 有渐近表示

$$\sigma_n^2 = (n-p)^{-1}e^{\mathrm{T}}(I_n - X^{\mathrm{T}}(XX^{\mathrm{T}})^{-1}X)e \tag{2.6.2}$$

(2) 若 θ_0 在 S 的边界面上，则对所有 $e \in E_i$(于是所有对应的 $\theta_n \in P_{j_1,\cdots,j_r}$)，其中 E_i 由 (2.4.9) 定义，σ_n^2 有渐近表示

$$\begin{aligned}\sigma_n^2 &= (n-p)^{-1}e^{\mathrm{T}}(I_n - X^{\mathrm{T}}n^{-1}R_rX)e\\ &= (n-p)^{-1}e^{\mathrm{T}}(I_n - X^{\mathrm{T}}n^{-1}R_rX)e\end{aligned} \tag{2.6.3}$$

其中 I_n 是秩为 n 的单位矩阵，R_r 为由 (2.4.10) 定义的矩阵，随 θ_n 的位置变化而变化。

证明　(1) 若 $\theta_0 \in S^{\mathrm{o}}$，则对几乎所有 θ_n 都在 S^{o} 中，因而 $n^{\frac{1}{2}}(\theta_n-\theta_0)$ 有渐近表示 (2.4.6)，代入 (2.6.1) 得

$$\begin{aligned}\sigma_n^2 &= (n-p)^{-1}\sum_{i=1}^{n}(y_i - X_i^{\mathrm{T}}\theta_n)^2\\ &= (n-p)^{-1}\sum_{i=1}^{n}(e_i - X_i^{\mathrm{T}}(\theta_n-\theta_0))^2\end{aligned}$$

$$
\begin{aligned}
&= (n-p)^{-1}[(I_n - n^{-1}X^{\mathrm{T}}K_n^{-1}X)e]^2 \\
&= (n-p)^{-1}[e^{\mathrm{T}}(I_n - n^{-1}X^{\mathrm{T}}K_n^{-1}X)^2 e] \\
&= (n-p)^{-1}[e^{\mathrm{T}}(I_n - X^{\mathrm{T}}(XX^{\mathrm{T}})^{-1}X)e]
\end{aligned}
$$

其中最后第二个等式成立是因为 $I_n - n^{-1}X^{\mathrm{T}}K_n^{-1}X$ 是幂等矩阵。

(2) 若 $\theta_0 \in \partial S$ 且有 r 个不等式约束在 θ_0 处是积极的，则由命题 2.4.3，$n^{\frac{1}{2}}(\theta_n - \theta_0)$ 有渐近表示 (2.4.9)，代入 (2.6.1) 即得

$$
\begin{aligned}
\sigma_n^2 &= (n-p)^{-1}\sum_{i=1}^{n}(y_i - X_i^{\mathrm{T}}\theta_n)^2 \\
&= (n-p)^{-1}\sum_{i=1}^{n}(e_i - X_i^{\mathrm{T}}(\theta_n - \theta_0))^2 \\
&= (n-p)^{-1}[(I_n - X^{\mathrm{T}}n^{-1}R_rX)e]^2 \\
&= (n-p)^{-1}[e^{\mathrm{T}}(I_n - X^{\mathrm{T}}n^{-1}R_rX)^2 e] \\
&= (n-p)^{-1}[e^{\mathrm{T}}(I_n - n^{-1}X^{\mathrm{T}}R_rX)e]
\end{aligned} \tag{2.6.4}
$$

其中最后一个等式成立是因为 $I_n - X^{\mathrm{T}}n^{-1}R_rX$ 是幂等矩阵，这一点可由初等运算证实。此即为所需结果。■

由以上 σ_n^2 的渐近表示立即可得 σ_n^2 的渐近分布。

定理 2.6.2 在定理 2.6.1 的条件下，$(n-p)\sigma_n^2/\sigma^2$ 具有自由度为 $n-p$ 的 χ^2 渐近分布。

证明 从式 (2.6.4) 可见，$(n-p)\sigma_n^2 = e^{\mathrm{T}}(I_n - n^{-1}Z^{\mathrm{T}}R_rX)e$ 是一个二次型，该二次型的矩阵 $I_n - n^{-1}X^{\mathrm{T}}R_rX$ 又是幂等的。因此，由有关理论 [(陈希儒，1997)，第 1 章] 知，$(n-p)\sigma_n^2/\sigma^2$ 具有 χ^2 渐近分布。又此时 $\theta_n \in P_{j_l,\cdots,j_r}$，即关于 θ 有个约束条件，于是 $(n-p)\sigma_n^2/\sigma^2$ 具有自由度为 $n-p$ 的 χ^2 渐近分布。■

2.6.2 θ_n 和 σ_n^2 之间的渐近独立性

为了在统计推断中利用 σ_n^2，必须建立 θ_n 和 σ_n^2 之间的某种独立性，这样才能定义所需要的 t 统计量和 F 统计量。

然而，对不等式约束回归不能得出通常意义下 θ_n 和 σ_n^2 之间的 (渐近) 独立性。从前面已有结果看到，对不同的样本点，θ_n 和 σ_n^2 有不同表达式，故只能得出不同条件下的独立性。

令

$$
\begin{aligned}
U_n &= D_r(D_r^{\mathrm{T}}K_n^{-1}D_r)^{-1}D_r^{\mathrm{T}}K_n^{-1} \\
V_n &= I_p - U_n
\end{aligned}
$$

其中 I_p 表示 p 阶单位矩阵。注意：在这些记号下有

$$
R_r = K_n^{-1}V_n = n(XX^{\mathrm{T}})^{-1}V_n, \quad \theta_n - \theta_0 = n^{-1}R_rXe = (XX^{\mathrm{T}})^{-1}V_nXe \tag{2.6.5}
$$

先证一个预备结果。

引理 2.6.1　U_n 和 V_n 是幂等矩阵。

证明　对 U_n 有

$$
\begin{aligned}
U_n^2 &= D_r(D_r^{\mathrm{T}}K_n^{-1}D_r)^{-1}D_r^{\mathrm{T}}K_n^{-1}D_r(D_r^{\mathrm{T}}K_n^{-1}D_r)^{-1}D_r^{\mathrm{T}}K_n^{-1} \\
&= D_r(D_r^{\mathrm{T}}K_n^{-1}D_r)^{-1}D_r^{\mathrm{T}}K_n^{-1} = U_n
\end{aligned}
$$

对 V_n 则有

$$
\begin{aligned}
V_n^2 &= (I_p - U_n)^2 = I_p - 2U_n + U_n^2 \\
&= I_p - U_n = V_n
\end{aligned}
$$

所以 U_n, V_n 都是幂等矩阵。■

下面建立所需条件独立性。

定理 2.6.3　设定理 2.6.1 中所设条件成立，并且 $e_1, \cdots, e_n$ 为正态分布的，则给定 $e \in E_i$，θ_n 与 σ_n^2 为条件独立的。

证明　由于 θ_n 和 σ_n^2 各有两种渐近表示式，所以将在这两种情形下证明此定理。

根据前面结果，如果 θ_0 位于 S 的内部，则一切如同无约束的情形，从而定理结果成立。

如果 θ_0 位于 S 的边界上，则 θ_n 和 σ_n^2 分别有渐近表示 (2.4.8) 和 (2.6.3)。因为 $\sigma_n^2 = (n-p)^{-1}(Y - X^{\mathrm{T}}\theta_n)^{\mathrm{T}}(Y - X^{\mathrm{T}}\theta_n)$，只需证明 θ_n 与 $Y - X^{\mathrm{T}}\theta_n$ 之间的条件独立性即可。

在给定条件 $e \in E_i$ 下，由 (2.6.5)，有

$$
\begin{aligned}
&\theta_n - \theta_0 = n^{-1}R_rXe = (XX^{\mathrm{T}})^{-1}V_nXe \\
&y - X^{\mathrm{T}}\theta_n = [I_n - n^{-1}R_rX]e = \left[I_n - X^{\mathrm{T}}(XX^{\mathrm{T}})^{-1}V_nX\right]e
\end{aligned}
$$

由对于 e 的正态性假定知，$\theta_n - \theta_0$ 和 $Y - X^{\mathrm{T}}\theta_n$ 都是正态的。因此，要证 θ_n 和 $Y - X^{\mathrm{T}}\theta_n$ 之间的条件独立性，只要证 $\theta_n - \theta_0$ 与 $Y - X^{\mathrm{T}}\theta_n$ 的条件协方差为零。易见

$$
\begin{aligned}
&\mathrm{cov}(Y - X^{\mathrm{T}}\theta_n, \theta_n - \theta_0) \\
&= \mathrm{cov}((I_n - X^{\mathrm{T}}(XX^{\mathrm{T}})^{-1}V_nX)e, (XX^{\mathrm{T}})^{-1}V_nXe) \\
&= (I_n - X^{\mathrm{T}}(XX^{\mathrm{T}})^{-1}V_nX)\mathrm{cov}(e, e)((XX^{\mathrm{T}})^{-1}V_nX)^{\mathrm{T}} \\
&= \sigma^2(I_n - X^{\mathrm{T}}(XX^{\mathrm{T}})^{-1}V_nXX^{\mathrm{T}}V_n^{\mathrm{T}}(XX^{\mathrm{T}})^{-1})
\end{aligned}
$$

注意：

$$
\begin{aligned}
(XX^{\mathrm{T}})^{-1}V_nXX^{\mathrm{T}} &= (XX^{\mathrm{T}})^{-1}\left[I_p - D_r(D_r^{\mathrm{T}}K_n^{-1}D_r)D_r^{\mathrm{T}}K_n^{-1}\right]XX^{\mathrm{T}} \\
&= I_p - K_n^{-1}D_r(D_r^{\mathrm{T}}K_n^{-1}D_r)D_r^{\mathrm{T}} \\
&= (I_p^{\mathrm{T}} - U_n^{\mathrm{T}}) = V_n^{\mathrm{T}}
\end{aligned}
$$

因而

$$\begin{aligned}\mathrm{cov}(Y-X^{\mathrm{T}}\theta_n,\theta_n-\theta_0)&=\sigma^2(X^{\mathrm{T}}V_n^{\mathrm{T}}(XX^{\mathrm{T}})^{-1}-X^{\mathrm{T}}(XX^{\mathrm{T}})^{-1}V_nXX^{\mathrm{T}}V_n^{\mathrm{T}}(XX^{\mathrm{T}})^{-1})\\&=\sigma^2(X^{\mathrm{T}}V_n^{\mathrm{T}}(XX^{\mathrm{T}})^{-1}-X^{\mathrm{T}}V_n^{\mathrm{T}}(XX^{\mathrm{T}})^{-1})=0\end{aligned}$$

这就证明了所需的条件独立性。■

2.6.3 条件 t 统计量与条件 F 统计量

根据 2.6.2 小节的结果，现在可以来定义两个统计量：条件 t 统计量 $T_n|E_i$ 与条件 F 统计量 $F_n|E_i$。这两个统计量将被用来进行方差未知时的统计推断。

自然地，想到用无约束回归中的方式来定义 F_n 和 T_n。然而，现在必须在 $n^{\frac{1}{2}}(\theta_n-\theta_0)$ 和 σ_n^2 的两种情况下定义 $F_n|E_i$ 和 $T_n|E_i$。

对于形式 A，定义

$$\begin{aligned}F_n|E_i&=(p\sigma_n^2)^{-1}(\theta_n-\theta_0)^{\mathrm{T}}(XX^{\mathrm{T}})(\theta_n-\theta_0)\\T_n(c)|E_i&=(c^{\mathrm{T}}K_n^{-1}c)^{-1/2}c^{\mathrm{T}}(\theta_n-\theta_0)\sigma_n^{-1}\end{aligned}$$

对于形式 B，定义，

$$\begin{aligned}F_n|E_i&=\frac{(p-N(\theta_n))^{-1}(\theta_n-\theta_0)^{\mathrm{T}}(XX^{\mathrm{T}})(\theta_n-\theta_0)}{(n-p)\sigma_n^2/(n-p+N(\theta_n))}\\T_n(c)|E_i&=\frac{(c^{\mathrm{T}}R_rc)^{-1/2}c^{\mathrm{T}}(\theta_n-\theta_0)}{(n-p+N(\theta_n))^{-1/2}(n-p)^{1/2}\sigma_n}\end{aligned}$$

其中 $N(\theta_n)$ 为 θ_n 处积极约束的个数，c 为 R^p 中的常数向量。统计量 $T_n(c)|E_i$ 将被用来构造 $c'\theta_0$ 的置信区间。

根据前面的条件独立性结果，可以期望 $F_n|E_i$ 和 $T_n(c)|E_i$ 在给定 E_i 条件下分别服从 F 分布和 t 分布。

定理 2.6.4 设定理 2.6.3 的假设条件成立，则对给定 E_i，渐近地有

$$\begin{aligned}F_n|E_i&\sim F(p-N(\theta_n),n-p+N(\theta_n))\\T_n(c)|E_i&\sim t(n-p+N(\theta_n))\end{aligned}$$

证明 对 $n^{\frac{1}{2}}(\theta_n-\theta_0)$ 和 σ_n^2 的两种形式给出证明。

对形式 A，因为

$$\mathrm{var}(K_n^{-1}n^{-\frac{1}{2}}Xe)=K_n^{-1}n^{-\frac{1}{2}}XX^{\mathrm{T}}n^{-\frac{1}{2}}K_n^{-1}\sigma^2=K_n^{-1}\sigma^2$$

因而近似地有

$$\begin{aligned}n^{\frac{1}{2}}(\theta_n-\theta_0)&=K_n^{-1}n^{-\frac{1}{2}}Xe\sim N(0,K_n^{-1}\sigma^2)\\c^{\mathrm{T}}n^{\frac{1}{2}}(\theta_n-\theta_0)&\sim N(0,c^{\mathrm{T}}K_n^{-1}c\sigma^2)\end{aligned}$$

根据定理 2.6.2 有

$$(n-p)\sigma_n^2/\sigma^2\sim\chi^2(n-p)$$

并且 σ_n^2 独立于 θ_n(给定 E_i)。因此有

$$F_n/E_i = (p\sigma_n^2)^{-1}(\theta_n - \theta_0)^{\mathrm{T}}XX^{\mathrm{T}}(\theta_n - \theta_0) \sim F(p, n-p)$$
$$T_n(c)/E_i = ((c^{\mathrm{T}}K_n^{-1}c)^{1/2}\sigma_n)^{-1}c^{\mathrm{T}}(\theta_n - \theta_0) \sim t(n-p)$$

对形式 B，因为

$$\theta_n - \theta_0 = (XX^{\mathrm{T}})^{-1}V_nXe$$
$$(\theta_n - \theta_0)^{\mathrm{T}}(XX^{\mathrm{T}})(\theta_n - \theta_0) = e^{\mathrm{T}}X^{\mathrm{T}}V_n^{\mathrm{T}}(XX^{\mathrm{T}})^{-1}(XX^{\mathrm{T}})(XX^{\mathrm{T}})^{-1}V_nXe$$
$$= e^{\mathrm{T}}[X^{\mathrm{T}}V_n^{\mathrm{T}}(XX^{\mathrm{T}})^{-1}V_nX]e \triangleq e^{\mathrm{T}}P_ne$$

下面证明 P_n 为幂等矩阵。首先，代入 V_n 的表达式并注意到 V_n 的幂等性，可得

$$P_n = X^{\mathrm{T}}V_n^{\mathrm{T}}(XX^{\mathrm{T}})^{-1}V_nX = X^{\mathrm{T}}(XX^{\mathrm{T}})^{-1}V_nX$$

于是

$$P_n^2 = X^{\mathrm{T}}(XX^{\mathrm{T}})^{-1}V_nXX^{\mathrm{T}}(XX^{\mathrm{T}})^{-1}V_nX = X^{\mathrm{T}}(XX^{\mathrm{T}})^{-1}V_nX = P_n$$

因此，$(\theta_n-\theta_0)^{\mathrm{T}}(XX^{\mathrm{T}})(\theta_n-\theta_0)$ 具有 χ^2 分布，自由度为 $(p-N(\theta_n))$。又 $c^{\mathrm{T}}(\theta_n-\theta_0) \sim N(0, c^{\mathrm{T}}S_nc\sigma^2)$，再加上，$(n-p)\hat{\sigma}^2/\sigma^2(n-p+N(\theta_n)) \sim \chi^2(n-p+N(\theta_n))$ 和 σ_n^2 独立于 θ_n(给定 E_i)，因此，

$$F_n/E_i = \frac{(\theta_n - \theta_0)^{\mathrm{T}}(XX^{\mathrm{T}})(\theta_n - \theta_0)/(p - N(\theta_n))}{(n-p)\sigma_n^2/(n-p+N(\theta_n))} \sim F(p - N(\theta_n), n-p+N(\theta_n))$$

$$T_n(c)/E_i = \frac{c^{\mathrm{T}}(\theta_n - \theta_0)(n-p+N(\theta_n))^{\frac{1}{2}}}{(c^{\mathrm{T}}S_nc)^{\frac{1}{2}}\sigma_n(n-p)^{\frac{1}{2}}} = \frac{c^{\mathrm{T}}(\theta_n - \theta_0)/(c^{\mathrm{T}}S_nc\sigma^2)^{\frac{1}{2}}}{((n-p)\sigma_n^2)^{\frac{1}{2}}/(\sigma^2(n-p+N(\theta_n)))^{\frac{1}{2}}}$$
$$\sim t(n-p+N(\theta_n)) \quad \blacksquare$$

2.6.4 $c^{\mathrm{T}}\theta_0$ 的置信区间

现在可以来构造方差未知时 $c^{\mathrm{T}}\theta_0$ 的 $1-\alpha$ 水平置信区间。

若 θ_n 位于 S 的相对内部，则此时构造置信区间的方法与无约束的情形一样，这时用形式 A 的 $F_n|E_i$ 和 $T_n(c)|E_i$。为了得出 $c^{\mathrm{T}}\theta_0$ 的置信区间，先考虑 $c^{\mathrm{T}}(\theta_n-\theta_0)$ 的取值范围。令 L 为通过点 θ_n 且具有方向 c 的射线，如图 2.5.1 所示。显然，等值面 $c^{\mathrm{T}}(\theta_n - \theta_0) = u$ 垂直于射线 L，并且 u 等值面上的值等于 $c^{\mathrm{T}}(\theta_n - \bar{\theta}_0)$，其中 $\bar{\theta}_0$ 为该等值面与 L 的交点，所以只要考虑 $c^{\mathrm{T}}(\theta_n - \bar{\theta}_0)$ 的值的范围就行了。

因为 θ_n 在 S^{o} 中，所以 θ_n 附近的 $\bar{\theta}_0$ 也是在 S^{o} 中。对于这样的 θ_n 和 $\bar{\theta}_0$, 近似地有

$$n^{\frac{1}{2}}(\theta_n - \bar{\theta}_0) = (K_n/n)^{-1}n^{-\frac{1}{2}}X^{\mathrm{T}}e$$

因此 (在这一情形下，不需要用到条件 t 统计量)，

$$T_n(c)=\frac{c^{\mathrm{T}}(\theta_n-\theta_0)}{(c^{\mathrm{T}}K_n^{-1}c)^{\frac{1}{2}}\sigma_n}\sim t(n-p)$$

从而可得概率陈述式

$$P\left(\left|\frac{c^{\mathrm{T}}(\theta_n-\theta_0)}{(c^{\mathrm{T}}K_n^{-1}c)^{\frac{1}{2}}\sigma_n}\right|\leqslant t_\alpha\right)=1-\alpha$$

其中 t_α 为 $t(n-p)$ 分布的 $1-\alpha$ 分位数。于是 $c^{\mathrm{T}}\theta_0$ 的 $1-\alpha$ 水平的置信区间为

$$(c^{\mathrm{T}}\theta_n-t_\alpha(c^{\mathrm{T}}K_n^{-1}c)^{\frac{1}{2}}\sigma_n,c^{\mathrm{T}}\theta_n+t_\alpha(c^{\mathrm{T}}K_n^{-1}c)^{\frac{1}{2}}\sigma_n)\tag{2.6.6}$$

当然，这里也需考虑如何保证所推断区间落在可行解范围内，也即对临界值 t_α(也是对水平 α) 有所限制，其限制方法与上节中一样。这里不再重复。

下面给出如果 θ_n 位于 S 的边界上构造置信区间的方法。

不失一般性，设 θ_n 满足

$$A_1^{\mathrm{T}}\theta=b_1,\quad A_j^{\mathrm{T}}\theta_n<b_j,j=2,\cdots,m$$

进一步需考虑 $A_1^{\mathrm{T}}c$ 的取值情况。这里，只考虑 $A_1^{\mathrm{T}}c<0$ 的情形。

$A_1^{\mathrm{T}}c<0$ 意味着 c 与 P_1 的内法线的夹角是锐角。与方差已知时 $c^{\mathrm{T}}\theta_0$ 的置信区间的构造相比较，唯一的不同是现在必须用 $T_n(c)|E_i$(而不是用正态分布) 来构造置信区间。这时

$$T_n(c)/E_1=\frac{c^{\mathrm{T}}(\theta_n-\theta_0)}{(c^{\mathrm{T}}K_n^{-1}c)^{\frac{1}{2}}\sigma_n}\sim t(n-p)$$

因而对于给定的置信水平 α，可以找到临界值 t_α，使得

$$P\left(0\geqslant\frac{c^{\mathrm{T}}(\theta_n-\bar{\theta}_0)}{(c^{\mathrm{T}}K_n^{-1}c)^{1/2}\sigma_n}\geqslant -t_\alpha\right)=\frac{1-\alpha}{2}$$

或等价地，

$$P\left(c^{\mathrm{T}}\theta_0\leqslant c^{\mathrm{T}}\hat{\theta}+t_\alpha(c^{\mathrm{T}}K_n^{-1}c)^{1/2}\sigma_n\right)=\frac{1-\alpha}{2}\tag{2.6.7}$$

为得出 $c^{\mathrm{T}}\theta_0$ 的置信区间下限，由定理 2.6.4 有

$$T_n(c)/E_2=\frac{c^{\mathrm{T}}(\theta_n-\theta_0)(n-p+1)^{1/2}}{(c^{\mathrm{T}}R_1c)^{\frac{1}{2}}\sigma_n(n-p)^{1/2}}\sim t(n-p+1)$$

给定 α，可以找到 $t(n-p+1)$ 分布的临界值 t'_α，使得

$$P\left(t'_\alpha\geqslant\frac{c^{\mathrm{T}}(\theta_n-\theta_0)(n-p+1)^{1/2}}{(c^{\mathrm{T}}R_1c)^{\frac{1}{2}}\sigma_n(n-p)^{1/2}}\geqslant 0\right)=\frac{1-\alpha}{2}\tag{2.6.8}$$

把概率陈述式 (2.6.7) 和 (2.6.8) 结合起来，可以构造 $c^{\mathrm{T}}\theta_0$ 的 $1-\alpha$ 水平置信区间如下：

$$\left(c^{\mathrm{T}}\theta_n - t_\alpha(c^{\mathrm{T}}K_n^{-1}c)^{\frac{1}{2}}\sigma_n, c^{\mathrm{T}}\theta_n + t'_\alpha(c^{\mathrm{T}}R_1c)^{\frac{1}{2}}\sigma_n\frac{(n-p)^{1/2}}{(n-p+1)}\right) \tag{2.6.9}$$

其他情形下的置信区间可类似求出。

在求 θ_0 的置信区域时，则需条件 F 分布，其方法类似于 2.5 节中求置信区域的方法。

2.7 残差分析

众所周知，残差 (residual) 在无约束回归分析的统计推断中起着非常重要的作用。它们在方差分析、假设检验、统计诊断、影响分析中经常用到，参见文献 (Cook and Weisberg，1982；韦博成等，1991)，而且残差可以用数据和随机误差表出。这样，在进一步统计分析中使用起来就非常方便。在有约束回归中，无疑它们也会起到同样重要的作用。本节将给出残差的渐近表示和基本性质，这将使有关残差分析得以进行，而详细的残差分析及其应用则不在此进行。

由于残差与 $(\theta_n-\theta_0)$ 密切相关，则从前面关于 $n^{\frac{1}{2}}(\theta_n-\theta_0)$ 的渐近表示的分析中可见，其残差的表示式也不同于无约束回归分析中的表示式。

这里仍然限于线性回归模型

$$y_i = x_i^{\mathrm{T}}\theta_0 + e_i$$

其有约束最小二乘估计问题为

$$\begin{aligned} \min \quad & \sum_{i=1}^{n}(y_i - x_i^{\mathrm{T}}\theta)^2 \\ \text{s.t.} \quad & A\theta \leqslant b \end{aligned}$$

这里的基本思想与方法适用于一般的回归问题。

普通残差是最基本的一种残差，这里只讨论这一种，其他几种残差的研究都容易在普通残差的基础上发展出来。如无约束问题中一样，普通残差 $\hat{e}_i$ 定义为

$$\hat{e}_i = y_i - x_i^{\mathrm{T}}\theta_n \tag{2.7.1}$$

最重要的问题之一是找出 $\hat{e}_i$ 的分布，它是进一步分析的基础。从前面几节的内容可以看到，只要有了 $\hat{e}_i$ 的渐近表示，其渐近分布就立即可得。下面将给出它的渐近表示。

普通残差 $\hat{e}_i$ 的渐近表示。把回归模型 $y_i = x_i^{\mathrm{T}}\theta_0 + e_i$ 代入 $\hat{e}_i$ 的定义式 (2.7.1) 中得

$$\hat{e}_i = e_i - x_i^{\mathrm{T}}(\theta_n - \theta_0) \tag{2.7.2}$$

下面将通过 $n^{\frac{1}{2}}(\theta_n - \theta_0)$ 的渐近表示来导出 $\hat{e}_i$ 的渐近表示。由于 $n^{\frac{1}{2}}(\theta_n - \theta_0)$ 的渐近表示随着 θ_0 的位置改变而变化, $\hat{e}_i$ 的渐近表示也会有同样的情况。

下面分几种不同的情况给出残差的渐近表示。

1) $\theta_0 \in S^{\circ}$

如前面几节分析，由 $n^{\frac{1}{2}}(\theta_n - \theta_0)$ 的依概率有界性，这时 θ_n 依趋近于 1 的概率位于 θ_0 的小邻域里，也就在 S° 中。因此，由渐近表示式 (2.4.5) 有

$$\theta_n - \theta_0 = (nK_n)^{-1} \sum x_i e_i$$

从而

$$\hat{e}_i = e_i - x_i^{\mathrm{T}}(nK_n)^{-1} \sum x_i e_i \tag{2.7.3}$$

$\hat{e}_i$ 的这一渐近表示实际上与无约束回归中的表示式一样。但是有一点必须指出：这里 (2.7.3) 只是依接近于 1 的概率成立，而不保证对 e 的所有值都成立。

2) $\theta_0 \in P_j^{\circ}$

不失一般性，令 $j = 1$。由 (2.4.6)，对应于某些 e 的 θ_n 落在可行解区域内部，对应于其余的 e 的 θ_n 落在 P_1 上。具体地说，对满足条件 $A_1^{\mathrm{T}} K_n^{-1} \sum x_i e_i < 0$ 的 e 有 $A_j^{\mathrm{T}}\left(\theta_0 + K_n^{-1} \sum x_i e_i\right) \leqslant 0 (j = 1, \cdots, m)$，于是

$$\theta_n = \theta_0 + (nK_n)^{-1} \sum x_i e_i$$

代入 (2.7.2) 得

$$\hat{e}_i = e_i - x_i^{\mathrm{T}}(nK_n)^{-1} \sum x_i e_i \tag{2.7.4}$$

而对于满足 $A_1^{\mathrm{T}} K_n^{-1} \sum x_i e_i \geqslant 0$ 的 e，由 (2.4.6) 有

$$\theta_n - \theta_0 = S_{11} n^{-1} \sum x_i e_i$$

其中

$$S_{11} = n^{-1} K_n^{-1}(I - A_1(A_1^{\mathrm{T}} K_n^{-1} A_1)^{-1} A_1^{\mathrm{T}} K_n^{-1})$$

因而

$$\hat{e}_i = e_i - x_i^{\mathrm{T}} n^{-1} S_{11} \sum x_i e_i \tag{2.7.5}$$

合并 (2.7.4) 和 (2.7.5)，则得 (向量形式)

$$\hat{e} = \begin{cases} (I - X^{\mathrm{T}}(nK_n)^{-1} X)e, & A_1^{\mathrm{T}} K_n^{-1} \sum x_i e_i < 0 \\ (I - X^{\mathrm{T}} n^{-1} S_{11} X)e, & A_1^{\mathrm{T}} K_n^{-1} \sum x_i e_i \geqslant 0 \end{cases} \tag{2.7.6}$$

3) $\theta_0 \in P_{12}^{\circ}$

现在，θ_n 可以位于 $S^{\circ}, P_1^{\circ}, P_2^{\circ}$ 或 P_{12}° 中。在不同的区域里，根据命题 2.4.3，$n^{\frac{1}{2}}(\theta_n - \theta_0)$ 有不同的表示。对 $\hat{e}_i$ 的渐近表示, 则有

$$\hat{e} = \begin{cases} (I - X^{\mathrm{T}} n^{-1} K_n^{-1} X)e, & A_j^{\mathrm{T}} K_n^{-1} \sum x_i e_i < 0, j = 1, \cdots, m \\ (I - X^{\mathrm{T}} n^{-1} S_{11}^{(1)} X)e, & A_1^{\mathrm{T}} K_n^{-1} \sum x_i e_i \geqslant 0, A_j^{\mathrm{T}} K_n^{-1} \sum x_i e_i < 0, \\ & j = 2, \cdots, m \\ (I - X^{\mathrm{T}} n^{-1} S_{11}^{(2)} X)e, & A_2^{\mathrm{T}} K_n^{-1} \sum x_i e_i \geqslant 0, A_j^{\mathrm{T}} K_n^{-1} \sum x_i e_i < 0, \\ & j \neq 2 \\ (I - X^{\mathrm{T}} n^{-1} R_2 X)e, & A_1^{\mathrm{T}} k_n^{-1} \sum x_i e_i \geqslant 0, A_2^{\mathrm{T}} k_n^{-1} \sum x_i e_i \geqslant 0, \\ & A_j^{\mathrm{T}} K_n^{-1} \sum x_i e_i < 0, \quad j = 3, \cdots, m \end{cases} \tag{2.7.7}$$

其中

$$\begin{aligned} S_{11}^{(1)} &= n^{-1} K_n^{-1} (I - A_1 (A_1^{\mathrm{T}} K_n^{-1} A_1)^{-1} A_1^{\mathrm{T}} K_n^{-1}) \\ S_{11}^{(2)} &= n^{-1} K_n^{-1} (I - A_2 (A_2^{\mathrm{T}} K_n^{-1} A_2)^{-1} A_2^{\mathrm{T}} K_n^{-1}) \\ R_2 &= K_n^{-1} [I - D_r (D_r^{\mathrm{T}} K_n^{-1} D_r)^{-1} D_r^{\mathrm{T}} K_n^{-1}] \end{aligned} \tag{2.7.8}$$

$D_r = (A_1, A_2)$。

在其他情形下 $\hat{e}$ 的渐近表示可类似得出, 不一一列出。

2.8　定理 2.3.2 的证明

证明的基本思想如下：首先证明 (2.3.3) 的目标函数序列 $F_n(e, z)$ 和可行解集合序列 D_n 分别收敛于数学规划问题 (2.3.4) 的目标函数和可行解集合，因而 (2.3.4) 就是 (2.3.3) 的极限问题。然后，用数学规划稳定性理论来证明 (2.3.3) 的最优解序列分布收敛于 (2.3.4) 的最优解。这一证明思路避免了使用最优解的具体 (或近似) 表达式 (这是无法得到的)，从而逾越了一贯以来存在的障碍。

2.8.1　求极限规划问题

第 1 步　推导目标函数 $F_n(e, z)$ 的极限。

引理 2.8.1　设定理 2.3.1 中条件 (1)~(5) 成立，则对每一给定点 z, $F_n(e, z)$ 依分布收敛于函数

$$G(\xi, z) = z^{\mathrm{T}} K z - 2 z^{\mathrm{T}} \xi \tag{2.8.1}$$

其中 ξ 为具有正态分布 $N(0, \sigma^2 K)$ 的随机向量。

证明　将 $f(x_i, \theta)$ 在 θ_0 附近作 Taylor 展开，对于 θ_0 的邻域 W 中的任何 θ 有

$$
\begin{aligned}
&\sum_{i=1}^{n}[(e_i+f(x_i,\theta_0)-f(x_i,\theta))^2-e_i^2]\\
&=\sum_{i=1}^{n}(f(x_i,\theta)-f(x_i,\theta_0))^2-2\sum_{i=1}^{n}(f(x_i,\theta)-f(x_i,\theta_0))e_i\\
&=(\theta-\theta_0)^{\mathrm{T}}\sum_{i=1}^{n}[\nabla f(x_i,\theta_0)\nabla f(x_i,\theta_0)^{\mathrm{T}}](\theta-\theta_0)+o(\|\theta-\theta_0\|^2)\\
&\quad-2(\theta-\theta_0)^{\mathrm{T}}\sum_{i=1}^{n}\nabla f(x_i,\theta_0)e_i-2\left[\sum_{i=1}^{n}r_i(\theta)e_i\right]\|\theta-\theta_0\|^2\\
&=z^{\mathrm{T}}\left[n^{-1}\sum_{i=1}^{n}\nabla f(x_i,\theta_0)(\nabla f(x_i,\theta_0))^{\mathrm{T}}\right]z+o(n^{-1}\|z\|^2)\\
&\quad-2z^{\mathrm{T}}\left[n^{-\frac{1}{2}}\sum_{i=1}^{n}\nabla f(x_i,\theta_0)e_i\right]-2\|z\|^2\left[n^{-1}\sum_{i=1}^{n}r_i(\theta)e_i\right]
\end{aligned}
$$

由 (Jennrich，1969) 中的尾乘积 (tail product) 定理有

$$
\begin{cases}
n^{-\frac{1}{2}}\displaystyle\sum_{i=1}^{n}\nabla f(x_i,\theta_0)e_i \to_D N(0,\sigma^2K)\\
n^{-1}\displaystyle\sum_{i=1}^{n}r_i(\theta)e_i\to 0 \quad \text{a.s.}
\end{cases}
$$

其中“$\to_D$”表示依分布收敛。

另一方面，根据定理 2.3.1 的假设条件 (3) 有

$$
z^{\mathrm{T}}\left[n^{-1}\sum_{i=1}^{n}\nabla f(x_i,\theta_0)(\nabla f(x_i,\theta_0))^{\mathrm{T}}\right]z\to z^{\mathrm{T}}Kz
$$

因此，对任何固定 z 有

$$
F_n(e,z)\to_D z^{\mathrm{T}}Kz-2z^{\mathrm{T}}\xi \ \blacksquare
$$

第 2 步 推导可行解集合序列 D_n 的极限。

关于集合序列的极限有很多种定义方式，这里采用 Kuratowski 意义下的收敛性定义，因为这将导致相应数学规划问题最优解的收敛性，参见本书附录。

对于可行解集合序列 D_n 的极限，有下列结果：

引理 2.8.2 设定理 2.3.1 中条件 (1)~(5) 成立，则可行解集合序列 D_n 有下列 Kuratowski 意义下的极限：

$$
(\mathrm{K})\lim_{n\to\infty}D_n=D \tag{2.8.2}
$$

其中

$$D_n=\{z:g_j(\theta_0+n^{-\frac{1}{2}}z)\leqslant 0, j=1,\cdots,l;\ \ h_j(\theta_0+n^{-\frac{1}{2}}z)=0, j=l+1,\cdots,m\}$$
$$D=\{z:\nabla g_j(\theta_0)^{\mathrm{T}}z\leqslant 0, j\in J(\theta_0);\ \ \nabla h_j(\theta_0)^{\mathrm{T}}z=0, j=l+1,\cdots,m\}$$

证明　为证 (2.8.2)，先证 $\{z_n\}$ 的任一聚点都属于 D，这就证明了

$$\limsup D_n\subset D。$$

设有点列 $\{z_n\}$ 满足 $z_n\in D_n$，z 是 $\{z_n\}$ 的一个聚点。不失一般性，可设序列 $\{z_n\}$ 本身收敛且 $z_n\to z$。需证 $z\in D$。

$z_n\in D_n$ 蕴涵着

$$\begin{cases} g_j(\theta_0+n^{-\frac{1}{2}}z_n)\leqslant 0, & j=1,\cdots,l \\ h_j(\theta_0+n^{-\frac{1}{2}}z_n)=0, & j=l+1,\cdots,m \end{cases}$$

将函数 $g_j(\theta)$ 和 $h_j(\theta)$ 作 Taylor 展开得

$$\begin{cases} g_j(\theta_0)+n^{-\frac{1}{2}}\nabla g_j(\theta_0)^{\mathrm{T}}z_n+o(n^{-\frac{1}{2}}\|z_n\|)\leqslant 0, & j=1,\cdots,l, \\ h_j(\theta_0)+n^{-\frac{1}{2}}\nabla h_j(\theta_0)^{\mathrm{T}}z_n+o(n^{-\frac{1}{2}}|z_n\|)=0, & j=l+1,\cdots,m \end{cases}$$

在这两个表达式的两边乘以 $n^{\frac{1}{2}}$，并令 $n\to\infty$，取极限，并注意到根据 $J(\theta_0)$ 的定义，对 $j\in J(\theta_0)$ 有 $g_j(\theta_0)=0$，于是可得

$$\begin{cases} \nabla g_j(\theta_0)^{\mathrm{T}}z\leqslant 0, & j\in J(\theta_0), \\ \nabla h_j(\theta_0)^{\mathrm{T}}z=0, & j=l+1,\cdots,m \end{cases}$$

因此，$z\in D$。

再证另一方向的包含关系 $\liminf D_n\supseteq D$。设 $\bar{z}$ 为 D 中的任意一点，这蕴涵着 $\nabla g_j(\theta_0)^{\mathrm{T}}\bar{z}\leqslant 0(j\in J(\theta_0))$。暂时假定下列式子成立：

$$\begin{cases} \nabla g_j(\theta_0)^{\mathrm{T}}\bar{z}<0, & j\in J(\theta_0) \\ \nabla h_j(\theta_0)^{\mathrm{T}}\bar{z}=0, & j=l+1,\cdots,m \end{cases}$$

根据关于 $\nabla g_j(\theta_0)(j\in J(\theta_0)),\nabla h_j(\theta_0)(j=l+1,\cdots,m)$ 的线性独立性假设和数学规划理论 (Bazaraa and Shetty，1993)，对于这一点 $\bar{z}$，存在一个序列 $\{\tilde{\theta}_n\}$，使得

$$\begin{cases} g_j(\tilde{\theta}_n)\leqslant 0, & j\in J(\theta_0) \\ h_j(\tilde{\theta}_n)=0, & j=l+1,\cdots,m \\ \tilde{\theta}_n\to\theta_0 \\ n^{\frac{1}{2}}(\tilde{\theta}_n-\theta_0)\to\bar{z} \end{cases} \tag{2.8.3}$$

记 $\tilde{z_n}=n^{\frac{1}{2}}(\tilde{\theta}_n-\theta_0)$，则

$$\begin{cases} g_j(\theta_0 + n^{-\frac{1}{2}}\tilde{z}_n) \leqslant 0, & j \in J(\theta_0) \\ h_j(\theta_0 + n^{-\frac{1}{2}}\tilde{z}_n) = 0, & j = l+1, \cdots, m \end{cases} \tag{2.8.4}$$

对于 $j \in \{1, \cdots, l\} \setminus J(\theta_0)$, 由 $g_j(\theta_0) < 0$ 和 $g_j(\theta)$ 的连续性有

$$g_j(\theta_0 + n^{-\frac{1}{2}}\tilde{z}_n) \leqslant 0 \tag{2.8.5}$$

合并 (2.8.4)，(2.8.5) 得 $\tilde{z}_n \in D_n$，并且 $\tilde{z}_n \to \bar{z}$，也即对于满足 (2.8.3) 的 $\bar{z}$，存在一个点列 $\{\tilde{z}_n\}$，使得 $\tilde{z}_n \in D_n$ 且 $\tilde{z}_n \to \bar{z}$。

现在假设 $\bar{z} \in D$，并且对于至少一个 $j \in J(\theta_0)$ 有 $\nabla g_j(\theta_0)^{\mathrm{T}}\bar{z} = 0$。由于向量组 $\nabla g_j(\theta_0)(j \in J(\theta_0)), \nabla h_j(\theta_0)(j = l+1, \cdots, m)$ 线性独立，并且集合 D 是集合 $\{z : \nabla g_j(\theta_0)^{\mathrm{T}}z \leqslant 0, j \in J(\theta_0)\}$ 和集合 $\{z : \nabla h_j(\theta_0)^{\mathrm{T}}z = 0, j = l+1, \cdots, m\}$ 的交，于是集合 $\{z : \nabla g_j(\theta_0)^{\mathrm{T}}z \leqslant 0, j \in J(\theta_0)\}$ 有非空相对内部，所以对这一 $\bar{z}$，必有一个序列 $\{z_k\}$，使得 $z_k \to \bar{z}$ 且

$$\begin{cases} \nabla g_j(\theta_0)^{\mathrm{T}}z_k \leqslant 0, & j \in J(\theta_0) \\ \nabla h_j(\theta_0)^{\mathrm{T}}z_k = 0, & j = l+1, \cdots, m \end{cases}$$

由上面一段的论证，对每一 z_k，都可以找到一个点列 $\{z_{nk}\}$，使得 $z_{nk} \in D_n, z_{nk} \to z_k\ (n \to \infty)$。用对角线化方法可得 $\{z_{nk}\}$ 的一个子序列 $\{z_{nk}(n)\}$，使得 $z_{nk}(n) \in D_n$ 且 $z_{nk}(n) \to \bar{z}$.

这样在任何情况下，对 $\bar{z} \in D$ 都能找到一个序列 $\{\tilde{z}_n\}$，使得 $\tilde{z}_n \in D_n$ 且 $\tilde{z}_n \to \bar{z}$。这就证明了 $\liminf D_n \supset D$。

综合 $\limsup D_n \subseteq D$ 和 $\liminf D_n \supset D$，即得 (2.8.1)。■

用引理 2.8.1 和引理 2.8.2 可以形成规划问题 (2.3.3) 的极限规划问题

$$\begin{aligned} \min \quad & z^{\mathrm{T}}Kz - 2z^{\mathrm{T}}\xi \\ \text{s.t.} \quad & \nabla g_j(\theta_0)^{\mathrm{T}}z \leqslant 0, j \in J(\theta_0) \\ & \nabla h_j(\theta_0)^{\mathrm{T}}z = 0, j = l+1, \cdots, m \end{aligned} \tag{2.8.6}$$

然而，规划问题 (2.8.6) 只是 (2.3.3) 的一个形式上的极限问题, 因为还没有证明 (2.8.6) 的最优解就是 (2.3.3) 的最优解的极限。这正是下面要做的。

2.8.2 推导极限分布

本小节中，将证明 $n^{\frac{1}{2}}(\theta_n - \theta_0)$ 依分布收敛于 (2.3.5) 的最优解 $\hat{z}$。在这之前，先证 z_n 是依概率有界的。这一结果不仅将被用来证明 z_n 的收敛性，而且也有它自己本身的意义。

引理 2.8.3 在定理 2.3.1 的假设条件下，z_n 依概率有界。

证明 因为 z_n 是极小化问题 (2.3.3) 的最优解，并且 $z_0 = n^{\frac{1}{2}}(\theta_0 - \theta_0) = 0$ 是该问题的一个可行解，因此，

$$
\begin{aligned}
0 &\geqslant F_n(e, z_n) - F_n(e, z_0) \\
&= z_n^{\mathrm{T}} \left[n^{-1} \sum_{t=1}^{n} \nabla f(x_t, \theta_0)(\nabla f(x_t, \theta_0))^{\mathrm{T}} \right] z_n + o(n^{-1}\|z_N\|^2) \\
&\quad -2z_n^{\mathrm{T}} \left[n^{-\frac{1}{2}} \sum_{t=1}^{n} \nabla f(x_t, \theta_0) e_t \right] - 2\|z_n\|^2 \left[n^{-1} \sum_{t=1}^{n} r_t(\theta) e_t \right]
\end{aligned}
$$

而

$$
\begin{aligned}
& n^{-1} \sum_{t=1}^{n} \nabla f(x_t, \theta_0)(\nabla f(x_t, \theta_0))^{\mathrm{T}} \to K \\
& n^{-\frac{1}{2}} \sum_{t=1}^{n} \nabla f(x_t, \theta_0) e_t \to_D N(0, \sigma^2 K) \\
& n^{-1} \sum_{t=1}^{n} r_t(\theta) e_t \to 0, \quad \text{a.s.}
\end{aligned}
$$

因而得

$$
0 \geqslant z_n^{\mathrm{T}} K z_n - 2\|z_n\| C_\epsilon + o(n^{-1}\|z_n\|^2)
$$

当 n 充分大时，依大于 $1-\epsilon$ 的概率成立。

由 K 的正定性，可以找到一个常数 M_ϵ，使得 $\|z_n\| \leqslant M_\epsilon$ 依大于 $1-\epsilon$ 的概率成立。假设不然，则有 $\|z_n\| \to \infty$。而由 K 的正定性，当 $\|z_n\|$ 很大时，二次项 $z_n^{\mathrm{T}} K z_n$ 的值远大于一次项 $-2\|z_n\| C_\epsilon$ 的值，上述不等式不可能成立，所以 z_n 必定依概率有界。■

为证明 z_n 依分布收敛于 (2.3.5) 的最优解 $\hat{z}$，还需要随机过程弱收敛性理论，测度族收敛性理论和数学规划稳定性理论。

引理 2.8.1 的结论是，对任何给定 z，随机变量序列 $F_n(e,z)$ 依分布收敛于随机变量 $G(\xi,z)$。而当 z 在某一连通集 B 内变动时，$\{F_n(e,z), z \in B\}, \{G(\xi,z), z \in B\}$ 都是随机过程。容易看出，这些随机过程的样本函数是 B 上的连续函数。用 $C(B)$ 记 B 上所有的连续函数组成的空间，并在 $C(B)$ 中引进由极大模产生的拓扑，则生成 $C(B)$ 上的 Borel 域 $\mathcal{B}(B)$。下面推导随机过程序列 $\{F_n(e,z), z \in B\}$ 在这一拓扑下的弱收敛性。

定义 2.8.1(Prakasa Rao，1987)　称随机过程序列 $\{\zeta_n(t), t \in T\}$ 弱收敛于随机过程 $\{\zeta(t), t \in T\}$，如果 $\{\zeta_n(t), t \in T\}$ 在样本函数空间 $C(B), \mathcal{B}(B)$ 上诱导出的测度族 μ_n 弱收敛于 $\{\zeta(t), t \in T\}$ 在样本函数空间上诱导出的测度 μ。

由于随机过程序列依分布收敛等价于上面的测度收敛性，所以用下面的结果更容易验证随机过程序列的收敛性。

命题 2.8.1(Prakasa Rao，1975)　随机过程序列 $\{\zeta_n(t), t \in T\}$ 依分布收敛于 $\{\zeta(t), t \in T\}$，当且仅当下列条件满足:

(1) $\{\zeta_n(t), t \in T\}$ 的任何有限维联合分布弱收敛于 $\{\zeta(t), t \in T\}$ 的对应有限维联合分布;

(2) 对任何 $\epsilon > 0$，成立

$$\limsup_{n\to\infty, h\to 0} P\Big\{ \sup_{\|t_1-t_2\|\leqslant h} \|\zeta_n(t_1) - \zeta_n(t_2)\| > \epsilon, t_1, t_2 \in T \Big\} = 0$$

引理 2.8.4 令 B 为空间 $\mathbf{R}^p$ 中以原点为中心，以 $d > 0$ 为半径的球。设引理 2.8.1 中的假设条件成立，则随机过程序列 $\{F_n(e,z), z \in B\}$ 依分布收敛于随机过程 $\{G(\xi,z), z \in B\}$。

证明 根据 (Prakasa Rao，1975) 中的命题，只要对 $\{F_n(e,z), z \in B\}$ 来验证该命题中 (1)，(2) 这两个条件。注意：引理 2.8.1 的结论等价于 $\{F_n(e,z), z \in \mathbf{R}^p\}$ 的所有一维分布弱收敛于 $\{G(\xi,z), z \in \mathbf{R}^p\}$ 的对应一维分布。要证明任何有限维联合分布的收敛性，由 Cramer-Wold 定理 (参看 (Rao, 1972))，只要证明对任何实数组 $c_1, \cdots, c_r$ 和任何 $z_1, \cdots, z_r \in \mathbf{R}^p$ 有

$$\sum_{j=1}^{r} c_j F_n(e, z_j) \to_{\mathcal{D}} \sum_{j=1}^{r} c_j G(\xi, z_j)$$

这等价于

$$\sum_{i=1}^{n}\sum_{j=1}^{r}[c_j f_i^2(z_j) - 2c_j f_i(z_j) e_i] \to_{\mathcal{D}} \sum_{j=1}^{r}[c_j z_j^{\mathrm{T}} K z_j - 2c_j z_j^{\mathrm{T}}\xi]$$

而这是一维分布的收敛性，可用引理 2.7.1 中的方法来证明，因此，略去其细节。这样，条件 (1) 对 $\{F_n(e,z), z \in E\}$ 和 $\{G(\xi,z), z \in E\}$ 成立。

再来验证条件 (2)。对 B 中任何点 z_1, z_2 有

$$| F_n(e,z_1) - F_n(e,z_2) | \leqslant 2\left|\sum_{t=1}^{n}(f_t(z_1) - f_t(z_2))e_t\right| + \left|\sum_{t=1}^{n}(f_t^2(z_1) - f_t^2(z_2))\right|$$

容易看出

$$\sum_{t=1}^{n}(f_t(z_1) - f_t(z_2))e_t \to_{\mathcal{D}} (z_1 - z_2)^{\mathrm{T}}\xi$$

在 B 中一致成立，因为 B 是一个紧致球。另一方面，当 n 充分大且 $\|z_1 - z_2\|$ 充分小时, 对任何 $\epsilon > 0$ 有

$$\left|\sum_{i=1}^{n}(f_i^2(z_2))\right| \leqslant | z_1^{\mathrm{T}} K z_1 - z_2^{\mathrm{T}} K z_2 | + \frac{1}{4}\epsilon$$

因此，

$$\limsup_{n\to\infty,h\to 0} P\Big\{ \sup_{\|z_1-z_2\|\leqslant h} | F_n(e,z_1) - F_n(e,z_2) | > \epsilon,\ z_1,z_2\in B \Big\}$$
$$\leqslant \limsup_{h\to 0} P\Big\{ \sup_{\|z_1-z_2\|\leqslant h} | (z_1-z_2)^{\mathrm{T}}\xi | \geqslant \frac{1}{2}\epsilon, z_1,z_2\in B \Big\} = 0$$

最后一个等式成立是因为 ξ 具有正态分布 $N(0,\sigma^2 K)$。这样，条件 (1) 和 (2) 都满足。于是引理的结论得证。■

再来考虑下面的约束最优化问题序列的最优解的收敛性:

$$\begin{aligned} \min \quad & F_N(e,z) \\ \text{s.t.} \quad & z\in D_n\cap B(M) \end{aligned} \tag{2.8.7}$$

$$\begin{aligned} \min \quad & G(\xi,z) \\ \text{s.t.} \quad & z\in D\cap B(M) \end{aligned} \tag{2.8.8}$$

其中 $B(M)$ 为球 $\{z:\|z\|\leqslant M\}$，M 为一个很大的数。分别记最优化问题 (2.8.7) 和 (2.8.8) 的最优解集为 $A_n(M)$ 和 $A(M)$。令 $z_n(M)$ 和 $\hat{z}(M)$ 为它们的可测选择，则可有下列结果:

引理 2.8.5 设

(1) 定理 2.3.1 的假设条件成立;

(2) 对 ξ 的每一个值,$A(M)$ 是单点集，

则 $A_n(M)$ 的任何可测选择 $z_n(M)$ 收敛于 $\hat{z}(M)$.

证明 注意: 随机过程 $\{F_n(e,z),z\in B(M)\},\{G(\xi,z),z\in B(M)\}$ 的样本函数都是 $B(M)$ 上的连续函数。令 $C(M)$ 为 $B(M)$ 上的所有连续函数组成的空间，$\mathcal{B}(\mathcal{M})$ 为 $C(M)$ 上的 Borel 域，则随机过程 $\{G(\xi,z),z\in B(M)\}$ 和 $\{F_n(e,z),z\in B(M)\}$ 在可测空间 $(C(M),\mathcal{B}(\mathcal{M}))$ 上诱导一族概率测度 $\{\mu,\mu_n,n=1,z,\cdots\}$。由引理 2.2.4, $\{F_n(e,z),z\in B(M)\}$ 依分布收敛于 $\{G(\xi,z),z\in B(M)\}$，这蕴涵着测度序列 $\{\mu_n\}$ 弱收敛于测度 μ，记为 $\mu_n\Rightarrow\mu$。

在 $(C(M),\mathcal{B}(\mathcal{M}))$ 上定义一组算子 $H(\cdot)$ 和 $H_n(\cdot)$ 如下: 对每一个函数 $f(z)\in C(M)$，f 在算子 $H(\cdot)$ 下的像就是最优化问题

$$\begin{aligned} \min \quad & f(z) \\ \text{s.t.} \quad & z\in D\cap B(M) \end{aligned} \tag{2.8.9}$$

的最优解，而 f 在 $H_n(\cdot)$ 下的像是最优化问题

$$\begin{aligned} \min \quad & f(z) \\ \text{s.t.} \quad & z\in D_n\cap B(M) \end{aligned} \tag{2.8.10}$$

的最优解。

下面来证明算子序列 H_n 在下列意义下的连续性：对任何序列 $f,f_n\in C(M)$，只要 $f_n\to f$ 且 f 对应的最优化问题 (2.8.6) 有唯一的最优解，就有

$$\lim_{n\to\infty} H_n(f_n) = H(f) \tag{2.8.11}$$

注意：这里在可测空间 $(C(M),\mathcal{B}(\mathcal{M}))$ 中的极大模拓扑下，f_n 收敛于 f 蕴涵着

$$\max_{z\in B(M)} \mid f_n(z) - f(z) \mid \to 0$$

而这又蕴涵着对任何 $z_n \to z$ 有

$$\lim_{n\to\infty} f_n(z_n) = f(z) \tag{2.8.12}$$

为证 (2.8.11)，首先证明以下结论：如果 $z_n(M)(n=1,\cdots)$ 为 (2.8.10) 的最优解，并且 $\bar{z}$ 是数列 $\{z_n(M)\}$ 的一个聚点，则 $\bar{z}$ 必定是 (2.8.9) 的最优解。假设不然，则存在 $D\cap B(M)$ 中一点 z_0，使得 $f(z_0) < f(\bar{z})$。由于 f 是连续函数，则可以找到 z_0 的邻域 V，使得对所有 $z\in V$ 有 $f(z) < f(\bar{z})$。不失一般性，可以假定 z_0 为 $B(M)$ 的内点。由引理 2.8.2，存在一个序列 $\{\tilde{z}_n\}$，使得 $\tilde{z}_n \in D_n$ 且 $\tilde{z}_n \to z_0$。由于 z_0 是 $B(M)$ 的相对内点，故对充分大的 n 有 $\tilde{z}_n \in B(M)$。注意到 (2.8.12)，于是可得

$$f(z_0) = \lim_{n\to\infty} f_n(\tilde{z}_n) \geqslant \lim_{n\to\infty} f_n(z_n(M)) = f(\bar{z})$$

这与刚才假设的 $f(z_0) < f(\bar{z})$ 矛盾。因此，$\bar{z}$ 必定是 (2.8.9) 的最优解。

由于 $B(M)$ 为紧集，而 D, D_n 为闭集，序列 $\{z_n(M)\}$ 必有聚点。根据关于 f 的假设，唯一的聚点就是 $H(f)$。这样 (2.8.11) 得证。

另一方面，可设

$$\begin{aligned} &H(\{G(\xi,z), z\in B(M)\}) = \hat{z}(M) \\ &H_n(\{F_n(e,z), z\in B(M)\}) = z_n(M) \end{aligned} \tag{2.8.13}$$

综合 (2.8.13) 和测度弱收敛性 $\mu_n \Rightarrow \mu$，并注意假设条件 (2) 以及算子连续性结果 (2.8.11)，于是可以运用测度的连续映射定理 [(Billingsley，1968)，Theorem 5.5]，即得

$$z_n(M) \to_{\mathcal{D}} \hat{z}(M)$$

这正是所需的结果。■

现在可以证明本章的主要结果。

定理 2.3.2 的证明 因为 ξ 服从正态分布 $N(0.\sigma^2 K)$，故对任给 $\epsilon > 0$，可以找到一个常数 C_ϵ，使得 $P\{\|\xi\| \geqslant C_\epsilon\} \leqslant \epsilon$。注意：规划问题 (2.3.4) 的最优解 $\hat{z}$ 满足

$$0 \geqslant \hat{z}^{\mathrm{T}} K \hat{z} - 2\hat{z}^{\mathrm{T}}\xi$$

这是由于 $z=0$ 是 (2.3.4) 的一个可行解，并且对于 $z=0$，其目标函数值为零。从这一不等式和矩阵 K 的正定性可以得到，当 $\|\xi\| \leqslant C_\epsilon$ 时，必定存在一个常数 M_ϵ，

使得 $\|\hat{z}\| \leqslant M_\epsilon$。不失一般性，可以假定这里的 M_ϵ 等于引理 2.3.4 中的常数 M_ϵ (否则，取其大者为 M_ϵ 即可)。这样就有

$$P\{\|z_n\| \leqslant M_\epsilon\} \geqslant 1-\epsilon$$

令 $z_n(M_\epsilon)$ 为下列问题的最优解：

$$\begin{aligned} \min \quad & z^{\mathrm{T}}Kz - 2z^{\mathrm{T}}\xi \\ \text{s.t.} \quad & z \in S_n, \|z\| \leqslant M_\epsilon \end{aligned} \tag{2.8.14}$$

$\hat{z}(M_\epsilon)$ 为

$$\begin{aligned} \min \quad & G(\xi, z) \\ \text{s.t.} \quad & z \in S, \|z\| \leqslant M_\epsilon \end{aligned} \tag{2.8.15}$$

的最优解。而规划问题 (2.8.15) 的最优解必须满足最优性条件 (2.3.5) 中的一部分

$$\begin{cases} 2Kz + \lambda^{\mathrm{T}}\nabla g + \nu^{\mathrm{T}}\nabla h = 2\xi \\ \nabla g_j^{\mathrm{T}} z \leqslant 0, j \in J(\theta_0) \\ \nabla h_j^{\mathrm{T}} z = 0, j = l+1, \cdots, m \end{cases}$$

因为 K 为正定矩阵，形成可行解集 $S = \{z : \nabla g_j^{\mathrm{T}} z \leqslant 0, j \in J(\theta_0); \nabla h_j^{\mathrm{T}} z = 0, j = l+1, \cdots, m\}$ 的向量组 $\{\nabla g_j, j \in J(\theta_0); \nabla h_j, j = l+1, \cdots, m\}$ 线性无关，这一方程组的系数矩阵

$$\begin{pmatrix} K & \nabla g & \nabla h \\ \nabla g^{\mathrm{T}} & 0 & 0 \\ \nabla h^{\mathrm{T}} & 0 & 0 \end{pmatrix}$$

非奇异，故这一方程组有且仅有唯一解，从而规划问题 (2.8.15) 依大于 $1-\epsilon$ 的概率有唯一最优解。应用引理 2.8.5 到问题 (2.8.14) 和 (2.8.15)，得到

$$z_n(M_\epsilon) \to_{\mathcal{D}} \hat{z}(M_\epsilon) \tag{2.8.16}$$

对任何 $\epsilon > 0$ 和相应的常数 C_ϵ, M_ϵ 成立。

注意：当 $\|z\| \leqslant M_\epsilon$ 时有 $\hat{z} = \hat{z}(M_\epsilon)$，因而

$$P(\hat{z} \neq \hat{z}(M_\epsilon)) < \epsilon$$

类似地，由于 z_n 依概率有界，于是有

$$P(z_n \neq z_n(M_\epsilon)) < \epsilon$$

因此，对任意 $\epsilon > 0$ 和 $\mathbf{R}^p$ 中任意开集 O 有

$$\begin{aligned}\liminf P(z_n \in O) &> \liminf P(z_n(M_\epsilon) \in O) - \epsilon \\ &\geqslant P(\hat{z}(M_\epsilon) \in O) - \epsilon \geqslant P(\hat{z} \in O) - 2\epsilon\end{aligned}$$

其中第二个不等式成立是由于收敛性结果 (2.8.11)。由 ϵ 的任意性得

$$\liminf P(z_n \in O) \geqslant P(\hat{z} \in O)$$

根据测度论知识 (Billingsley，1968)，这等价于 z_n 诱导的概率测度弱收敛于 $\hat{z}$ 诱导的概率测度，也等价于

$$z_n \to_{\mathcal{D}} \hat{z}$$

这就完成了证明。■

注 2.8.1 这里用了很长的篇幅来证明 $n^{\frac{1}{2}}(\theta_n - \theta_0)$ 依分布收敛于极限问题 (2.3.5) 的最优解 $\hat{z}$。这是因为极限问题 (2.3.5) 的最优解就是原问题解的极限这一结论并不是一个明显的、必然正确的结论。这一结论的成立需要严格的证明，而且还需要一定的条件。但在有些颇有影响的统计文献中，当求复杂问题的统计量的极限分布时，往往只是把所研究的需求极值的目标函数序列写成一个主要部分加上一个 $o_p(1)$ 部分，然后轻易地断言，此 $o_p(1)$ 部分可以在取最优值 (或最优解) 的极限过程中略去。这样的证明恐怕不够严谨，也不能保证所得结论的正确性。事实上，最优化逼近理论的文献中有这样一种反例 (见附录)，那里函数序列收敛于某一极限函数，但该函数序列的最优值和最优解不收敛于极限函数的最优值和最优解，参见文献 (Attouch and Wets，1981)。何况这里被略去的部分是一个概率意义下的无穷小，它是否可以在取最优解的极限过程中被略去更不能随意断言。

第 3 章　有不等式约束的极大似然估计

极大似然估计方法是统计中非常有效且常用的参数估计方法。若待估计参数有一些先验的约束条件，则导致带约束的极大似然估计问题。早在 20 世纪 50 年代 Chernoff(1954) 就在极大似然比检验的研究中遇到了这类问题并作了一些研究。

对有不等式约束的极大似然估计问题，主要任务同样是给出估计量的数值解 (近似值) 和给出估计量的渐近分布，并且似然函数极大值的分布也非常重要，因为这是研究似然比检验统计量的概率分布的基础。

有不等式约束的极大似然估计量的数值解 (近似值) 同样也可用数学规划算法得出，而其极大似然估计量和似然函数极大值的分布不再是无约束时相应解的分布，必须重新研究。有不等式约束的极大似然估计与第 2 章讨论的有不等式约束的回归分析问题的共同之处是，它们都是带不等式约束条件的最优化问题。它们之间的差别只在于目标函数的具体结构不同，因而随着有不等式约束的回归问题的解决，有不等式约束的极大似然估计问题也可以随之解决。

本章阐述这些主要问题的解决方法和主要结果。在 3.1 节中，对不等式约束下参数的极大似然估计法的合理性和优良性作一个直观的说明。3.2 节叙述不等式约束下参数的极大似然估计问题，描述求解方法，推导极大似然估计量和似然函数极大值的渐近分布。3.3 节叙述等式约束下参数的极大似然估计问题，说明求解方法，给出极大似然估计量和似然函数极大值的渐近分布。

本章所述的极大似然估计量是指似然方程的解，这应该不会降低所考虑问题的一般性，因为即使在无约束的情形下，对不是似然方程的解的极大似然估计量的深入研究也不是很多且又不易付之实际应用的。

3.1　不等式约束下参数的极大似然估计问题

3.1.1　极大似然估计问题的形式和算法

设某总体具有密度函数 $f(x,\theta)$，未知参数 $\theta\in\mathbf{R}^p$ 应满足约束条件

$$\begin{cases} g_j(\theta)\leqslant 0, & j=1,\cdots,l\\ h_j(\theta)=0, & j=l+1,\cdots,m\end{cases}$$

设 $x_1,\cdots,x_n$ 为来自该总体的独立同分布样本点，则相应的不等式约束极大似然

估计问题有下列形式：

$$
\begin{aligned}
\max \quad & L_n(x,\theta)=\prod_{i=1}^{n} f(x_i,\theta) \\
\text{s.t.} \quad & g_j(\theta)\leqslant 0, \quad j=1,\cdots,l \\
& h_j(\theta)=0, \quad j=l+1,\cdots,m
\end{aligned}
$$

用对数似然函数与用似然函数的估计效果相同，并且前者略易处理，故通常是求解等价的对数似然函数的极大值点：

$$
\begin{aligned}
\max \quad & l_n(x,\theta)=\sum_{i=1}^{n} \log f(x_i,\theta) \\
\text{s.t.} \quad & g_j(\theta)\leqslant 0, \quad j=1,\cdots,l \\
& h_j(\theta)=0, \quad j=l+1,\cdots,m
\end{aligned}
\tag{3.1.1}
$$

这是一个带不等式约束的最优化问题。因此，有不等式约束的极大似然估计问题和第 2 章研究的有不等式约束的回归问题是同样性质的最优化问题，只是目标函数的具体结构不同而已。

从数值计算的观点来看，(3.1.1) 是一个非线性数学规划问题，可以用非线性规划算法求出最优解，即极大似然估计量的近似值。非线性规划的基本算法可参见附录，想要更有效地给出数值解，可参看非线性规划近几年的专著。这里的最优解是指局部极大值点，而非总体极大值点。虽然最优化算法中也有不少求总体极值的方法，但还不够成熟，即不能保证总能找到总体极值解，因此，本章仍限于讨论局部极大值点。在一些条件 (主要是目标函数的凸性条件) 下，可以保证局部极大值点就是总体极大值点。这方面的情况与无约束的极大似然估计问题相同。

上面所述的极大似然估计问题是指最基本形式的极大似然估计问题。现在，极大似然估计法已被发展出许多新的、有更大适用范围的方法，如拟似然估计法 (pseudo-likelihood)、部分似然估计法 (partial-likelihood)、经验似然估计法等，不胜枚举。在这些估计问题中，若被估计参数有一些约束条件，则产生相应的有约束极大似然估计问题。它们都可以用与本章类似的方法解决。

3.1.2 不等式约束的极大似然估计法的合理性

众所周知，无约束极大似然估计法的合理性可从下列 Scheffe 引理 (Lehmann, 1994) 得出：

Scheffe 引理 设 $f(x), g(x)$ 均为概率分布密度函数，并且

$$
\int |\log f(x)| f(x)\mathrm{d}x<\infty
$$

则有

$$\int \log g(x)f(x)\mathrm{d}x \leqslant \int \log f(x)f(x)\mathrm{d}x$$

对任何可测函数 $g(x)$ 都成立 (只要相应积分存在)。

这一引理是推导无约束极大似然估计相合性的主要基础。从它也可直观地看出无约束极大似然估计法的合理性。事实上，对任何 $\theta \neq \theta_0$，令上式中 $f(x) = f(x,\theta_0), g(x) = f(x,\theta)$，根据这一引理，则有

$$\int \log f(x,\theta)f(x,\theta_0)\mathrm{d}x \leqslant \int \log f(x,\theta_0)f(x,\theta_0)\mathrm{d}x$$

即泛函 $\int \log f(x,\theta)f(x,\theta_0)\mathrm{d}x$ 的极大值在 $\log f(x,\theta_0)$ 处达到，其极大值是

$$\int \log f(x,\theta_0)f(x,\theta_0)\mathrm{d}x = E_{\theta_0}\log f(x,\theta_0)$$

对数似然函数$l_n(x,\theta) = \sum_{i=1}^{n}\log f(x_i,\theta)$ 可以看成积分 $\int \log f(x,\theta)f(x,\theta)\mathrm{d}x$ 的样本值 (相差一 (与参数 θ 无关的) 常数因子 n)。因此，粗略地说，它的关于 θ 的极大值应该在参数的真值 θ_0 附近达到，并且在样本大小趋于无穷大时，似然方程的解 (在许多情况下也就是似然函数的极大值点) 收敛于参数的真值 θ_0。因此，极大似然估计量应该是真值 θ_0 的很好估计量。

理论研究成果也证实，在无约束统计中，极大似然估计量确是一个优良的估计量，所以极大似然估计法被广泛而经常地使用。

Scheffe 引理的成立与否与参数有没有约束条件无关。引入约束条件只是为了得到合理的估计值。因此，在有约束统计推断中，极大似然估计量也应该是一个优良的估计量，不必置疑。除非所引用的约束条件不恰当，把参数真值排除在外。

这里特地提出这一点，是因为在有些有关有不等式约束的极大似然估计的论文中，由于对所得极大似然估计量的有效程度有时不够满意而引起对所使用的极大似然估计方法本身产生怀疑。其实，这种怀疑是不恰当的。这时，应该被怀疑的可能是不等式约束条件的引进是否恰当，而这是不等式约束的检验问题，将在下章叙述。

3.2 极大似然估计量的渐近性态

前面已经指出，有不等式约束的极大似然估计问题和第 2 章研究的有不等式约束的回归问题都是带不等式约束的最优化问题，只是目标函数的具体结构不同而已。因此，推导极大似然估计量的渐近分布也可用第 2 章的方法进行，主要找出似然函数的极限形式即可。

3.2.1 极大似然估计量的渐近分布

用 θ_n 表示 (3.1.1) 的最优解，即未知参数真值 θ_0 的极大似然估计量。下面来求 $n^{\frac{1}{2}}(\theta_n-\theta_0)$ 的渐近分布。推导这一渐近分布的基本思路同第 2 章中的思路一样，即先求最优化问题 (3.1.1) 的极限问题，再证明 $n^{\frac{1}{2}}(\theta_n-\theta_0)$ 在分布收敛意义下收敛于该极限问题的最优解。

引用 $z=n^{\frac{1}{2}}(\theta-\theta_0)$ 代替 θ 作为最优化问题 (3.1.1) 中的新变量。把 (3.1.1) 变为如下等价的极值问题：

$$\begin{aligned}\max\quad & \tilde{l}_n(x,z)=\sum_{i=1}^{n}[\log f(x_i,n^{-\frac{1}{2}}z+\theta_0)-\log f(x_i,\theta_0)]\\ \text{s.t.}\quad & g_j(n^{-\frac{1}{2}}z+\theta_0)\leqslant 0,\quad j=1,\cdots,l\\ & h_j(n^{-\frac{1}{2}}z+\theta_0)=0,\quad j=l+1,\cdots,m\end{aligned}\tag{3.2.1}$$

记其极大解为 z_n，则有 $z_n=n^{\frac{1}{2}}(\theta_n-\theta_0)$。

为了保证所需渐近性质成立，引用下列条件：

(1) $x_1,\cdots,x_n$ 为来自具有分布密度函数 $f(x,\theta)$ 的独立同分布样本;

(2) 函数 $f(x_i,\theta)$ 为二阶连续可微，并且下列 Taylor 展开式：

$$\begin{aligned}&\log f(x_i,\theta)-\log f(x_i,\theta_0)\\ =&(\theta-\theta_0)^{\mathrm{T}}\nabla\log f(x_i,\theta_0)+\frac{1}{2}(\theta-\theta_0)^{\mathrm{T}}H(x_i,\theta_0)(\theta-\theta_0)+o(|\theta-\theta_0|^2)\end{aligned}$$

在 θ_0 的某一邻域内关于 θ 一致成立，其中 $H(x,\theta_0)$ 为 $\log f(x,\theta)$ 关于 θ 的二阶混合偏导数矩阵在 θ_0 处的值;

(3) 矩阵序列 $\left\{n^{-1}\sum_{i=1}^{n}\nabla\log f(x_i,\theta_0)\nabla\log f(x_i,\theta_0)^{\mathrm{T}}\right\}$ 依概率收敛于某一正定矩阵 H，并且有 $E\nabla\log f(x,\theta_0)=0$;

(4) 下列极限式成立：

$$\lim_{n\to\infty}H_n\triangleq\lim_{n\to\infty}n^{-1}\sum_{i=1}^{n}H(x_i,\theta_0)=-H;$$

(5) 向量组 $\nabla g_j(\theta_0)(j\in J(\theta_0)),\nabla h_j(\theta_0)(j=l+1,\cdots,m)$ 线性独立，其中 $J(\theta_0)=\{j:g_j(\theta_0)=0\}$。

注 3.2.1 以上假设条件 (1)，(3)，(4) 与无约束极大似然估计中常用条件相同，基本等价。而条件 (2) 只涉及密度函数的二阶导数，不像无约束极大似然估计中那样，要对三阶导数有所限制 [(陈希儒, 1997)，第二章]。只有最后一项是关于约束条件的假设，与有约束回归分析中的相应条件相同，也是常规性的。

首先建立 $n^{\frac{1}{2}}(\theta_n-\theta_0)$ 的依概率有界性。

定理 3.2.1　设条件 (1)~(5) 成立，则 $n^{\frac{1}{2}}(\theta_n-\theta_0)$ 依概率有界。

定理 3.2.1 可与定理 2.3.1 几乎同样地证明，这里不再给出证明。

同样，$n^{\frac{1}{2}}(\theta_n-\theta_0)$ 的依概率有界性蕴涵了估计量 θ_n 的弱相合性。下面的定理给出了 $n^{\frac{1}{2}}(\theta_n-\theta_0)$ 的极限分布。

定理 3.2.2　设条件 (1)~(5) 成立，则 $n^{\frac{1}{2}}(\theta_n-\theta_0)$ 依分布收敛于规划问题

$$\begin{aligned}\max\quad & -1/2z^{\mathrm{T}}Hz+z^{\mathrm{T}}\xi\\ \text{s.t.}\quad & \nabla g_j(\theta_0)^{\mathrm{T}}z\leqslant 0, j\in J(\theta_0)\\ & \nabla h_j(\theta_0)^{\mathrm{T}}z=0, j=l+1,\cdots,m\end{aligned}\tag{3.2.2}$$

的最优解，其中 ξ 是分布为 $N(0,H)$ 的正态变量。

证明　根据第 2 章的经验，要求 $n^{\frac{1}{2}}(\theta_n-\theta_0)$ 的渐近分布，只要求出 (3.2.1) 的极限规划问题。首先，求出目标函数 $\tilde{l}_n(z,\theta)$ 的极限函数。

由 $f(x,\theta)$ 的 Taylor 展开式及其条件 (2) 可得

$$\begin{aligned}\tilde{l}_n(x,z)&=\sum_{i=1}^{n}[\log f(x_i,\theta)-\log f(x_i,\theta_0)]\\ &=\sum_{i=1}^{n}[(\theta-\theta_0)^{\mathrm{T}}\nabla\log f(x_i,\theta_0)\\ &\quad+\sum_{i=1}^{n}\frac{1}{2}(\theta-\theta_0)^{\mathrm{T}}H(x_i,\theta_0)(\theta-\theta_0)+o(|\theta-\theta_0|^2)]\\ &=z^{\mathrm{T}}n^{-\frac{1}{2}}\sum_{i=1}^{n}\nabla\log f(x_i,\theta_0)+\frac{1}{2}z^{\mathrm{T}}n^{-1}\sum_{i=1}^{n}H(x_i,\theta_0)z+n^{-1}o(\|z\|^2)\end{aligned}$$

因为 $x_1,\cdots,x_n$ 是独立同分布的，故 $\nabla\log f(x_i,\theta_0)$ 也是独立同分布的。由中心极限定理和假设条件 (3) 得

$$n^{-\frac{1}{2}}\sum_{i=1}^{n}\nabla\log f(x_i,\theta_0)\xrightarrow{\mathscr{L}}\xi\sim N(0,H)$$

而由大数定律和假设条件 (4)，则可得

$$n^{-1}\sum_{i=1}^{n}H(x_i,\theta_0)\xrightarrow{P}-H.$$

再注意：对任何给定 z，$n^{-1}o(\|z\|^2)\to 0$。因此，

$$\tilde{l}_n(x,z)=z^{\mathrm{T}}n^{-\frac{1}{2}}\sum_{i=1}^{n}\nabla\log f(x_i,\theta_0)+\frac{1}{2}z^{\mathrm{T}}n^{-1}\sum_{i=1}^{n}H(x_i,\theta_0)z+n^{-1}o(\|z\|^2)$$

$$\xrightarrow{P} -1/2z^{\mathrm{T}}Hz + z^{\mathrm{T}}\xi$$

即对于任一给定的 z，最优化问题 (3.2.1) 的目标函数依分布收敛于最优化问题 (3.2.2) 的目标函数。

由于 (3.2.1) 的可行解集合与有约束回归问题 (2.1.2) 的可行解集合相同，所以引进新变量 z 以后的极限集合当然也相同。于是可得一个形式上的极限问题 (3.2.2)。

进一步再使用与定理 2.3.2 中相应部分类似的证明方法可证目标函数序列作为随机过程序列的依分布收敛性和测度收敛性定理证得 $n^{\frac{1}{2}}(\theta_n-\theta_0)$ 依分布收敛于规划问题 (3.2.2) 的最优解。与定理 2.3.2 的证明看起来有一点不同，即定理 2.3.2 中处理的是求极小值的优化问题，而这里处理的是求极大值的优化问题。但这并没有本质上的不同，因为极大值的优化问题可以很方便地转化为极小值的优化问题，而且易证转化成的极小值的优化问题满足定理 2.3.2 中的条件。于是可证得本定理的结果。■

记 (3.2.2) 的最优解为 $\hat{z}$，极限问题 (3.2.2) 的基本形式与第 2 章中的极限问题 (2.3.4) 相同。定理 3.2.3 还没有给出 $n^{\frac{1}{2}}(\theta_n-\theta_0)$ 的具体分布，下面的定理给出这一结果。根据第 2 章的经验，可以猜想，$\hat{z}$ 应该服从逐片正态分布，即对于极大似然估计量 θ_n，$n^{\frac{1}{2}}(\theta_n-\theta_0)$ 渐近地服从逐片正态分布。具体分布依 $\hat{z}$ 的位置不同而不同，如下面的定理所示：

定理 3.2.3 设条件 (1)~(5) 成立，则

(1) 给定 $\hat{z}\in D^{\mathrm{o}}$，$\hat{z}$ 的条件分布为 $\hat{z}=M\xi$;

(2) 给定 $\hat{z}\in D^{\mathrm{o}}_{j_1,\cdots,j_k}$，$\hat{z}$ 的条件分布为 $M_{j_1,\cdots,j_k}\xi$,

其中 $D^{\mathrm{o}}, D^{\mathrm{o}}_{j_1,\cdots,j_k}$ 的表达式与 2.3 节中的相应部分相同，

$$\begin{aligned}
M &= H^{-1}(I-\nabla h(\nabla h^{\mathrm{T}}H^{-1}\nabla h)^{-1}\nabla h^{\mathrm{T}}H^{-1})\\
M_{j_1,\cdots,j_k} &= H^{-1}\left\{I-\frac{(\nabla h^{\mathrm{T}}H^{-1}\nabla h)\nabla g\nabla g^{\mathrm{T}}-(\nabla g^{\mathrm{T}}H^{-1}\nabla h)\nabla g\nabla h^{\mathrm{T}}}{(\nabla h^{\mathrm{T}}H^{-1}\nabla h)(\nabla g^{\mathrm{T}}H^{-1}\nabla g)-(\nabla g^{\mathrm{T}}H^{-1}\nabla h)(\nabla h^{\mathrm{T}}H^{-1}\nabla g)}H^{-1}\right.\\
&\quad\left.-\frac{(\nabla g^{\mathrm{T}}H^{-1}\nabla g)\nabla h\nabla h^{\mathrm{T}}-(\nabla h^{\mathrm{T}}H^{-1}\nabla g)\nabla h\nabla g^{\mathrm{T}}}{(\nabla h^{\mathrm{T}}H^{-1}\nabla h)(\nabla g^{\mathrm{T}}H^{-1}\nabla g)-(\nabla g^{\mathrm{T}}H^{-1}\nabla h)(\nabla h^{\mathrm{T}}H^{-1}\nabla g)}H^{-1}\right\}
\end{aligned}$$

其中 $\nabla h=(\nabla h_{l+1},\cdots,\nabla h_m)$, $\nabla g=(\nabla g_{j_1},\cdots,\nabla g_{j_k})$。

证明 (3.2.2) 的最优解为 $\hat{z}$ 必须满足下列最优性条件 —— Kuhn-Tucker 条件：

$$\begin{cases}
-Hz+\xi+\lambda^{\mathrm{T}}\nabla g+\nu^{\mathrm{T}}\nabla h=0\\
\lambda_j\nabla g_j^{\mathrm{T}}z=0, j\in J(\theta_0)\\
\nabla h_j^{\mathrm{T}}z=0, j=l+1,\cdots,m\\
\nabla g_j^{\mathrm{T}}z\leqslant 0, \lambda_j\geqslant 0, j\in J(\theta_0)
\end{cases}\tag{3.2.3}$$

下面将从式 (3.2.3) 来推导 $\hat{z}$ 的渐近分布。

(1) 对于 D^o 中的 $\hat{z}$。对 (3.2.2) 的位于 D^o 中的最优解 $\hat{z}$，其对应的所有拉格朗日乘子 λ_j 必定都等于零，因此，互补性条件 (即 (3.2.3) 中的第 2 组等式) 和相应的非负性条件 $\lambda_j \geqslant 0$ 肯定都满足，因而可以去掉，进而对于 D^o 中的最优解 $\hat{z}$，可行性条件 $\nabla g_j^{\mathrm{T}} z \leqslant 0 (j \in J(\theta_0))$ 肯定都满足，因而也可以去掉。因此，(3.2.3) 中的所有不等式条件和互补性条件都可以删去而不影响解的表示式。于是位于 D^o 中的最优解 $\hat{z}$ 应满足的条件变为

$$\begin{cases} -Hz + \xi + \nu^{\mathrm{T}} \nabla h = 0 \\ \nabla h^{\mathrm{T}} z = 0 \end{cases} \tag{3.2.4}$$

把上面的方程组化成下列等价形式：

$$\begin{cases} -Hz + \nu^{\mathrm{T}} \nabla h = -\xi \\ \nabla h^{\mathrm{T}} z = 0 \end{cases}$$

为方便计，令 $\nu^* = -\nu$，然而，仍用 ν 来记 ν^*，则上面的方程组可改写成

$$\begin{cases} Hz + \nu^{\mathrm{T}} \nabla h = \xi \\ \nabla h^{\mathrm{T}} z = 0 \end{cases}$$

它的系数矩阵为

$$B = \begin{pmatrix} H & \nabla h \\ \nabla h^{\mathrm{T}} & 0 \end{pmatrix}$$

把 B^{-1} 写成如下分块形式：

$$B^{-1} = \begin{pmatrix} M & R_{12} \\ R_{21} & R_{22} \end{pmatrix}$$

由简单计算得

$$\begin{cases} M = H^{-1}(I - \nabla h(\nabla h^{\mathrm{T}} H^{-1} \nabla h)^{-1} \nabla h^{\mathrm{T}} H^{-1}) \\ R_{12} = H^{-1} \nabla h (\nabla h^{\mathrm{T}} H^{-1} \nabla h)^{-1} \\ R_{21} = R_{12}^{\mathrm{T}} \\ R_{22} = -(\nabla h^{\mathrm{T}} H^{-1} \nabla h)^{-1} \end{cases}$$

其中 I 为单位矩阵。于是可得 (3.2.4) 的解的表达式为

$$\hat{z} = M\xi, \quad \hat{\nu} = -R_{21}\xi \tag{3.2.5}$$

从第一个表达式可以看出，(3.2.2) 在 D^o 中的解是正态分布的，因为 ξ 是正态的。$\hat{z} = M\xi$ 即为情况 (1) 下的解。

(2) $D^{\circ}_{j_1,\cdots,j_k}$ 上的 $\hat{z}$ 的分布。由于现在 $\hat{z}$ 位于 $D^{\circ}_{j_1,\cdots,j_k}$ 上，对应于 $J(\theta_0)\setminus j_1,\cdots,j_k$ 中的 j 有 $\nabla g_j^{\mathrm{T}}z<0$。根据互补性条件，相应的拉格朗日乘子 λ_j 应该取为零。于是 (3.2.4) 中相应的约束条件 $\nabla g_j^{\mathrm{T}}z\leqslant 0$ 和拉格朗日乘子非负性条件都可以删去，互补性条件也可以删去。只有对应于约束条件 $\nabla g_j^{\mathrm{T}}z\leqslant 0(j=j_1,\cdots,j_k)$ 的拉格朗日乘子 λ_j 不一定等于零。然而，暂时先略去 (3.2.3) 中应满足的最后一组不等式 $\lambda_j\geqslant 0(j=j_1,\cdots,j_k)$。这样，位于 $D^{\circ}_{j_1,\cdots,j_k}$ 上的最优解应满足

$$\begin{cases} -Hz+\sum\limits_{t=1}^{k}\lambda_{j_t}\nabla g_{j_t}+\nu^{\mathrm{T}}\nabla h=-\xi \\ \nabla g_{j_t}^{\mathrm{T}}z=0,\quad t=1,\cdots,k \\ \nabla h^{\mathrm{T}}z=0 \end{cases} \tag{3.2.6}$$

令 $\tilde{\lambda}_{j_t}=-\lambda_{j_t}$，$\tilde{\nu}=-\nu$，则 (3.2.8) 可改写为

$$\begin{cases} Hz+\sum\limits_{l=1}^{k}\tilde{\lambda}_{j_l}\nabla g_{j_l}+\tilde{\nu}^{\mathrm{T}}\nabla h=\xi \\ \nabla g_{j_l}^{\mathrm{T}}z=0,\quad l=1,\cdots,k \\ \nabla h^{\mathrm{T}}z=0 \end{cases} \tag{3.2.7}$$

记 (3.2.7) 的系数矩阵为 $B_{j_1,\cdots,j_k}$，把 $B_{j_1,\cdots,j_k}$ 的逆矩阵写成如下分块形式:

$$B^{-1}_{j_1,\cdots,j_k}=\begin{pmatrix} M_{j_1,\cdots,j_k} & T_{12} & T_{13} \\ T_{21} & T_{22} & T_{23} \\ T_{31} & T_{32} & T_{33} \end{pmatrix}$$

用类似于定理 2.3.3 中的计算可得

$$\begin{aligned} M_{j_1,\cdots,j_k}=&H^{-1}\left\{I-\frac{(\nabla h^{\mathrm{T}}H^{-1}\nabla h)\nabla g\nabla g^{\mathrm{T}}-(\nabla g^{\mathrm{T}}H^{-1}\nabla h)\nabla g\nabla h^{\mathrm{T}}}{(\nabla h'H^{-1}\nabla h)(\nabla g'H^{-1}\nabla g)-(\nabla g'H^{-1}\nabla h)(\nabla h'H^{-1}\nabla g)}H^{-1}\right.\\ &\left.-\frac{(\nabla g^{\mathrm{T}}H^{-1}\nabla g)\nabla h\nabla h^{\mathrm{T}}-(\nabla h^{\mathrm{T}}H^{-1}\nabla g)\nabla h\nabla g^{\mathrm{T}}}{(\nabla h^{\mathrm{T}}H^{-1}\nabla h)(\nabla g^{\mathrm{T}}H^{-1}\nabla g)-(\nabla g^{\mathrm{T}}H^{-1}\nabla h)(\nabla h^{\mathrm{T}}H^{-1}\nabla g)}H^{-1}\right\}\\ T_{21}=&\frac{(\nabla h^{\mathrm{T}}H^{-1}\nabla h)\nabla g^{\mathrm{T}}-(\nabla g^{\mathrm{T}}H^{-1}\nabla h)\nabla h^{\mathrm{T}}}{(\nabla h^{\mathrm{T}}H^{-1}\nabla h)(\nabla g^{\mathrm{T}}H^{-1}\nabla g)-(\nabla g^{\mathrm{T}}H^{-1}\nabla h)(\nabla h^{\mathrm{T}}H^{-1}\nabla g)}H^{-1}\\ T_{31}=&\frac{(\nabla g^{\mathrm{T}}H^{-1}\nabla g)\nabla h^{\mathrm{T}}-(\nabla h^{\mathrm{T}}H^{-1}\nabla g)\nabla g^{\mathrm{T}}}{(\nabla h^{\mathrm{T}}H^{-1}\nabla h)(\nabla g^{\mathrm{T}}H^{-1}\nabla g)-(\nabla g^{\mathrm{T}}H^{-1}\nabla h)(\nabla h^{\mathrm{T}}H^{-1}\nabla g)}H^{-1} \end{aligned}$$

则 (3.2.7) 的解为

$$\hat{z}=M_{j_1,\cdots,j_k}\xi,\quad \hat{\lambda}=T_{21}\xi,\quad \hat{\nu}=T_{31}\xi \tag{3.2.8}$$

考虑到起先略去了 (3.2.3) 的不等式 $\lambda_j \geqslant 0(j \in \{j_1, \cdots, J_k\})$，(3.2.8) 给出的表达式是 (3.2.2) 的最优解和相应的拉格朗日乘数，当且仅当

$$\hat{\lambda} = -T_{21}\xi \leqslant 0$$

满足，而且由 (3.2.8) 给出的最优解和相应的拉格朗日乘数也是正态的。■

3.2.2　极大似然估计量的渐近表示

$n^{\frac{1}{2}}(\theta_n - \theta_0)$ 的渐近表示也是非常重要的，这可用与 2.4 节中类似的方法得到。后面将用以导出似然函数极大值的渐近分布。

根据第 2 章中的经验，$n^{\frac{1}{2}}(\theta_n - \theta_0)$ 的渐近表示与 θ_0 的位置有关。这里仅给出当约束条件只含有线性不等式约束 $A\theta \leqslant b$，并且在 θ_0 处有 $A\theta_0 = b$ 的条件下 $n^{\frac{1}{2}}(\theta_n - \theta_0)$ 的渐近表示 (条件 $A\theta_0 = b$ 正是第 4 章似然比检验中原假设中的条件)。一般情况 (非线性约束或同时有等式与不等式约束) 下的问题可用与这里给出的类似方法解决。

于是现在的极大似然估计问题为

$$\begin{aligned} \max \quad & l_n(x, \theta) = \sum_{i=1}^{n} \log f(x_i, \theta) \\ \text{s.t.} \quad & A_j^{\mathrm{T}}\theta \leqslant b_j, j = 1, \cdots, m \end{aligned} \tag{3.2.9}$$

其中 A 为 $m \times p$ 矩阵，$m < p$，$\theta \in \mathbf{R}^p$。

在给定 θ_0 满足 $A\theta_0 = b$ 的条件下，$n^{\frac{1}{2}}(\theta_n - \theta_0)$ 的渐近表示又随着 θ_n 的位置而变化。θ_n 可以位在可行解集内部 (记为 S°)，或在 $r(r = 1, \cdots, m)$ 个边界面 $P_{j_l}(l = 1, \cdots, r)$ 的交集上。下面给出 θ_n 在 $P_{j_l, \cdots, j_r}$ 上的表示。当 $r = 0$ 时，即为 $\theta_n \in S^{\circ}$ 时的表示。

定理 3.2.4　设有 $A\theta_0 = b$，定理 3.2.1 中的条件 (1)~(5) 满足，则对问题 (3.2.9) 的位于 $P_{j_l, \cdots, j_r}$ 中的极大似然估计量 θ_n，$n^{\frac{1}{2}}(\theta_n - \theta_0)$ 有渐近表示

$$n^{\frac{1}{2}}(\theta_n - \theta_0) \approx H_n^{-1}[I - D_r(D_r^{\mathrm{T}} H_n^{-1} D_r)^{-1} D_r^{\mathrm{T}} H_n^{-1}]\xi \tag{3.2.10}$$

其中

$$D_r = (A_{j_1}, \cdots, A_{j_r}), \quad r = 1, \cdots, k$$
$$\xi = n^{-\frac{1}{2}} \sum_{i=1}^{n} \nabla \log f(x_i, \theta_0)$$

当 $r = 0$ 时有

$$n^{\frac{1}{2}}(\theta_n - \theta_0) \approx H_n^{-1}\xi$$

证明 再次强调，θ_n 依趋近于 1 的概率位于 θ_0 的小邻域里，因此，似然函数 $\log f(x,\theta)$ 在 θ_0 的小邻域里有下列 Taylor 展开式成立：

$$\begin{aligned}\log f(x,\theta) &= \log f(x,\theta_0) + (\theta-\theta_0)^{\mathrm{T}}\nabla\log f(x,\theta_0)\\ &\quad + \frac{1}{2}(\theta-\theta_0)^{\mathrm{T}}H(x,\theta_0)(\theta-\theta_0) + o(\|\theta-\theta_0\|^2)\end{aligned}$$

对于极大值问题 (3.2.1) 位于 $P_{j_l,\cdots,j_r}$ 上的解 θ_n(注意到 $A\theta_0 = b$)，下面的 Kuhn-Tucker 条件必须成立：

$$\begin{cases}\displaystyle\sum_{i=1}^{n}\nabla\log f(x_i,\theta_n) + \sum_{j=1}^{m}\lambda_j A_j = 0\\ A_j^{\mathrm{T}}(\theta_n-\theta_0) = 0, j = j_l,\cdots,j_r\\ A_j^{\mathrm{T}}(\theta_n-\theta_0) \leqslant 0, j \neq j_l,\cdots,j_r\\ \lambda_j(A_j\theta_n - b_j) = 0, j = 1,\cdots,m\\ \lambda_j \geqslant 0, j = 1,\cdots,m\end{cases} \tag{3.2.11}$$

代入 $\log f(x_i,\theta_n)$ 的 Taylor 展开式，式 (3.2.11) 可变为

$$\begin{cases}\displaystyle nH_n(\theta_n-\theta_0) + \sum_{j=1}^{m}\lambda_j A_j = -\sum_{i=1}^{n}\nabla\log f(x_i,\theta_0) + n^{-1}o(\|z\|^2)\\ A_j^{\mathrm{T}}(\theta_n-\theta_0) = 0, j = j_l,\cdots,j_r\\ A_j^{\mathrm{T}}(\theta_n-\theta_0) \leqslant 0, j \neq j_l,\cdots,j_r\\ \lambda_j(A_j\theta_n - b_j) = 0, j = 1,\cdots,m\\ \lambda_j \geqslant 0, j = 1,\cdots,m\end{cases}$$

暂时先略去其中的不等式约束条件、互补性条件和拉格朗日乘数非负性条件，下面的部分 Kuhn-Tucker 条件必须成立：

$$\begin{cases}\displaystyle nH_n(\theta_n-\theta_0) + \sum_{l=1}^{r}\lambda_{j_l}A_{j_l} \simeq -\sum_{i=1}^{n}\nabla\log f(x_i,\theta_0)\\ A_{j_l}^{\mathrm{T}}(\theta_n-\theta_0) = 0, l = l,\cdots,r\end{cases} \tag{3.2.12}$$

方程组 (3.2.12) 的系数矩阵为

$$M_r = \begin{pmatrix} nH_n & D_r\\ D_r^{\mathrm{T}} & 0\end{pmatrix}$$

其中

$$D_r = (A_{j_1},\cdots,A_{j_r})$$

把它的逆矩阵写成如下分块形式:

$$M_r^{-1} = \begin{pmatrix} R_r & Q_r \\ W_r & Z_r \end{pmatrix}$$

直接计算可得

$$\begin{aligned} R_r &= n^{-1}H_n^{-1}(I - D_r(D_r^{\mathrm{T}}H_n^{-1}D_r)^{-1}D_r^{\mathrm{T}}H_n^{-1}) \\ W_r &= (D_r^{\mathrm{T}}H_n^{-1}D_r)^{-1}D_r^{\mathrm{T}}H_n^{-1} \\ Q_r &= W_r^{\mathrm{T}} \\ Z_r &= -n(D_r^{\mathrm{T}}H_n^{-1}D_r)^{-1} \end{aligned}$$

(3.2.12) 的解为

$$\begin{aligned} \theta_n - \theta_0 &\simeq -n^{-1}H_n^{-1}(I - D_r(D_r^{\mathrm{T}}H_n^{-1}D_r)^{-1}D_r^{\mathrm{T}}H_n^{-1})\sum_{i=1}^{n}\nabla\log f(x_i,\theta_0) \\ \lambda &\simeq -W_r\sum_{i=1}^{n}\nabla\log f(x_i,\theta_0) = -(D_r^{\mathrm{T}}H_n^{-1}D_r)^{-1}D_r^{\mathrm{T}}H_n^{-1}\sum_{i=1}^{n}\nabla\log f(x_i,\theta_0) \end{aligned} \tag{3.2.13}$$

其中 $\lambda = (\lambda_{j_1}, \cdots, \lambda_{j_r})$。在上面第一式两边乘以 $n^{\frac{1}{2}}$，并注意到 $n^{-\frac{1}{2}}\sum\limits_{i=1}^{n}\nabla\log f(x_i,\theta_0)$ 为对称 (正态) 分布，可以去掉表达式中的负号得

$$\begin{aligned} n^{\frac{1}{2}}(\theta_n - \theta_0) &\simeq H_n^{-1}(I - D_r(D_r^{\mathrm{T}}H_n^{-1}D_r)^{-1}D_r^{\mathrm{T}}H_n^{-1})n^{-\frac{1}{2}}\sum_{i=1}^{n}\nabla\log f(x_i,\theta_0) \\ \lambda &\simeq H_n^{-1}D_r(D_r^{\mathrm{T}}H_n^{-1}D_r)^{-1}\sum_{i=1}^{n}\nabla\log f(x_i,\theta_0) \end{aligned} \tag{3.2.14}$$

这正是所要求的渐近表示。此解即为问题的最优解及其相应拉格朗日乘数的近似值。

最后，考虑原先略去的两组条件，即互补性条件和拉格朗日乘数非负性条件

$$\begin{aligned} &\lambda_j(A_j^{\mathrm{T}}\theta_n - b_j) = 0, \quad j = 1, \cdots, m \\ &\lambda_j \geqslant 0, \quad j = 1, \cdots, m \end{aligned}$$

对于第一组条件，注意到 θ_n 是极大值问题 (3.2.1) 位于 $P_{j_l,\cdots,j_r}$ 上的解，所以有

$$A_j^{\mathrm{T}}\theta_n - b_j = 0, \quad j = j_l, \cdots, j_r$$

对于其他 j，可取 $\lambda_j = 0$，即可使所有方程都得到满足。因此，这一组条件对于位于 $P_{j_l,\cdots,j_r}$ 上的解 θ_n 肯定是满足的，删去它并不影响到所需极限分布的正确性。

对于第二组条件，等价于要求

$$H_n^{-1}D_r(D_r^{\mathrm{T}}H_n^{-1}D_r)^{-1}n^{-\frac{1}{2}}\sum_{i=1}^{n}\nabla\log f(x_i,\theta_0)\geqslant 0$$

也即在此条件下，(3.2.14) 才是 $n^{\frac{1}{2}}(\theta_n-\theta_0)$ 的渐近表示。

当 $r=0$ 时，即 $\theta_n\in S^0$，Kuhn-Tucker 条件的第一组条件变为

$$\sum_{i=1}^{n}\nabla\log f(x_i,\theta_n)=0$$

对 $\nabla\log f(x_i,\theta_n)$ 作 Taylor 展开，重复以上推导过程，立得所需结论。■

由 (3.2.14) 可见，对于 $\theta_n\in P_{j_1,\cdots,j_r}$，$n^{\frac{1}{2}}(\theta_n-\theta_0)$ 是渐近正态的随机向量。注意：方程组 (3.2.12) 含有 r 个等式约束条件，因此，式 (3.2.13) 中的 $n^{\frac{1}{2}}(\theta_n-\theta_0)$ 是 $p-r$ 维退化正态变量。

3.2.3 似然函数极大值的渐近表示

不等式约束条件下似然函数极大值 (确切地说，是指 $\sum\limits_{i=1}^{n}[\log f(x_i,\theta_n)-\log f(x_i,\theta_0)]$ 的值) 的估计量不仅有它自身的意义，也是相应似然比检验统计量的主要部分。根据无约束极大似然统计量的渐近分布推导经验推测，从极大似然估计量的渐近表示容易推导出似然函数极大值的渐近分布。然而，在有不等式约束的情形下，需要有技巧地利用最优性条件中的 Kuhn-Tucker 方程组才能达到这一目的。由于 $n^{\frac{1}{2}}(\theta_n-\theta_0)$ 的渐近表示随着 θ_n 的位置而变化，下面给出 θ_n 在各个不同位置时 $\sum\limits_{i=1}^{n}[\log f(x_i,\theta_n)-\log f(x_i,\theta_0)]$ 的值的渐近分布。

定理 3.2.5 在定理 3.2.4 的条件下，当 $\theta_n\in P_{j_1,\cdots,j_r}$ 时，极大似然估计问题 (3.2.9) 的似然函数极大值 $\sum\limits_{i=1}^{n}[\log f(x_i,\theta_n)-\log f(x_i,\theta_0)]$ 有如下渐近表示式：

$$\sum_{i=1}^{n}[\log f(x_i,\theta_n)-\log f(x_i,\theta_0)]=\frac{1}{2}\xi^{\mathrm{T}}H_n^{-1}(I-D_r(D_r^{\mathrm{T}}H_n^{-1}D_r)^{-1}D_r^{\mathrm{T}}H_n^{-1})\xi \tag{3.2.15}$$

当 $r=0$，即 $\theta_n\in S^{\mathrm{o}}$ 时，

$$\sum_{i=1}^{n}[\log f(x_i,\theta_n)-\log f(x_i,\theta_0)]\approx\frac{1}{2}\xi^{\mathrm{T}}H_n^{-1}\xi \tag{3.2.16}$$

证明 对似然函数在 θ_n 处作 Taylor 展开有

$$l_n(x,\theta_n)=\sum_{i=1}^{n}[\log f(x_i,\theta_n)-\log f(x_i,\theta_0)]$$

$$\approx -n^{\frac{1}{2}}(\theta_n-\theta_0)^{\mathrm{T}}n^{-\frac{1}{2}}\sum_{i=1}^{n}\nabla\log f(x_i,\theta_n)$$

$$+\frac{1}{2}n^{\frac{1}{2}}(\theta_n-\theta_0)^{\mathrm{T}}n^{-1}\sum_{i=1}^{n}H(x_i,\theta_n)n^{\frac{1}{2}}(\theta_n-\theta_0)$$

$$=-n^{\frac{1}{2}}(\theta_n-\theta_0)^{\mathrm{T}}n^{-\frac{1}{2}}\left[\sum_{i=1}^{n}\nabla\log f(x_i,\theta_n)+\sum_{k=1}^{r}\lambda_{j_k}A_{j_k}\right]$$

$$+\frac{1}{2}n^{\frac{1}{2}}(\theta_n-\theta_0)^{\mathrm{T}}\frac{1}{n}\sum_{i=1}^{n}H(x_i,\theta_n)n^{\frac{1}{2}}(\theta_n-\theta_0)$$

$$=\frac{1}{2}n^{\frac{1}{2}}(\theta_n-\theta_0)^{\mathrm{T}}H_nn^{\frac{1}{2}}(\theta_n-\theta_0)$$

上面倒数第二个等号成立是因为最优性条件 (3.2.10) 中的互补性条件

$$\lambda_jA_j^{\mathrm{T}}(\theta_n-\theta_0)=0$$

而上面最后一个等号成立是因为根据最优性条件 (3.2.10) 中第一组条件，应有

$$\sum_{i=1}^{n}\nabla\log f(x_i,\theta_n)+\sum_{k=1}^{r}\lambda_{j_k}A_{j_k}=0$$

再注意到 $\sum_{i=1}^{n}\frac{1}{n}H(x_i,\theta_n)=H_n$, 并用 $n^{\frac{1}{2}}(\theta_n-\theta_0)$ 的近似表达式 (3.2.12)，则得

$$\sum_{i=1}^{n}[\log f(x_i,\theta_n)-\log f(x_i,\theta_0)]$$

$$=\frac{1}{2}n^{\frac{1}{2}}(\theta_n-\theta_0)^{\mathrm{T}}H_nn^{\frac{1}{2}}(\theta_n-\theta_0)$$

$$\approx -\frac{1}{2}\xi^{\mathrm{T}}R_r^{\mathrm{T}}H_nR_r\xi$$

$$=\frac{1}{2}\xi^{\mathrm{T}}(I-H_n^{-1}D_r(D_r^{\mathrm{T}}H_n^{-1}D_r)^{-1}D_r^{\mathrm{T}})H_n^{-1}H_nH_n^{-1}$$

$$(I-D_r(D_r^{\mathrm{T}}H_n^{-1}D_r)^{-1}D_r^{\mathrm{T}}H_n^{-1})\xi$$

$$=\frac{1}{2}\xi^{\mathrm{T}}H_n^{-1}(I-D_r(D_r^{\mathrm{T}}H_n^{-1}D_r)^{-1}D_r^{\mathrm{T}}H_n^{-1})\xi \quad \blacksquare$$

3.3 等式约束下的极大似然估计

等式约束下的极大似然估计也是常见的统计问题。最常见的要算是无约束回归分析和方差分析中关于参数向量的等式检验问题和等式约束下的似然比检验问题。在许多似然比检验问题中，原假设常常是参数值之间的相等关系，而备择假设是参数值之间的不等关系。于是似然比中的分母这一项就是等式约束极大似然估计问题。虽然等式约束极大似然估计与无约束问题的数学实质并无多大不同，但为了第 4 章中推导似然比统计量的分布的方便，还是在这里给出这类问题的解和极大似然估计量的渐近分布。

设有某总体具有密度函数 $f(x,\theta)$，其中未知参数 $\theta \in \mathbf{R}^p$ 应满足等式约束 $A\theta = b$。令 $x_1,\cdots,x_n$ 为独立同分布样本点，则对应的等式约束极大似然估计问题有下列形式：

$$\begin{aligned} \max \quad & L_n(x,\theta) = \prod_{i=1}^{n} f(x_i,\theta) \\ \text{s.t.} \quad & A\theta = b \end{aligned} \tag{3.3.1}$$

其中 A 为 $m\times p$ 维满行秩矩阵。常用的对数似然估计问题为

$$\begin{aligned} \max \quad & l_n(x,\theta) = \sum_{i=1}^{n} \log f(x_i,\theta) \\ \text{s.t.} \quad & A\theta = b \end{aligned} \tag{3.3.2}$$

这是一个有等式约束的求极大值的问题。用 θ_n^* 表示其最优解，以区别于不等式约束极大似然估计量。(3.3.2) 等价于

$$\begin{aligned} \max \quad & \tilde{l}_n(x,\theta) = \sum_{i=1}^{n} [\log f(x_i,\theta) - \log f(x_i,\theta_0)] \\ \text{s.t.} \quad & A(\theta-\theta_0) = 0 \end{aligned} \tag{3.3.3}$$

其中 θ_0 为参数 θ 的真值。

3.3.1 极大似然估计量的渐近表示

有等式约束的极大似然估计量容易直接求出。

定理 3.3.1 设有 $A\theta_0 = b$，定理 3.2.1 中的条件 (1)~(5) 满足，则对问题 (3.3.2) 的极大似然估计量 θ_n^*，$n^{\frac{1}{2}}(\theta_n^* - \theta_0)$ 有渐近表示

$$n^{\frac{1}{2}}(\theta_n^* - \theta_0) \approx H_n^{-1}[I - A(A^{\mathrm{T}}H_n^{-1}A)^{-1}A^{\mathrm{T}}H_n^{-1}]\xi \tag{3.3.4}$$

其中

$$\xi=n^{-\frac{1}{2}}\sum_{i=1}^{n}\nabla\log f(x_i,\theta_0)$$

证明　再次强调，θ_n^* 依趋近于 1 的概率位于 θ_0 的小邻域里，因此，似然函数 $\log f(x,\theta)$ 在 θ_0 的小邻域里有下列 Taylor 展开式成立:

$$\begin{aligned}\log f(x,\theta)=&\log f(x,\theta_0)+(\theta-\theta_0)^{\mathrm{T}}\nabla\log f(x,\theta_0)\\&+1/2(\theta-\theta_0)^{\mathrm{T}}H(x,\theta_0)(\theta-\theta_0)+o(\|\theta-\theta_0\|^2)\end{aligned}$$

对于极大值问题 (3.3.1) 的解 θ_n(注意到 $A\theta_0=b$)，下面的最优性条件必须成立:

$$\begin{cases}\displaystyle\sum_{i=1}^{n}\nabla\log f(x_i,\theta_n^*)+\sum_{j=1}^{m}\lambda_jA_j=0\\ A(\theta_n^*-\theta_0)=0\end{cases}\tag{3.3.5}$$

代入 $\log f(x_i,\theta_n)$ 的 Taylor 展开式，式 (3.3.5) 可变为

$$\begin{cases}\displaystyle nH_n(\theta_n^*-\theta_0)+\lambda A=-\sum_{i=1}^{n}\nabla\log f(x_i,\theta_0)+n^{-1}o(\|z\|^2)\\ A(\theta_n^*-\theta_0)=0\end{cases}$$

该方程组的系数矩阵为

$$M=\begin{pmatrix}nH_n & A\\ A^{\mathrm{T}} & 0\end{pmatrix}$$

记它的逆矩阵写成如下分块形式:

$$M^{-1}=\begin{pmatrix}R & Q\\ W & Z\end{pmatrix}$$

直接计算可得

$$\begin{aligned}&R=n^{-1}H_n^{-1}(I-A(A^{\mathrm{T}}H_n^{-1}A)^{-1}A^{\mathrm{T}}H_n^{-1})\\&W=(A^{\mathrm{T}}H_n^{-1}A)^{-1}A^{\mathrm{T}}H_n^{-1}\end{aligned}$$

(3.3.5) 的解为

$$\theta_n^*-\theta_0\simeq-n^{-1}H_n^{-1}(I-A(A^{\mathrm{T}}H_n^{-1}A)^{-1}A^{\mathrm{T}}H_n^{-1})\sum_{i=1}^{n}\nabla\log f(x_i,\theta_0)$$

$$\lambda\simeq-W_r\sum_{i=1}^{n}\nabla\log f(x_i,\theta_0)=-(A^{\mathrm{T}}H_n^{-1}A)^{-1}A^{\mathrm{T}}H_n^{-1}\sum_{i=1}^{n}\nabla\log f(x_i,\theta_0)$$

在上面第一式两边乘以 $n^{\frac{1}{2}}$，并注意到 $n^{-\frac{1}{2}}\sum\limits_{i=1}^{n}\nabla\log f(x_i,\theta_0)$ 为对称 (正态) 分布，可以去掉表达式中的负号得

$$
\begin{aligned}
&n^{\frac{1}{2}}(\theta_n^*-\theta_0)\simeq H_n^{-1}(I-A(A^{\mathrm{T}}H_n^{-1}A)^{-1}A^{\mathrm{T}}H_n^{-1})n^{-\frac{1}{2}}\sum_{i=1}^{n}\nabla\log f(x_i,\theta_0)\\
&\lambda\simeq(A^{\mathrm{T}}H_n^{-1}A)^{-1}A^{\mathrm{T}}H_n^{-1}\sum_{i=1}^{n}\nabla\log f(x_i,\theta_0)
\end{aligned}
\tag{3.3.6}
$$

这正是所要求的渐近表示。■

由 (3.3.6) 可见，$n^{\frac{1}{2}}(\theta_n^*-\theta_0)$ 是渐近正态的随机向量。注意：方程组 (3.3.6) 含有 m 个等式约束条件，因此，式 (3.3.6) 中的 $n^{\frac{1}{2}}(\theta_n^*-\theta_0)$ 是 $p-m$ 维退化正态变量。

3.3.2　似然函数极大值的渐近表示

这里所谓的似然函数极大值也是指 $\sum\limits_{i=1}^{n}[\log f(x_i,\theta_n^*)-\log f(x_i,\theta_0)]$。求它的渐近分布的方法与上一节中的方法类似。

定理 3.3.2　设定理 3.2.1 中的条件 (1)~(4) 成立，则 $\sum\limits_{i=1}^{n}[\log f(x_i,\theta_n^*)-\log f(x_i,\theta_0)]$ 有渐近表示

$$
\begin{aligned}
\log f(x_i,\theta_n^*)-\log f(x_i,\theta_0)&\approx\frac{1}{2}\xi^{\mathrm{T}}R_m^{\mathrm{T}}(H_n)R_m\xi\\
&=\frac{1}{2}\eta^{\mathrm{T}}H_n^{\frac{1}{2}}R_m^{\mathrm{T}}H_nR_mH_n^{\frac{1}{2}}\eta
\end{aligned}
\tag{3.3.7}
$$

其中 η 为标准正态变量。

证明　对似然函数在 θ_n^* 处作 Taylor 展开有

$$
\begin{aligned}
l_n(x,\theta)&=\sum_{i=1}^{n}[\log f(x_i,\theta_n^*)-\log f(x_i,\theta_0)]\\
&\approx-\sum_{i=1}^{n}\{(\theta_n^*-\theta_0)^{\mathrm{T}}[\nabla\log f(x_i,\theta_n^*)]-\sum_{i=1}^{n}\frac{1}{2}(\theta_n^*-\theta_0)^{\mathrm{T}}H(x_i,\theta_n^*)(\theta_n^*-\theta_0)\\
&=-\sum_{i=1}^{n}(\theta_n^*-\theta_0)^{\mathrm{T}}\left[\nabla\log f(x_i,\theta_n^*)+\sum_{j=1}^{m}\lambda_jA_j\right]\\
&\quad+\sum_{i=1}^{n}\frac{1}{2}n^{\frac{1}{2}}(\theta_n^*-\theta_0)^{\mathrm{T}}\frac{1}{n}H(x_i,\theta_n^*)n^{\frac{1}{2}}(\theta_n^*-\theta_0)
\end{aligned}
$$

最后一个等号成立是因为对于在等号右边第一个和式中加上的 $A_j(\theta_n^* - \theta_0)$ 部分，根据约束条件和假设条件有

$$A_j^{\mathrm{T}}\theta_n^* = b_j = A_j^{\mathrm{T}}\theta_0, \quad j = 1, \cdots, m$$

从而

$$A_j^{\mathrm{T}}(\theta_n^* - \theta_0) = 0, \quad j = 1, \cdots, m$$

而由数学规划最优性条件第一项有

$$\sum_{i=1}^{n} \nabla \log f(x_i, \theta_n^*) + \sum_{j=1}^{m} \lambda_j A_j = 0$$

于是

$$\sum_{i=1}^{n}[\log f(x_i, \theta_n^*) - \log f(x_i, \theta_0)] \approx \sum_{i=1}^{n} \frac{1}{2} n^{\frac{1}{2}}(\theta_n^* - \theta_0)^{\mathrm{T}} \frac{1}{n} H(x_i, \theta_n^*) n^{\frac{1}{2}}(\theta_n^* - \theta_0)$$

代入上节 $n^{\frac{1}{2}}(\theta_n^* - \theta_0)$ 的表达式得

$$\sum_{i=1}^{n}[\log f(x_i, \theta_n^*) - \log f(x_i, \theta_0)] \approx \frac{1}{2}\xi^{\mathrm{T}} R_m^{\mathrm{T}}(H_n) R_m \xi$$

这一似然函数极大值的近似表示式的形式类似于 3.2 节中有不等式约束的似然函数极大值的近似表示式的形式。■

第 4 章　有不等式约束的假设检验

有不等式约束的假设检验问题是指原假设或备择假设中含有不等式条件的检验问题。这种假设检验问题最早产生于随机变量分布参数的比较。有不等式约束的假设检验问题在许多领域中都会碰到，也是有约束统计文献中研究得最多的一类问题。由于不等式约束的出现，古典假设检验理论不再适用，必须有它自己的方法和理论。

多个正态总体的均值大小关系的检验是最早研究而又结果最多的有不等式约束的假设检验问题，也是最基本的一类问题。当然，一般性分布参数的不等式假设的检验问题是广泛得多的模型。但对这些问题求似然比统计量的 (渐近) 分布困难得多。从更根本的角度来看，检验几个总体的均值大小关系或一般性分布参数的不等式假设的问题都可以看成比较随机变量的问题。显然，比较随机变量的概率分布应该是更广泛意义上的随机变量的比较问题。本章将处理前两种有不等式约束的假设检验问题，而把在概率分布意义下的比较问题放在第 7 章叙述。

检验几个总体的均值大小关系或一般分布参数的不等式假设，最常用的方法仍然是似然比检验。这里将在第 3 章的基础上推导出这一概率分布 —— $\bar{\chi}^2$ 分布。这一渐近分布已在不等式约束的假设检验中用了半个世纪。长期使用以后，有一些异议提出。但现在尚无更好的方法。

4.1　有不等式约束的假设检验问题

4.1.1　正态总体均值大小关系的检验

一组随机变量均值的大小关系可以在一定程度上反映出相应随机变量之间的关系，所以总体均值比较问题在许多领域中都有重要应用。例如，在新药试验中，经常遇到的一个问题是希望能得出结论：哪些新药的效果比原有的药 (对照药) 效果好。通常，假定反应服从正态分布，并且用它们的均值来作为它们的反应值的指标。于是产生正态总体均值大小比较问题。另一类例子是在药物剂量–反应 (dose-response) 模型中，人们常关心服用某种药物后的反应是否随服用剂量的增加而增加。通常的做法是用服药者的反应强度的均值作指标。于是产生正态总体均值递增趋势检验问题。不仅有单调趋势问题，还有先单调增加、后单调递降的趋势，或是其他更复杂的趋势检验问题。

如果这些随机变量服从正态分布且方差已知，则总体均值完全决定了该总体的分布。因此，这也是本章要讨论正态总体均值大小比较问题之一。在很多研究中，限于考虑正态总体的另一个原因是在正态性条件下似然比的渐近分布容易求得 (注意：用 4.2 节的方法来推导似然比的渐近分布并不需要这些总体满足正态性条件)。

在古典统计中，两个正态总体均值的比较已有很多结果，这种检验不是这里要叙述的内容。对多个总体的均值比较问题则形成新的检验问题：一类是多个总体均值两两比较的问题；另一类是多个总体均值放在一起比较，检验是否有某种趋势，如单调递增 (减) 趋势，或先递增、后递减的伞形趋势等。

1) 多个正态均值分量大小检验

设有 k 维正态总体 ξ, 其分布为 $N(\mu, V)$，其中 $\mu=(\mu_1,\cdots,\mu_k)$, 设 V 为已知矩阵。一个典型的检验问题为

$$H_0: \quad \mu_1=\cdots=\mu_k, \quad H_1: \quad \mu_1 \leqslant \mu_i, i=2,\cdots,k \tag{4.1.1}$$

2) 多个正态总体均值趋势检验

设有 k 维正态总体 $X=(X_1,\cdots,X_k)$, 其分布为 $N(\mu, V)$, 其中 $\mu=(\mu_1,\cdots,\mu_k)$。欲检验这些均值之间存在相等关系还是递增趋势关系，待检验的假设为

$$H_0: \mu_1=\cdots=\mu_k, \quad H_1: \mu_1 \leqslant \cdots \leqslant \mu_k \tag{4.1.2}$$

更复杂一些的是伞形趋势，待检验的假设为

$$H_0: \mu_1=\cdots=\mu_k, \quad H_1: \mu_1 \leqslant \cdots \leqslant \mu_h \geqslant \mu_{h+1} \geqslant \cdots \geqslant \mu_k \tag{4.1.3}$$

注意：这些检验问题与方差分析中的检验问题的区别如下：在方差分析中，一般为

$$H_0: \quad \mu_1=\cdots=\mu_k, H_1: H_0\text{不成立}$$

因此，这些问题不能用方差分析中常用的 F 检验来解决。实际上，Bartholomew 正是为了进一步比较方差分析中各总体均值的大小关系才得出检验问题 (4.1.1)–(4.1.3) 的，参见文献 Bartholomew(1959a, 1959b)。

以上检验问题又可进一步细分，如分为有关总体的方差已知或未知两种情况；不等式也有线性不等式和非线性不等式两种情况等。但是假设中是否含有不等式是区别于古典统计假设检验问题的主要特点，所以本章只注重这一特点。当然，方差未知时的检验问题和非线性不等式的检验问题相对复杂一些。

由于正态总体均值检验问题最早开始研究，问题也相对而言比较简单，现在已有许多专门论述的论著，本书不再专门介绍，可以作为本节处理的一般参数假设检

验的特殊情形。关于正态总体均值检验问题的详细讨论，在方差已知情形的有关结果可参见不等式假设检验专门文献 (Barlow et al., 1972; Robertson et al., 1988; Shi, 1991,1994) 等。对于方差也未知情形的有关结果可参见论文 (Perlman, 1968)。

4.1.2 一般分布参数不等式的检验问题

比检验均值之间的关系更广泛的模型是检验关于一般分布参数 (不一定是均值) 不等式的问题。

设某总体 ξ 的分布密度函数为 $f(x,\theta)$，其中 $\theta \in \mathbf{R}^p$ 为未知参数。可形成许多类型的不等式假设检验问题，如

$$H_0: \quad A\theta = b, H_1: \quad A\theta \leqslant b \tag{4.1.4}$$

$$H_0: \quad A\theta \leqslant b, H_1: \quad A\theta = b \tag{4.1.5}$$

$$H_0: \quad A\theta \leqslant b, H_1: \quad A\theta \geqslant b \tag{4.1.6}$$

其中 A 为一个 $m \times p$ 矩阵。显然，前面的检验问题 (4.1.1)~(4.1.3) 都是这里的特殊情形。

问题 (4.1.4)~(4.1.6) 是按不等式约束出现在原假设中，还是在备择假设中来分类的。这些问题都各有特点。不等式约束出现在备择假设中的检验问题，如问题 (4.1.4)，被研究得比较多。而若原假设含有不等式约束，则原假设是一个很复杂的复合假设，问题的性质将有许多改变。这时，因为检验统计量在原假设下的概率分布无法求得，因而难度大大增加。事实上，这一问题至今尚未得到很好解决。

本章主要讨论常用而典型的一种似然比检验问题 (4.1.4)。问题 (4.1.4) 的备择假设中未知参数的允许解的集合是一个凸多面体。处理这类问题的基本思想也可用来处理其他类型的不等式假设检验问题。当 $b = 0$ 时，问题变得容易处理一些。

4.2 似然比检验

4.2.1 似然比检验方法

似然比检验是统计中常用的方法，对于无约束问题而言，它一向被尊崇为一种很有效的方法：在一些条件下，这一方法给出的检验是一致最优无偏检验。于是很自然地，对于不等式假设检验问题 (4.1.4) 也采用似然比检验。

设有来自某随机变量 ξ 的总体 (不必限于服从正态分布) 的独立同分布样本 $x_i(i = 1, \cdots, n)$，ξ 的分布密度函数为 $f(x,\theta)$，则检验问题 (4.1.4) 的似然比检验统计量为

$$d_n = \frac{\sup\limits_{A\theta \leqslant b} \prod\limits_{i=1}^{n} f(x_i, \theta)}{\sup\limits_{A\theta = b} \prod\limits_{i=1}^{n} f(x_i, \theta)}$$

其对数形式为

$$2\log d_n = 2\sup_{A\theta \leqslant b} \sum_{i=1}^{n} \log f(x_i, \theta) - 2\sup_{A\theta = b} \sum_{i=1}^{n} \log f(x_i, \theta) \tag{4.2.1}$$

如果 H_0 成立，则 $2\log d_n$ 的值应依较大的概率 (大于而) 接近于 0。因此，若 $2\log d_n$ 的值过大，则拒绝 H_0。

拒绝 H_0 的近似临界值要由统计量 $2\log d_n$ 的渐近分布得出。因此，推导 $2\log d_n$ 的渐近分布是最根本的问题。d_n 的分子部分是一个带不等式约束的极大似然估计问题，分母部分则是一个带等式约束的极大似然估计问题。因此，无约束情况下的 Wilks 定理不能用在这里，必须另外推导 $2\log d_n$ 的渐近分布。推导这一结果的方法与推导带不等式约束的极大似然估计量的方法类似。

在无约束情况下的似然比统计量在通常情况下服从 χ^2 分布。下面的定理将给出似然比统计量的渐近分布：$\bar{\chi}^2$ 分布。它是多个具有不同自由度的 χ^2 分布的加权和，具体形式为

$$\sum_{i=0}^{m} w_i \chi_i^2$$

其中各 χ_i^2 是自由度为 i 的 χ^2 分布，χ_0^2 为恒等于零的常数， w_i 为权重，满足 $w_i \geqslant 0, \sum\limits_{i=0}^{m} w_i = 1$。根据权向量 $\Omega = (\omega_0, \omega_1, \cdots, \omega_m)$ 的不同而产生不同的 $\bar{\chi}^2$ 分布，这种分布是 χ^2 分布的一种推广。

定理 4.2.1 设对于似然比 d_n 的分子上的极大似然估计问题，下述条件成立：

(1) $x_1, \cdots, x_n$ 为来自具有分布密度函数 $f(x, \theta)$ 的独立同分布样本;

(2) 函数 $f(x_i, \theta)$ 为二阶连续可微，并且下列 Taylor 展开式：

$$\begin{aligned} &\log f(x_i, \theta) - \log f(x_i, \theta_0) \\ = &(\theta - \theta_0)^{\mathrm{T}} \nabla \log f(x_i, \theta_0) + \frac{1}{2}(\theta - \theta_0)^{\mathrm{T}} H(x_i, \theta_0)(\theta - \theta_0) + o(|\theta - \theta_0|^2) \end{aligned}$$

在 θ_0 的某一邻域内关于 θ 一致成立，其中 $H(x, \theta_0)$ 为 $\log f(x, \theta)$ 关于 θ 的二阶混合偏导数矩阵在 θ_0 处的值;

(3) 矩阵序列$\left\{ n^{-1} \sum\limits_{i=1}^{n} \nabla \log f(x_i, \theta_0) \nabla \log f(x_i, \theta_0)^{\mathrm{T}} \right\}$ 依概率收敛于某一正定

矩阵 H，并且有 $E\nabla\log f(x,\theta_0)=0$;

(4) 下列极限式成立：

$$\lim_{n\to\infty} H_n \triangleq \lim_{n\to\infty} n^{-1}\sum_{i=1}^{n} H(x_i,\theta_0) = -H$$

(5) 向量组 $\nabla g_j(\theta_0)(j\in J(\theta_0)),\nabla h_j(\theta_0)(j=l+1,\cdots,m)$ 线性独立, 其中 $J(\theta_0)=\{j:g_j(\theta_0)=0\}$，
则在原假设 H_0 下，$2\log d_n$ 的渐近分布是下列 $\bar{\chi}^2$ 分布：

$$\sum_{i=0}^{m} w_i\chi^2_{m-i} \tag{4.2.2}$$

其中 w_i 为 d_n 的分子部分的最优解 θ_n 落在其相应的可行解集的维数为 $p-i$ 的相对边界上的概率。

定理 4.2.1 的证明在 4.2.2 小节中给出。

拒绝 H_0 的近似临界值由下式决定：

$$P(2\log d_n \geqslant t_\alpha|H_0)=\sum_{i=0}^{m} w_iP(\chi^2_{m-i}\geqslant t_\alpha) \tag{4.2.3}$$

从各个 χ^2_{m-i} 分布表可查出 $P(\chi^2_{m-i}\geqslant t_\alpha)$ 的值，t_α 的值由下述方程定出：

$$\sum_{i=0}^{m} w_iP(\chi^2_{m-i}\geqslant t_\alpha)=\alpha \tag{4.2.4}$$

t_α 和 w_i 的值的确定不是易事，通常只能由模拟决定。

用 (4.2.4) 来决定 t_α 时必须注意：因为 χ^2_0 是恒等于零的常数，故实际上是由

$$\sum_{i=0}^{m-1} w_iP(\chi^2_{m-i}\geqslant t_\alpha)=\alpha \tag{4.2.5}$$

来决定的。由于 ω_m 是 θ_n 落在集合 $\{A\theta\leqslant b\}$ 的维数为 $p-m$ 的边界上的概率，也就是 θ_n 落在集合 $\{\theta:A\theta=b\}$ 上的概率，因此，ω_m 并不一定是一个等于零的数。

4.2.2 似然比的渐近分布的推导

定理 4.2.1 的证明 d_n 的分子是带不等式约束的最优化问题，分母是带等式约束的最优化问题。因此，$2\log d_n$ 的渐近分布将用第 3 章关于不等式约束极大似然估计量的结果推导得出。

对 d_n 的分子部分的极大似然估计问题，当估计量 θ_n 在 $P_{j_1,\cdots,j_r}$ 上时，由渐近表达式 (3.2.14) 有

$$
\begin{aligned}
&\sum_{i=1}^{n}[\log f(x_i,\theta_n)-\log f(x_i,\theta_0)]\\
&\approx \frac{1}{2}\xi^{\mathrm{T}}R_r^{\mathrm{T}}H_nR_r\xi\\
&=\frac{1}{2}\xi^{\mathrm{T}}H_n^{-1}(I-D_r(D_r^{\mathrm{T}}H_n^{-1}D_r)^{-1}D_r^{\mathrm{T}}H_n^{-1})\xi(\text{由}\xi=H_n^{1/2}\eta)\\
&=\frac{1}{2}\eta' H_n^{-1/2}[I_p-D_r(D_r^{\mathrm{T}}H_n^{-1}D_r)^{-1}D_r^{\mathrm{T}}H_n^{-1}]H_n^{1/2}\eta\\
&\triangleq \eta^{\mathrm{T}}M_1\eta
\end{aligned}
$$

其中 η 为标准正态变量。

容易验证，M_1 为幂等矩阵，η 为标准正态变量，因此，二次型 $\eta^{\mathrm{T}}M_1\eta$ 服从 χ^2 分布。又 ξ(从而 η) 是 $p-r$ 维随机变量，于是 $\eta^{\mathrm{T}}M_1\eta$ 服从自由度为 $p-r$ 的 χ^2 分布。

d_n 的分母部分是等式约束极大似然估计，由定理 3.3.2 可得

$$
\begin{aligned}
&\sum_{i=1}^{n}[\log f(x_i,\theta_n^*)-\log f(x_i,\theta_0)]\\
&\approx \frac{1}{2}\xi^{\mathrm{T}}R_m^{\mathrm{T}}(H_n)R_m\xi\\
&=\frac{1}{2}\xi^{\mathrm{T}}[I_p-D_m(D_m^{\mathrm{T}}H_n^{-1}D_m)^{-1}D_m^{\mathrm{T}}H_n^{-1}]^{\mathrm{T}}H_n^{-1}\\
&\quad [I_p-D_m(D_m^{\mathrm{T}}H_n^{-1}D_m)^{-1}D_m^{\mathrm{T}}H_n^{-1}]\xi\\
&=\frac{1}{2}\eta^{\mathrm{T}}H_n^{-1/2}[I_p-D_m(D_m^{\mathrm{T}}H_n^{-1}D_m)^{-1}D_m^{\mathrm{T}}H_n^{-1}]^{\mathrm{T}}H_n^{1/2}\eta\\
&\triangleq \eta^{\mathrm{T}}M_2\eta
\end{aligned}
$$

类似地可知，$\eta^{\mathrm{T}}M_2\eta$ 服从自由度为 $p-m$ 的 χ^2 分布。因此，

$$
\begin{aligned}
2\log d_n&=\sum_{i=1}^{n}2[\log f(x_i,\theta_n)-\log f(x_i,\theta_n^*)]\\
&=2\sum_{i=1}^{n}[\log f(x_i,\theta_n)-\log f(x_i,\theta_0)-2(\log f(x_i,\theta_n^*)-\log f(x_i,\theta_0))]\\
&\approx \eta^{\mathrm{T}}(M_1-M_2)\eta
\end{aligned}
$$

由于 $\sum_{i=1}^{n}[\log f(x_i,\theta_n)$ 和 $\sum_{i=1}^{n}[\log f(x_i,\theta_n^*)$ 分别是似然比的分子、分母上求极大值问题的最优值的对数值，两个最优化问题具有相同的目标函数，而分子上的最优化问题的可行解集合包含分母上的最优化问题的可行解集合，因此，对 η 的任何样本值都有

$$2\log d_n = \eta^{\mathrm{T}}(M_1 - M_2)\eta \geqslant 0$$

所以 $M_1 - M_2$ 必定是非负定矩阵。

从 $\eta^{\mathrm{T}}M_1\eta$ 和 $\eta^{\mathrm{T}}M_2\eta$ 分别服从自由度为 $p-r$ 和 $p-m$ 的 χ^2 分布以及 M_1-M_2 的非负定性，由 χ^2 分布理论 [(陈希儒, 1997), 第 7 页] 可得 $2\log d_n = \eta^{\mathrm{T}}(M_1-M_2)\eta$ 服从自由度为 $m-r$ 的 χ^2 分布。

在 H_0 成立的前提下，θ_n 可以落在 θ_0 邻近的各个可能的面 $P_{j_l,\cdots,j_r}$ 上。当 r 给定时，仍然可能落在不同的交界面 (即各个可能的不同的 $j_l,\cdots,j_r$，但都是由 $r(r=0,1,\cdots,m)$ 个面 P_j 相交而成) 上。$r=0$ 是指 θ_n 落在集合 $\{\theta: A\theta \leqslant b\}$ 的相对内部 $\{\theta: A\theta < b\}$。

因此，可以写成

$$2\log d_n \sim \sum_{r=0}^{m}\sum_{i=1}^{q_r}\omega_{ri}\chi^2_{m-r}$$

其中 q_r 为 θ_n 可能落在的由 r 个 P_j 相交而成的面的总数，ω_{ri} 为 θ_n 落在各个面上的概率。在这些面 $P_{j_l,\cdots,j_r}$ 中，θ_n 的实际维数是相等的。对应于这些 $P_{j_l,\cdots,j_r}$ 的 χ^2 分布的自由度维数都等于 $p-r(r=0,1,\cdots,m)$。把这些有相同维数的 χ_i^2 分布项合并起来，上式可以写为

$$2\log d_n \sim \sum_{i=0}^{m} w_i\chi^2_{m-i}$$

其中 w_i 为 θ_n 落在各个 $P_{j_l,\cdots,j_i}$ 的和集上的概率。■

各个权数 w_i 的计算非常麻烦。实际上，从上面的推演过程已知，w_i 是 θ_n 落在各个 $P_{j_l,\cdots,j_i}$ 的和集上的概率。因此，也没有一个显式表达式。根据随机模拟理论，随机变量落在某一区域内的概率的求法可进行如下：进行 N 次模拟试验，即采集 N 个大小为 n 的样本，对每个样本求解 θ_n，计数落在各个可能的 $P_{j_l,\cdots,j_i}$ 上的 θ_n 的个数，设为 N_1，则以 N_1/N 作为 w_i 的估计值。这种试验在随机变量的维数较高 (如大于或等于 5) 时将有很大的计算量，而且计算误差较大。

应用这个 $\bar{\chi}^2$ 分布来作检验的另一困难是对给定显著性水平 α 来设定临界值 t_α，满足

$$P(2\log d_n \geqslant t_\alpha|H_0) = \sum_{i=0}^{m} w_iP(\chi^2_{m-i} \geqslant t_\alpha) = \alpha$$

对此，也只有用模拟法设定。先对不同的常数 c 计算概率 $P(2\log d_n \geqslant c)$，即采集 N 个大小为 n 的样本，对每个样本求相应 $2\log d_n$ 的值，计数 $2\log d_n \geqslant c$ 的次数，设为 N_2，则以 N_2/N 作为概率 $P(2\log d_n \geqslant c)$ 的估计值。然后，对给定 α 来寻找相应的临界值 t_α。用模拟方法确定 $\bar{\chi}^2$ 分布的 α 分位数 t_α 是比计算权数 w_i 更困难的任务。

定理 4.2.1 的证明思路是用第 3 章关于不等式约束极大似然估计量的结果 (定理 3.2.4) 来推导 $2\log d_n$ 的渐近分布，所以定理 4.2.1 的证明方法也可以用来证明既有不等式约束又有等式约束的情形、约束是非线性的情形、随机误差是非正态情形等非常一般情况下 $2\log d_n$ 的渐近分布。

4.3　似然比渐近分布的另一种推导

4.2 节中给出的 $2\log d_n$ 的 (渐近) 分布的推导是第 2，第 3 章中的方法和结论的自然结果，是分析形式的。下面给出目前通用的关于 $2\log d_n$ 的 (渐近) 分布的证明的另一形式，粗略地说，是几何形式的，这是用广义投影的观点来处理有约束条件的极大似然估计问题。由于这种结果出现得比较早，因而是目前通用的形式，而且其中还有关于在一些简单情形下权数 w_i 的计算方法。在第 7 章也用这些形式来给出所需的 $\bar{\chi}^2$ 分布。这种形式的推导过程和结果主要由 Bartholomew(1959a, 1959b, 1961a, 1961b)，Kudo(1963)，Shapiro(1988) 等逐步发展形成。但这种方法只能适用于约束条件为线性不等式、随机误差是正态的情形。它们已被详细地刊载在 (Silvapulle and Sen, 2005) 一书中。这里只是简述其主要内容，主要是为了给出这一形式的结果，以便于使用。

4.3.1　随机变量到凸锥的投影

4.3.1.1　点到凸锥的投影

$\mathbf{R}^p$ 空间中的子集 C 若满足下述条件:$x \in C$ 蕴涵 $\lambda x \in C$，对任何 $\lambda \geqslant 0$ 成立，则称 C 为以坐标原点为顶点的锥，简称锥，或正齐次锥 (positive homogeneous cone)。如果 C 又是凸集，则称为凸锥。若凸锥 C 是由有限多个半线性子空间相交而成的，即

$$C = \{x : A_i^{\mathrm{T}} x \geqslant 0, i = 1, \cdots, k\}$$

则称 C 为凸多面锥。

称 C 为以点 x_0 为顶点的锥，如果 $x \in C$ 蕴涵 $x_0 + \lambda(x - x_0) \in C$，对任何 $\lambda \geqslant 0$ 成立。

下面定义点到凸锥关于给定矩阵的投影。

首先建立更一般的距离概念。设 U 为 $p\times p$ 维正定对称矩阵，$\mathbf{R}^p$ 空间中两个向量 x,y 关于 U 的内积 $(x,y)_U$ 和 x 的关于 U 的模 $\|x\|_U$ 分别定义为

$$(x,y)_U=x^{\mathrm{T}}U^{-1}y,\quad \|x\|_U^2=x^{\mathrm{T}}U^{-1}x$$

若 $(x,y)_U=0$，则称 x 关于 U 垂直于 y。

用模 $\|x\|_U$ 可以在 $\mathbf{R}^p$ 中定义关于 U 的距离如下：

$$d_U(x,y)=\|x-y\|_U$$

如果 U 是单位矩阵，则这一距离就是普通的欧氏距离。

在这种关于 U 的距离意义下，$\mathbf{R}^p$ 空间中的点 x 到闭凸锥 C 关于矩阵 U 的投影定义为极小化问题

$$\min_{\eta\in C}(x-\eta)^{\mathrm{T}}U^{-1}(x-\eta) \tag{4.3.1}$$

的最优解 $\bar{\eta}$，记为 $P_U(x,C)$，所以 x 到凸锥 C(关于矩阵 U) 的投影 $P_U(x,C)$ 是 C 中到 x 关于 U 的距离最短的点。而 x 到其投影点 $P_U(x,C)$ 的距离的平方，即 (4.3.1) 的最优值为

$$(x-P_U(x,C))^{\mathrm{T}}U^{-1}(x-P_U(x,C))=\|x-P_U(x,C)\|_U^2$$

由于 C 是闭凸锥，投影存在且唯一。显然，若 $x\in C$，则 $P_U(x,C)=x$。易见，关于矩阵 U 的投影一般不是垂直投影。当 U 为单位矩阵时，关于矩阵 U 的投影就是垂直投影。

关于这种投影，也有如下类似于欧氏空间中的 Pythagoras 公式的结果：

$$\|x\|_U^2=\|P_U(x,C)\|_U^2+\|x-P_U(x,C)\|_U^2 \tag{4.3.2}$$

参见文献 (Bazarra and Shetty, 1993)。

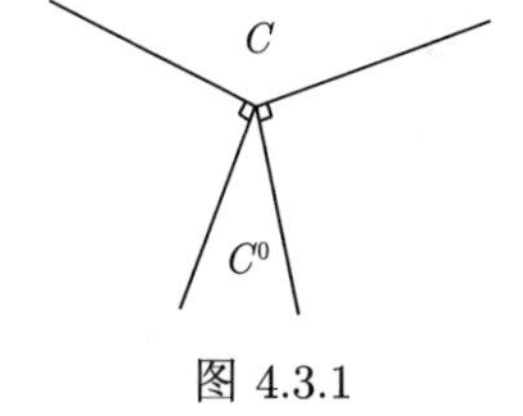

图 4.3.1

对于 $\mathbf{R}^p$ 空间中的每一个锥 C 都有另一个锥与之对应，称为 C 的极锥 (polar cone)，记为 C^0，如图 4.3.1 所示。

极锥的定义为

$$C^0=\{y:(x,y)_U=x^{\mathrm{T}}U^{-1}y\leqslant 0,\forall x\in C\}$$

由极锥的定义不难验证，若 C 是闭凸锥，则有 $(C^0)^0=C$。

根据关于这种一般投影运算的结果 (Stoer and Witzgal, 1970) 有

$$\|x\|_U^2=\|P_U(x,C)\|^2+\|P_U(x,C^0)\|^2 \tag{4.3.3}$$

其中 $P_U(x, C^0)$ 为 x 到凸锥 C^0(关于矩阵 U) 的投影。(4.3.3) 的几何解释如图 4.3.2 所示。

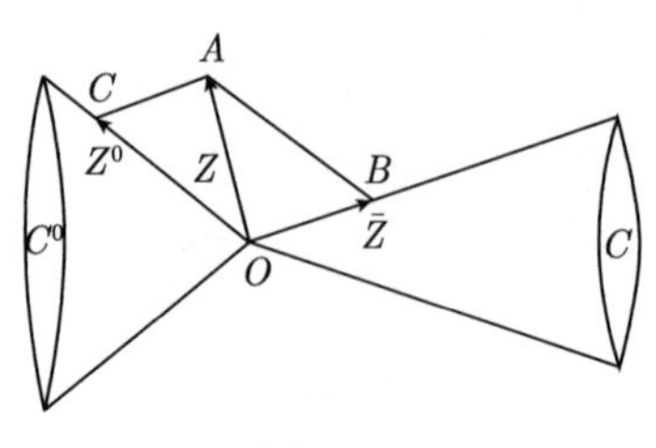

图 4.3.2

对照 (4.3.2) 与 (4.3.3) 得

$$\|P_U(x, C^0)\| = \|x - P_U(x, C)\|$$

因此，(4.3.1) 的最优值又可写为 $\|P_U(x, C^0)\|^2$。

根据定义 (4.3.1)，优化问题

$$\min_{\eta \in C}(y-\eta)^{\mathrm{T}}V^{-1}(y-\eta) \tag{4.3.4}$$

的解 (极小值点) 就是 y 到 C 上关于 V 的投影，其中 C 为一个凸多面锥。

4.3.1.2　随机变量到凸锥的投影

设 y 是随机向量，V 为某一矩阵，C 为一凸多面锥。y 可取的每一个值 (点) 都有到锥 C 关于矩阵 V 的投影，y 可能取的所有值 (点) 到凸锥 C 关于矩阵 V 的投影的集合，连同它们的分布，就是随机变量 y 到凸锥 C 的投影, 记为 $P_V(y, C)$。因此，$P_V(y, C)$ 也是随机向量。若 y 为正态随机向量，则关于它的投影距离的分布有下列结果：

定理 4.3.1　设 y 为正态随机向量，具有分布 $N(0, V)$，C 是一凸多面锥，则 (4.3.4) 的最优值为具有 $\bar{\chi}^2$ 分布的随机向量，这一 $\bar{\chi}^2$ 分布中各 χ^2 分布的权数 $\omega_i(V, C)$ 为投影点落在 C 的、维数为 $p-i$ 的各个边界面上的概率 (依赖于 V 和 C，因此，记为 $\bar{\chi}^2(V, C)$) 之和。

为证明定理 4.3.1，先看 $\mathbf{R}^p$ 空间中的点到其中一个线性子空间 M 在欧氏距离下的 (垂直) 投影的性质。这一投影运算可以用一个投影矩阵 P 来表出，

$$z = Px$$

其中 z 为 x 到该子空间的投影点，所以投影运算是一个线性映射。矩阵 P 为投影矩阵当且仅当 $P = P^{\mathrm{T}}$ 且 $P = P^2$。投影点是极小化问题

$$\min_{\eta \in M}(y-\eta)^{\mathrm{T}}(y-\eta) \tag{4.3.5}$$

的极小值点 $\bar{\eta}$。关于随机变量在这种古典投影下的分布，有下列结果：

引理 4.3.1 设 $y \sim N(0, I)$，M 是 $\mathbf{R}^p$ 的一个线性子空间，维数为 r，则 (4.3.5) 的最优值有自由度为 $p-r$ 的 χ^2 分布。

证明 根据投影公式，存在一个投影矩阵 P，使得 $\bar{\eta} = Py$，于是 (4.3.5) 的最优值为 $y^{\mathrm{T}}(I-P)^{\mathrm{T}}(I-P)y$。由于 P 为投影矩阵，$I-P$ 也是投影矩阵，即 $I-P$ 也是幂等矩阵。因此，

$$y^{\mathrm{T}}(I-P)^{\mathrm{T}}(I-P)y = y^{\mathrm{T}}(I-P)y$$

而且由于 y 服从标准正态分布，根据 χ^2 分布理论 (Rao, 1972)，$y^{\mathrm{T}}(I-P)^{\mathrm{T}}(I-P)y$ 服从自由度为 $p-r$ 的 χ^2 分布。■

对于具有一般协方差阵的随机向量 $y \sim N(0, V)$，它到子空间 M 关于 V 的投影的分布，则有如下引理：

引理 4.3.2 设 $y \sim N(0, V)$，M 是 $\mathbf{R}^p$ 的一个线性子空间，维数为 r，则极小化问题

$$\min_{\eta \in M} (y-\eta)^{\mathrm{T}} V^{-1} (y-\eta) \tag{4.3.6}$$

的最优值有自由度为 $p-r$ 的 χ^2 分布。

证明 令 $z = V^{-1/2}y, \zeta = V^{-1/2}\eta$，则 $z \sim N(0, I)$。由 ζ 的定义，ζ 仍取值于线性子空间 M。而 (4.3.6) 变为

$$\min_{\zeta \in M} (z-\zeta)^{\mathrm{T}}(z-\zeta) \tag{4.3.7}$$

显然，(4.3.6) 的最优值与 (4.3.7) 的最优值相等。(4.3.7) 是欧氏空间垂直投影问题。由引理 4.3.1 知，(4.3.7) 的最优值，也即 (4.3.6) 的最优值，服从自由度为 $p-r$ 的 χ^2 分布。■

定理 4.3.1 的证明 设凸多面锥 C 的各个面 P_i 分别位于各个线性子空间 $M_i (i = 1, \cdots, k)$ 内，各个面的交集则落在相应线性子空间的交集 (这也是一个线性子空间) 内。$\mathbf{R}^p$ 空间中的点到凸多面锥 C 的投影必落在 C 的某一个面 P_i 或它们的交集上，而且只能在某一个面或交集上。这样，随机变量 y 到凸多面锥 C 的投影可以分解成到 C 的各个面 P_i 或交集上的投影，即到各个线性子空间 M_i 上的投影的和。在给定投影点落在某一面或其交集 (设其维数为 r) 的条件下，根据引理 4.3.2，这时 (4.3.4) 的最优值有自由度为 $p-r$ 的 χ^2 分布。设投影点落在该面的概率为 p_i，则 (4.3.4) 的最优值的总的分布为 $\bar{\chi}^2$ 分布，

$$\sum_{i=1}^{s} p_i \chi_i^2$$

其中 s 为锥 C 的所有边界面 (包括 C 的顶点) 的个数。凸多面锥 C 有相同维数的边界面所对应的 χ^2 分布的自由度是相同的。把这些边界面所对应的概率 p_i 合并起来，则得 (4.3.4) 的最优值的总的分布，即为下述形式的 $\bar{\chi}^2$ 分布:

$$\sum_{i=0}^{k} \omega_i \chi_i^2$$

其中 ω_i 为投影点落在各个由 i 个超平面相交而成的子空间的概率之和。■

由以上推导可见，各个 p_i 的值不是能用一个公式明确给出的，因而各个 ω_i 的值更不能用一个公式明确给出。一般地，ω_i 的值由蒙特卡罗模拟方法近似得出。如果 y 的维数较高 (大于 3)，则各 ω_i 的值由蒙特卡罗模拟方法也不易得出。这是应用 $\bar{\chi}^2$ 分布作统计推断的一大障碍。

4.3.2　似然比统计量的渐近分布的推导

投影运算 (4.3.4) 是一个最优化问题。因此，有些限制在凸锥上的统计分析运算 —— 它们是 (4.3.4) 形式的最优化运算 —— 也可以看成投影运算。例如，限制在凸锥上的回归模型最小二乘估计和极大似然估计问题，从而似然比统计量的分布也可用前面的投影理论推出。

下面给出几种不等式假设检验问题似然比统计量的分布。

(1) 设所考虑总体为 $\xi \sim N(\theta, V)$，需检验假设为

$$H_0: \quad \theta = 0, H_1: \quad \theta \in C \tag{4.3.8}$$

其中 $\theta \in \mathbf{R}^p$ 为未知均值，C 为 $\mathbf{R}^p$ 中的凸多面锥。(4.3.8) 中的 H_0 只包含一个点。

符合这种形式的例子有

$$H_0: \quad \theta = 0, H_1: \quad \theta \geqslant 0 \tag{4.3.9}$$

这时，$C = (\mathbf{R}^p)^+$，即 $\mathbf{R}^p$ 的第一卦限。

设 $X = (x_1, \cdots, x_n)$ 为来自 ξ 的独立样本。注意到在 H_0 下，θ 只有一个允许值，故

$$2 \sup_{H_0} \sum_{i=1}^{n} \log f(x_i, \theta) = 2 \sum_{i=1}^{n} \log f(x_i, 0) = -X^{\mathrm{T}} V^{-1} X$$

由于 $\xi \sim N(\theta, V)$，所以对应的对数似然比为

$$2 \log d_n = X^{\mathrm{T}} V^{-1} X - \min_{\theta \in C} (X - \theta)^{\mathrm{T}} V^{-1} (X - \theta) \tag{4.3.10}$$

关于这一问题的似然比的分布有下述结果:

定理 4.3.2 设 $\xi \sim N(\theta, V)$，C 是一凸多面锥，则检验问题 (4.3.8) 的对数似然比统计量 $2\log d_n$ 具有 $\bar{\chi}^2$ 分布。

证明 $2\log d_n$ 可写成

$$\begin{aligned}2\log d_n &= \sup_{\theta\in C}(X-\theta)^{\mathrm{T}}V^{-1}(X-\theta) - (-X^{\mathrm{T}}V^{-1}X)\\ &= \|X\|_V^2 - V^{-1}X - \min_{\theta\in C}(X-\theta)^{\mathrm{T}}V^{-1}(X-\theta)\end{aligned}$$

根据 Pythagoras 公式 (4.3.2) 有

$$2\log d_n = \min_{\theta\in C^0}(X-\theta)^{\mathrm{T}}V^{-1}(X-\theta) \tag{4.3.11}$$

等式右端是 ξ 到 C^0 上关于 V 的投影点的距离的平方。因为 $C=(\mathbf{R}^p)^+$，故由对偶锥的定义有 $C^0=(\mathbf{R}^p)^-$，即 $\mathbf{R}^p$ 的负卦限。由定理 4.3.1，$2\log d_n$ 具有 $\bar{\chi}^2$ 分布。■

在许多文献中，就以 $\min\limits_{\theta\in C^0}(X-\theta)^{\mathrm{T}}V^{-1}(X-\theta)$ 的分布作为 $\bar{\chi}^2$ 分布的定义，如 (Shapiro, 1988; Silvapulle and Sen, 2005) 等。然后，再证明 $\bar{\chi}^2$ 分布的具体结构是诸 χ^2 分布的加权和。当然，最后的结果是一样的。按照这一定义，这一 $\bar{\chi}^2$ 分布是由 V 和 C^0 决定的，因此，记为 $\bar{\chi}^2(V;C^0)$，具体的结构也是 $\sum\limits_i^k \omega_i\chi_i^2$。所谓分布是由 V 和 C 决定的，是指各个权数 ω_i 依赖于 V 和 C^0(诸 χ^2 分布并不依赖于 V 和 C^0)，所以将这些权数记为 $\omega_i(V;C^0)$。第 7 章的应用中也常用这类记号。

把以上结果用到检验问题 (4.3.9)，那里 $C=\{\theta:\theta\geqslant 0)=\mathbf{R}_p^+$ 得以下结果：

推论 4.3.1 设 $\xi \sim N(\theta, V)$，检验问题 (4.3.9) 的似然比对数统计量的分布为 $\bar{\chi}^2(V;(\mathbf{R}_p^+)^{\circ})$。

从以上讨论可见，在这种情况下，要证明 $2\log d_n$ 具有 $\bar{\chi}^2$ 分布，只要先应用 Pythagoras 公式，再直接应用投影公式即可。在略为复杂一些的情况下，需要更进一步的投影理论。

(2) 设所考虑总体仍为 $\xi \sim N(\theta, V)$，需检验假设为

$$H_0:\ \ \theta\in M, H_1:\ \ \theta\in C \tag{4.3.12}$$

其中 C 为 $\mathbf{R}^p$ 中的凸多面锥,M 为包含在 C 中的线性子空间。

符合这种形式的例子有

$$H_0:\quad R\theta=0, H_1:\quad R\theta\geqslant 0 \tag{4.3.13}$$

设 $y=(y_1,\cdots,y_n)$ 为来自 ξ 的独立样本。则对应的对数似然比为

$$2\log d_n = \sup_{\theta\in C}(y-\theta)^{\mathrm{T}}V^{-1}(y-\theta) - \sup_{\theta\in M}(y-\theta)^{\mathrm{T}}V^{-1}(y-\theta)$$

$$= \min_{\theta \in M} (y-\theta)^{\mathrm{T}} V^{-1} (y-\theta) - \min_{\theta \in C} (y-\theta)^{\mathrm{T}} V^{-1} (y-\theta) \tag{4.3.14}$$

即为 y 到 M 上关于 V 的投影距离与 Y 到 C 上关于 V 的投影距离之差。

由假设 $M \subseteq C$，C 有分解式

$$C = M \bigoplus C^*$$

其中 $\bigoplus$ 表示直和，

$$C^* = C \bigcap M^{\perp}, \quad M^{\perp} = \{x : x^{\mathrm{T}} V^{-1} y = 0, \forall y \in M\}$$

即 $M^{\perp}$ 是 M 的正交补空间。关于这两个投影有下面的结果 (Shapiro, 1985)：

$$\|P_V(x, C)\|^2 = \|P_V(x, M)\|^2 + \|P_V(x, C^*)\|^2 \tag{4.3.15}$$

其中 $P_V(x, M)$ 为 x 到线性子空间 M(关于矩阵 V) 的投影，$P_V(x, C^*)$ 为 x 到凸锥 C^* (关于矩阵 V) 的投影。

于是

$$\|y - P_V(y, M)\|^2 - \|y - P_V(y, C)\|^2 = \|P_V(y, C^*)\|^2 \tag{4.3.16}$$

式 (4.3.16) 可由 (4.3.13) 直接推出，只要注意到这些投影运算的定义和垂直投影的性质即可。式 (4.3.16) 左端即为

$$\min_{\eta \in M} (y-\eta)^{\mathrm{T}} V^{-1} (y-\eta) - \min_{\eta \in C} (y-\eta)^{\mathrm{T}} V^{-1} (y-\eta)$$

由 (4.3.16) 得

$$\begin{aligned} &\min_{\eta \in M} (y-\eta)^{\mathrm{T}} V^{-1} (y-\eta) - \min_{\eta \in C} (y-\eta)^{\mathrm{T}} V^{-1} (y-\eta) \\ =& \|P_V(y, C^*)\|^2 \end{aligned} \tag{4.3.17}$$

将式 (4.3.17) 与式 (4.3.14) 联系得

$$2 \log d_n = \|P_V(y, C^*)\|^2 \tag{4.3.18}$$

式 (4.3.18) 右端为 y 到锥 C^* 上关于 V 的投影，由定理 4.3.1, 它是具有分布 $\bar{\chi}^2(V, C^*)$ 的变量，所以检验问题 (4.3.18) 的似然比的渐近分布是 $\bar{\chi}^2(V, C^*)$。

以上推导都限于 y 是正态变量的情形。要推导对于一般随机变量的似然比的分布, 仍需用 4.2 节中的方法。

把以上结果用到检验问题 (4.1.1)，(4.1.2) 得以下结果：

推论 4.3.2 设 $\xi \sim N(\mu, V)$，检验问题 (4.1.1) 的似然比对数统计量的分布为 $\bar{\chi}^2(V;(C_1)^0)$，其中锥 $C_1=\{\mu : A_1\mu \geqslant 0\}$，

$$A_1 = \begin{pmatrix} -1 & 1 & 0 & \cdots & 0 \\ -1 & 0 & 1 & \cdots & 0 \\ \vdots & \vdots & \vdots & & \vdots \\ -1 & 0 & 0 & \cdots & 1 \end{pmatrix}$$

推论 4.3.3 设 $\xi \sim N(\mu, V)$，检验问题 (4.1.2) 的似然比对数统计量的分布为 $\bar{\chi}^2(V;(C_2)^0)$，其中锥 $C_2 = \{\mu : A_2\mu \geqslant 0\}$，

$$A_2 = \begin{pmatrix} -1 & 1 & 0 & \cdots & 0 & 0 \\ 0 & -1 & 1 & \cdots & 0 & 0 \\ \vdots & \vdots & \vdots & & \vdots & \vdots \\ 0 & 0 & 0 & \cdots & -1 & 1 \end{pmatrix}$$

从上面两个推论的结果并不能直接看出相应似然比统计量的 $\bar{\chi}^2$ 分布的具体结构，也不能以此查出相应 $\bar{\chi}^2$ 分布的临界值。在 (Robertson et al., 1988) 的书尾有一个长达近 50 页的附录，其中给出了不少简单序约束 (类似于推论 4.3.2 和推论 4.3.3 中的检验问题) 的临界值表，供读者方便使用。

4.3.3 几种简单情况下权数的计算

$\bar{\chi}^2(V, C)$ 是正态变量 $\xi \sim N(\theta, V)$ 到锥 C 关于矩阵 V 的投影变量的分布。只有在极少数情况下，$\bar{\chi}^2(V, C)$ 变量的权数 ω_i 的计算才有显式表达。

1) $C = (\mathbf{R}^p)^+ (p = 1)$

$$\bar{\chi}^2(V, \mathbf{R}^+) = w_0\chi_0^2 + w_1\chi_1^2$$

这时，$\bar{\chi}^2(V, C)$ 是正态变量 $N(\theta, V)$ 到实数正半轴的投影的分布。当随机变量 ξ 取正值时 (概率为 0.5)，它的投影值就是它自己；当随机变量 ξ 取负值时 (概率为 0.5)，它的投影值就是 0，所以这时的权数为

$$w_0 = w_1 = 0.5$$

从而

$$\bar{\chi}^2(V, \mathbf{R}^+) = 0.5\chi_1^2$$

2) $C = (\mathbf{R}^p)^+ (p = 2)$

$$\bar{\chi}^2(V, (\mathbf{R}^2)^+) = w_0(2, V)\chi_0^2 + w_1(2, V)\chi_1^2 + w_2(2, V)\chi_2^2$$

这时有

$$w_0(2,V)=(1/2)\pi^{-1}\text{arccos}\rho_{12}$$
$$w_1(2,V)=1/2$$
$$w_2(2,V)=1/2-(1/2)\pi^{-1}\text{arccos}\rho_{12}$$

其中 ρ_{12} 为相关系数 $v_{12}(v_{11}v_{22})^{-1/2}$。

3) $C=(\mathbf{R}^p)^+(p=3)$

$$\bar{\chi}^2(V,(\mathbf{R}^2)^+)=w_0\chi_0^2+w_1\chi_1^2+w_2\chi_2^2+w_2\chi_2^2$$

这时有

$$w_3=(4\pi)^{-1}(2\pi-\text{arccos}\rho_{12}-\text{arccos}\rho_{13}-\text{arccos}\rho_{23})$$
$$w_2=(4\pi)^{-1}(3\pi-\text{arccos}\rho_{12,3}-\text{arccos}\rho_{13,2}-\text{arccos}\rho_{23,2})$$
$$w_1=1/2-w_3$$
$$w_0=1/2-w_2$$

其中 ρ_{ij} 为相关系数，$\rho_{ij}=v_{ij}(v_{ii}v_{jj})^{-1/2}$，$\rho_{ij,k}$ 为偏相关系数，$\rho_{ij,k}=(\rho_{ij}-\rho_{ik}\rho_{jk})/((1-\rho_{ik}^2)(1-\rho_{jk}^2)^2)^{1/2}$。

4) $C=(\mathbf{R}^p)^+(p\geqslant 4,V=I)$

对于 $p\geqslant 4$ 的情形，再也没有明显表达式，除非 $V=I$(即 ξ 的各个分量互相独立) 的情形。这时，对所有 p，所有 i 有

$$w_i=2^{-p}p!/\{i!(p-i)!\}$$

以上这些公式的证明，可参见文献 (Kudo, 1963)。

第 5 章　最小一乘估计

最小一乘估计法就是把最小二乘估计法中使误差平方和达到最小改为使误差绝对值的和达到最小的参数估计方法。最小一乘估计问题并不一定有约束条件的限制，初看起来，它与有约束统计问题没有联系。但已有的研究经验表明，最小一乘估计问题只有化为有约束统计 (数学规划) 问题后才使得可以求解，其相关理论问题才得以解决和发展。

众所周知，最小二乘估计法在一定的条件下是一个很好的估计方法。它很容易操作，而且在许多情况下，所得估计量性能良好。Gauss-Markov 定理断言，对于线性回归模型，若随机误差为独立同分布正态变量，则最小二乘估计量是待估参数的极小方差无偏正态估计量。由此可见，在这些条件下，最小二乘估计是一个很好的估计量。

但是，如果这些条件不能满足，则最小二乘估计量的表现不一定很好。例如，数据有不少异常点的情形，经常会出现这种情况。多一个 (或少一个) 样本点 (异常点)，最小二乘估计法给出的估计常常会相差很多。这表明最小二乘估计法不是很稳健。而在随机误差服从重尾分布 (甚至方差为无穷大) 的情形下，经常会出现异常点。而诊断或剔除异常点又不是一件容易的事情。这时，最小一乘估计法与分位数回归是更为稳健的估计方法。早在 20 世纪 60 年代，人们就从随机模拟演示结果得出了这一结论，参见文献 (Narula, 1982)。

于是最小一乘估计的研究在 20 世纪 70 年代轰轰烈烈地展开。其实，使用最小一乘估计法的想法早在 200 多年前就已萌发，Laplace 等学者就已想到过使用最小一乘估计法。但由于这种估计法是使误差绝对值之和达到最小，因此，需求最小值的目标函数不可微，所需的计算工作非常困难，实际上无法进行。另一方面，这一不可微性使得不能使用统计中的传统方法来推导估计量的 (渐近) 概率分布。因此，最小一乘估计法的使用和研究一直被搁置在一旁。后来，数学规划专家 Charnes 等 (1955) 发明了一种方法，把 (线性模型的) 最小一乘估计问题转化成线性数学规划问题，终于克服了这一估计方法的计算方面的困难。

计算方法的问题解决了，但给出有关统计量的概率分布的困难仍然存在：数学规划算法用逐次迭代算法给出估计量的近似值，最小一乘估计量的概率分布无法得出，从而后续的统计推断也无法进行。深入地应用数学规划理论到最小一乘估计问题，使得求估计量的概率分布的问题也终于得到解决。

现在最小一乘估计法被公认为较为稳健的统计方法，有很好的实用价值，还被推广到更一般的 α 分位数回归 (最小一乘估计法可以看成是中位数回归, 即 1/2 分位数回归)。最小一乘估计法在许多模型的统计分析中有独到的优势，包括本章处理的时间序列模型、删失数据模型、空间数据等。即使在函数估计问题中，结合运用最小一乘估计法也能给出更好的估计结果。

5.2 节将叙述在多种情形下实施最小一乘估计的方法和有关理论结果，包括随机误差为独立同分布的情形、数据来自时间序列的情形和有删失数据的情形，这些都是很有必要使用最小一乘估计法的情形。在 5.3 节叙述最小一乘估计法在函数估计中的应用，包括在用途非常广泛的变系数模型和空间数据模型中的应用。

5.1　最小一乘估计法的必要性与合理性

为什么最小二乘估计法有时不能给出恰当的估计值？为什么最小一乘估计法比估计值最小二乘估计法更稳健？用最小一乘估计法时需要对随机误差提出什么要求？本节将对这些问题作一些说明。

先看一个人为的例子，以说明数据中有一个异常点 (x_n, y_n) 和剔除这个异常点后最小二乘估计的效果的差别和造成这个差别的原因。

例 5.1.1　分析样本数据如图 5.1.1(a), (b) 所示的线性模型的最小二乘估计的效果。

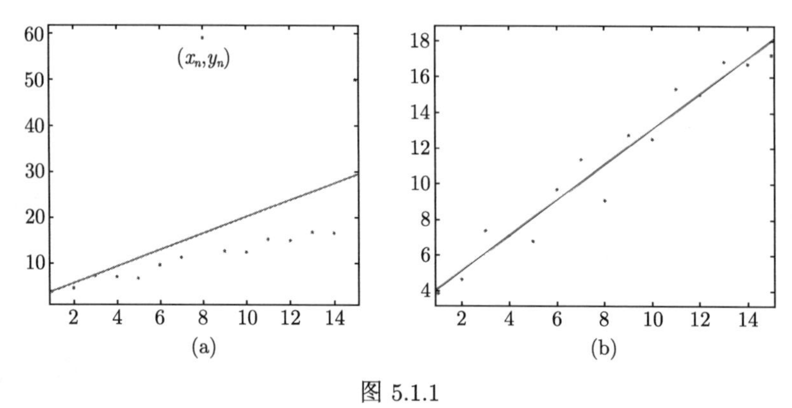

图 5.1.1

图 5.1.1 中显示，样本点 (x_n, y_n) 离开数据的主体比较远，这是一个异常点 (outlier)。用最小二乘估计法来寻求一条直线来拟合这一组数据时，有这个异常点 (图 5.1.1(a)) 和没有这个异常点的结果 (图 5.1.1(b)) 相差很多，所以当数据中含有异常点时，最小二乘估计法不是很稳健。对异常点的详细的分析可参见 (韦博成等，1991) 一书。

产生这一现象的原因是什么？仔细分析最小二乘法的实施过程可以看出，最小二乘法用的办法是解最优化问题

$$\min \sum_{i=1}^{n} (y_i - x_i^{\mathrm{T}}\theta)^2$$

即，使诸点 (x_i, y_i) 与拟相配直线 $y = x'\theta$ 的 (沿 y 轴方向的) 距离平方和达到最小。如果 (x_n, y_n) 是如图 5.1.1(a) 中所示的异常点，相应的 $|y_n - x_n'\theta|$ 已很大，其平方值 $(y_n - x_n'\theta)^2$ 就更大，这个点 (x_n, y_n) 在此平方和中占的比重就很大。当然，数据中有这个异常点和没有这个异常点的拟合结果会相差很多。

避免这种现象的可选择方案有很多，不能在此一一列举，其中之一是把求每一项的平方之和改成求每一项的绝对值的和。这样，异常点起的作用就相对小一些。整个估计方法就稳健一些。于是产生最小一乘估计法的想法。

为了探究这一想法的理论根据，先来看有关最小二乘法的理论依据。众所周知，最小二乘估计法的理论依据是如下命题：

命题 5.1.1 对任何随机变量 ξ 有

$$E(\xi - E\xi)^2 = \min_a E(\xi - a)^2$$

只要 $E(\xi - E\xi)^2$ 存在。

命题 5.1.1 断言，对任何随机变量 ξ，只有当 a 取值为它的数学期望 $E\xi$ 时，ξ 与 a 的偏差的平方才会达到最小 (概率平均意义下)。

对于线性回归模型

$$y_i = x_i^{\mathrm{T}}\theta + e_i$$

和一组观察值 $(x_i, y_i)(i = 1, \cdots, n)$，其中随机误差 e_i 的均值为零，最小二乘估计问题是

$$\min \sum_{i=1}^{n} (y_i - x_i^{\mathrm{T}}\theta)^2$$

其中的目标函数可以看成是与 $E(\xi - a)^2$ 的样本值 $\frac{1}{n}\sum_{i=1}^{n}(y_i - x_i^{\mathrm{T}}\theta)^2$ 差一常数 (即与 θ 无关) 倍的量。因此，最小二乘估计给出的应该是因变量 y 的数学期望 $(x^{\mathrm{T}}\theta)$ 的估计量，从而其最优解 (最小二乘估计量) 应该是未知参数 θ 的合理估计量。

注意：为了使 $(x'\theta)$ 是因变量 y 的数学期望，必须要求误差项 e_i 的均值为零。

对于最小一乘估计问题，对应于命题 5.1.1 的结论的是下列命题：

命题 5.1.2 对任何随机变量 ξ 有

$$E|\xi - a| \geqslant E|\xi - \mathrm{med}(\xi)|$$

其中 med(ξ) 为 ξ 的中位数。

最小一乘估计问题中的目标函数 $\sum_{i=1}^{n}|y_i - x_i^{\mathrm{T}}\theta|$ 的 $\frac{1}{n}$ 倍 (此数与优化变量 θ 无关)，$\frac{1}{n}\sum_{i=1}^{n}|y_i - x_i^{\mathrm{T}}\theta|$ 可以看成是 $E|\xi - a|$ 的样本值，最小一乘估计给出的应该是因变量 y 的中位数 $(x^{\mathrm{T}}\theta)$ 的合理估计量，从而 θ_n 应该是未知参数 θ 的合理估计量。

从命题 5.1.2 也可以看出，在作最小一乘估计时，必须要求问题中随机误差 e 的中位数为零，以保证 $(x^{\mathrm{T}}\theta)$ 是 y 的中位数。

当然，命题只是直观地说明最小二乘法或最小一乘法是合理的估计方法。至于这些估计量的性质，必须另外研究。

5.2 最小一乘估计方法

本节介绍在三种情形下如何使用最小一乘估计方法，并给出相应最小一乘估计量的渐近概率分布：随机误差为独立同分布的情形、时间序列数据的情形和数据有删失的情形。第一种为最基本的情形。求最小一乘估计量的方法、最小一乘估计法的基本原理和推导估计量的渐近分布等内容均在本小节给出。相对于独立同分布数据，时间序列数据更经常需要用最小一乘估计法才能得出比较稳健的估计。而对于删失数据，最小一乘估计法几乎是改进最小二乘估计法的主要指望。但这时推导估计量的渐近分布的问题更复杂。

5.2.1 随机误差为独立同分布的情形

5.2.1.1 化为数学规划问题

设有回归模型

$$y_i = f(x_i, \theta) + e_i \tag{5.2.1}$$

其中 (x_i, y_i) $(i = 1, \cdots, n)$ 为观察值，θ 为 p 维待估计未知参数向量，e_i 为随机误差。这一回归模型的参数的最小一乘估计方法是解最优化问题

$$\min\sum_{i=1}^{n}|y_i - f(x_i, \theta)| \tag{5.2.2}$$

它的最优解 θ_n 就是 θ 的最小一乘估计量。

由于绝对值函数的不可微性，形式为 (5.2.2) 的最小一乘估计问题是无法直接求解的。由于计算方面的困难，这一想法一直难以实现而被搁置了许久。20 世纪 50 年代正是线性规划的理论、方法和应用大发展的时代。数学规划专家 Charnes

等 (1955) 找到了把线性回归模型的最小一乘估计问题转化为线性规划问题这一途径，终于使这类问题的计算成为可能。

对于线性模型

$$y_i = x_i^{\mathrm{T}}\theta + e_i$$

其最小一乘估计问题为

$$\min \sum_{i=1}^{n} |y_i - x_i^{\mathrm{T}}\theta| \tag{5.2.3}$$

由于任意一个实数 (这里是指 $y_i - x_i^{\mathrm{T}}\theta$) 都可以表示为两个非负数之差，使得这两个非负数之和达到最小的那两个非负数之差就是这个数的绝对值。于是引进辅助变量 $d_i^+, d_i^-(i = 1, \cdots, n)$, 满足条件

$$d_i^+ - d_i^- = y_i - x_i^{\mathrm{T}}\theta, \quad d_i^+ \geqslant 0, d_i^- \geqslant 0$$

这样就可以把 $y_i - x_i^{\mathrm{T}}\theta$ 表示为非负数 d_i^+, d_i^- 之差，即

$$d_i^+ - d_i^-$$

使得 d_i^+, d_i^- 之和 $(d_i^+ + d_i^-)$ 达到最小的 d_i^+, d_i^- 之差 $(d_i^+ - d_i^-$ 或 $d_i^- - d_i^+)$ 就是 $y_i - x_i^{\mathrm{T}}\theta$ 的绝对值。注意到回归分析是求 $\sum\limits_{i=1}^{n} |y_i - f(x_i, \theta)|$ 关于 θ 的最优值，于是问题 (5.2.3) 就可化为下列线性规划问题：

$$\begin{aligned} \min_{(\theta, d_i^+, d_i^-)} \quad & \sum_{i=1}^{n}(d_i^+ + d_i^-) \\ \text{s.t.} \quad & x_i^{\mathrm{T}}\theta + d_i^+ - d_i^- = y_i \\ & d_i^+ \geqslant 0, d_i^- \geqslant 0, i = 1, \cdots, n \end{aligned} \tag{5.2.4}$$

记问题 (5.2.4) 的最优解为 $(\theta_n, d_{in}^+, d_{in}^-)$。它的第一部分 θ_n 就是问题 (5.2.3) 的最优解，即 θ 的最小一乘估计量。

类似地，非线性模型的最小一乘估计问题也可类似地转化为非线性数学规划问题：引进辅助变量 $d_i^+, d_i^-(i = 1, \cdots, n)$，使得

$$f(x_i, \theta) + d_i^+ - d_i^- = y_i, \quad d_i^+ \geqslant 0, d_i^- \geqslant 0$$

于是问题 (5.2.2) 等价于

$$\begin{aligned} \min \quad & \sum_{i=1}^{n}(d_i^+ + d_i^-) \\ \text{s.t.} \quad & f(x_i, \theta) + d_i^+ - d_i^- = y_i \\ & d_i^+ \geqslant 0, d_i^- \geqslant 0, i = 1, \cdots, n \end{aligned} \tag{5.2.5}$$

这是一个非线性规划问题。

这样，对于一个给定的样本值，最小一乘估计的问题就可以用数学规划的算法求解了。

5.2.1.2　关于最小一乘估计的问题的数值解法的一点说明

求数值解时，线性模型的最小一乘估计的问题可以用线性规划常用算法求解，非线性模型的最小一乘估计的问题可以用非线性规划常用算法求解。

在求解线性模型问题时，为了应用线性规划算法方便起见，常把问题 (5.2.4) 化成标准形式的线性规划问题，即，将没有符号约束的优化变量 θ 变成两个非负变量 θ^+,θ^- 之差，

$$
\begin{aligned}
\min\quad & \sum_{i=1}^{n}(d_i^+ + d_i^-) \\
\text{s.t.}\quad & x_i^{\mathrm{T}}(\theta^+ - \theta^-) + d_i^+ - d_i^- = y_i \\
& \quad d_i^+ \geqslant 0, d_i^- \geqslant 0, i = 1, \cdots, n \\
& \theta^+ \geqslant 0, \theta^- \geqslant 0
\end{aligned}
$$

这一标准形式的线性规划问题可用线性规划常用算法求解，如单纯形算法、内点法等求数值近似解。具体实行时还有很多技术上的巧妙。Barrodale 和 Roberts(1970, 1973,1978) 建议的对偶单纯形法在许多应用问题中都很有效，在石油勘探等许多地质科学领域常被采用。非线性模型的最小一乘估计问题 (5.2.3) 可用非线性规划的标准算法求数值近似解。当然，各种算法的有效性不同，要视具体问题而定。

5.2.1.3　最小一乘估计量的渐近性态

最小一乘估计问题的数值计算问题解决后，最重要的问题就是估计量的概率分布了。由于最小一乘估计量的值，即数学规划问题的最优解，是用迭代算法给出的，没有解析表达式，从而不能从求解过程或解的形式求出其概率分布，只能走另外的途径才能求其渐近分布。

记问题 (5.2.5) 的最优解为 θ_n。下面讨论 θ_n 的渐近性态，包括 θ_n 的相合性、依概率有界性和 $n^{\frac{1}{2}}(\theta_n - \theta_0)$ 的渐近分布。

研究这些渐近性的基本思路与第 2 章中有不等式约束回归问题中的基本思路相同，即先求问题 (5.2.5) 的目标函数的极限函数，然后证明 (5.2.5) 的最优解依分布收敛于该极限函数的最优解，并且此极限函数 (二次函数) 很容易求出其最优解，于是问题得到解决。然而，由于绝对值函数不可微，不能作 Taylor 展开，问题不易处理，证明需要更多的推演技术。

设 θ 的真值为 θ_0，把模型 (5.2.1) 代入 (5.2.2)，得到

$$\min \sum_{i=1}^{n} |f(x_i, \theta_0) + e_i - f(x_i, \theta)|$$

这一问题等价于

$$\min \sum_{i=1}^{n} |f(x_i \theta_0) + e_i - f(x_i, \theta)| - \sum_{i=1}^{n} |e_i| \tag{5.2.6}$$

因为后面添加的和式部分与优化变量 θ 无关。

由于感兴趣的是 $n^{\frac{1}{2}}(\theta_n - \theta_0)$ 的渐近分布，因此，改用 $z = n^{\frac{1}{2}}(\theta - \theta_0)$ 代替 θ 作为最优化问题 (5.2.6) 中的新变量 (当然，为了确保用 $z = n^{\frac{1}{2}}(\theta - \theta_0)$ 作为最优化问题 (5.2.6) 中的新变量的合理性，首先，需要 $n^{\frac{1}{2}}(\theta_n - \theta_0)$ 的依概率有界性。这将在下面给出)。于是 (5.2.6) 变为

$$\min \sum_{i=1}^{n} [|f(x_i, \theta_0) + e_i - f(x_i, \theta_0 + n^{-\frac{1}{2}} z)| - |e_i|]$$

为书写简便起见，记 $f_i(z) = f(x_i, \theta_0) - f(x_i, \theta_0 + n^{-\frac{1}{2}} z)$，则上述问题可改写为

$$\min \sum_{i=1}^{n} \{|e_i + f_i(z)| - |e_i|\} \tag{5.2.7}$$

下面将在 (5.2.7) 的基础上进行推导。记 (5.2.7) 的目标函数为 $F_n(e, z)$，用 z_n 表示 (5.2.7) 的最优解。不难看出，$z_n = n^{\frac{1}{2}}(\theta_n - \theta_0)$。这样，任务就是求 z_n 的渐近分布。

为推导所需渐近分布，假设下列条件成立：

(1) $e_1, \cdots, e_n$ 为独立同分布随机误差，$\mathrm{med}(e_i) = 0$, $\mathrm{var}(e_i) = \sigma^2$, e_i 具有密度函数 $g(x)$ 且 $g(0) > 0$；

(2) $f(x, \theta)$ 关于 θ 连续可微，存在 θ_0 的一个邻域 B_0，对 B_0 中的所有 θ 成立下述不等式：

$$|f(x_i \theta) - f(x_i \theta_0) - (\nabla f(x_i, \theta_0))^{\mathrm{T}} (\theta - \theta_0)| \leqslant r_i(\theta_0) \|\theta - \theta_0\|^2$$

其中 $r_i(\theta_0)$ 满足

$$\overline{\lim_{n \to \infty}} \, n^{-1} \sum_{i=1}^{n} r_i^2(\theta_0) < \infty$$

(3) 矩阵序列

$$n^{-1} \sum_{i=1}^{n} \nabla f(x_i \theta_0) (\nabla f(x_i, \theta_0))^{\mathrm{T}}$$

有正定极限矩阵 K。

关于 z_n 的渐近性态，有下列结果：

定理 5.2.1 设上述条件 (1)~(3) 成立，则 $z_n = n^{\frac{1}{2}}(\theta_n - \theta_0)$ 依概率有界。

注 5.2.1 $z_n = n^{\frac{1}{2}}(\theta_n - \theta_0)$ 的依概率有界性蕴涵了估计量 θ_n 的弱相合性。

定理 5.2.2 设条件 (1)~(3) 成立，则 (5.2.7) 的最优解 z_n 依分布收敛于下列数学规划问题的最优解 $\hat{z}$:

$$\min \quad g(0)z^{\mathrm{T}}Kz - z^{\mathrm{T}}\xi \tag{5.2.8}$$

其中 ξ 为 p 维正态变量，分布为 $N(0, K)$ 的，即

$$\hat{z} \sim N(0, (4g^2(0))^{-1}K^{-1}) \tag{5.2.9}$$

注 5.2.2 在已有的研究成果中，上述条件可适当放宽，如不再要求 $g(0) > 0$，诸随机误差也不必是独立同分布等，参见文献 (Dodge, 1992, 1997) 等。

定理证明的基本思想如下：先求最优化问题 (5.2.7) 的目标函数 $F_n(e, z)$ 的极限函数，然后证明最优化问题 (5.2.7) 的最优解分布收敛于该极限目标函数的最优解，而此极限目标函数的最优解很容易求出，于是 (5.2.7) 的最优解得出。

为求目标函数 $F_n(e, z)$ 的极限函数，下面先证明几个引理，它们实际上都是定理证明的组成部分。

引理 5.2.1 设条件 (1)~(3) 成立，则有

$$\sum_{i=1}^{n}\{|e_i + f_i(z)| - |e_i| - f_i(z)\mathrm{sgn}(e_i) - E[|e_i + f_i(z)| - |e_i|]\} \xrightarrow{P} 0$$

记为

$$F_n(e, z) - G_n(e, z) \xrightarrow{P} 0$$

其中 $\xrightarrow{P}$ 表示依概率收敛，

$$G_n(e, z) = \sum_{i=1}^{n}\{f_i(z)\mathrm{sgn}(e_i) + E[|e_i + f_i(z)| - |e_i|]\}$$

$\mathrm{sgn}(\cdot)$ 为符号函数，即

$$\mathrm{sgn}(u) = \begin{cases} 1, & u > 0 \\ 0, & u = 0 \\ -1, & u < 0 \end{cases}$$

证明 绝对值函数 $|u|$ 是凸函数。根据凸函数理论，$\mathrm{sgn}(u)$ 的所有可取值都是函数 $|u|$ 在 $u = 0$ 处的次梯度 (subgradient)。根据次梯度不等式 (Rockafellar, 1970)

有

$$|e_i + f_i(z)| - |e_i| \geqslant f_i(z)\text{sgn}(e_i)$$
$$|e_i| - |e_i + f_i(z)| \geqslant -f_i(z)\text{sgn}(e_i + f_i(z))$$

故

$$0 \leqslant |e_i + f_i(z)| - |e_i| - f_i(z)\text{sgn}(e_i) \leqslant f_i(z)(\text{sgn}(e_i + f_i(z)) - \text{sgn}(e_i))$$

注意到

$$|\text{sgn}(e_i + f_i(z)) - \text{sgn}(e_i)| = 2I_S(e_i) \quad \text{a.s.}$$

其中 $I_S(.)$ 为集合 S 的指示函数，即

$$I_S(u) = \begin{cases} 1, & u \in S \\ 0, & \text{否则} \end{cases}$$

$$S = \begin{cases} [-f_i(z), 0], & f_i(z) \geqslant 0 \\ [0, -f_i(z)], & f_i(z) \leqslant 0 \end{cases}$$

因此，

$$\text{var}[|e_i + f_i(z)| - |e_i| - f_i(z)\text{sgn}(e_i)] \leqslant 4f_i^2(z)\left|\int_0^{-f_i(z)} g(t)\mathrm{d}t\right|$$

根据所设条件和 (Wu, 1981) 中的结果有

$$\max_i f_i^2(z) \to 0, \quad n \to \infty$$

因此，当 n 充分大时，

$$\left|\int_0^{-f_i(z)} g(t)\mathrm{d}t\right| \approx |(g(0) + h)f_i(z)|$$

其中 $h \to 0(n \to \infty)$。另一方面，将 $f_i(z)$ 作 Taylor 展开得

$$\sum_{i=1}^n f_i^2(z) = z^{\mathrm{T}}\left(n^{-1}\sum_{i=1}^n \nabla f(x_i, \theta_0)(\nabla f(x_i, \theta_0))^{\mathrm{T}}\right) z + o(n^{-1}\|z\|^2)$$

于是对任何固定的 z 有

$$\begin{aligned} &\text{var}\sum_{i=1}^n [|e_i + f_i(z)| - |e_i| - f_i(z)\text{sgn}(e_i)] \\ &\leqslant (g(0) + h)\max_{1\leqslant i\leqslant n}|f_i(z)|z^{\mathrm{T}}\left(n^{-1}\sum_{i=1}^n \nabla f(x_i\theta_0)(\nabla f(x_i\theta_0))^{\mathrm{T}} z + o(n^{-1}\|z\|^2)\right) \to 0 \end{aligned}$$

由 Chebyshev 不等式和 $E\text{sgn}(e_i)=0$(因为 $\text{med}(e_i)=0$) 得

$$\begin{aligned}&\sum_{i=1}^{n}[|e_i+f_i(z)|-|e_i|-f_i(z)\text{sgn}(e_i)]-E\sum_{i=1}^{n}[|e_i+f_i(z)|-|e_i|-f_i(z)\text{sgn}(e_i)]\\=&\sum_{i=1}^{n}[|e_i+f_i(z)|-|e_i|-f_i(z)\text{sgn}(e_i)]-\sum_{i=1}^{n}E[|e_i+f_i(z)|-|e_i|]\xrightarrow{P}0\end{aligned}$$

即引理结论成立。■

根据引理 5.2.1 知，$G_n(e,z)$ 与 $F_n(e,z)$ 有同样的 (依分布收敛的) 极限函数，于是只要求出 $G_n(e,z)$ 的极限函数即可。

引理 5.2.2 设条件 (1)~(3) 成立，则对任何固定的 z，$F_n(e,z)$ 依分布收敛于

$$G(\xi,z)=g(0)z^{\mathrm{T}}Kz-z^{\mathrm{T}}\xi \tag{5.2.10}$$

其中 ξ 为 p 维正态变量，具有分布 $N(0,K)$。

证明 下面求 $G_n(e,z)$ 的 (依分布收敛的) 极限函数。

将 $f(x_i,\theta)$ 在 θ_0 邻近展开得

$$f(x_i,\theta)=f(x_i,\theta_0)+(\theta-\theta_0)^{\mathrm{T}}\nabla f(x_i,\theta_0)+d_i(\theta,\theta_0)(\theta-\theta_0)^2$$

则有

$$\begin{aligned}\sum_{i=1}^{n}f_i(z)\text{sgn}(e_i)=&-z^{\mathrm{T}}\left[n^{\frac{1}{2}}\sum_{i=1}^{n}\nabla f(x_i,\theta_0)\text{sgn}(e_i)\right]\\&+\|z\|^2n^{-1}\sum_{i=1}^{n}d_i(\theta,\theta_0)\text{sgn}(e_i)\end{aligned}$$

根据条件 (2)，用 (Jennrich, 1969) 中关于尾乘积的结果有

$$n^{\frac{1}{2}}\sum_{i=1}^{n}\nabla f(x_i,\theta_0)\text{sgn}(e_i)\xrightarrow{\mathscr{L}}\xi$$

其中 ξ 为 p 维正态变量，具有分布 $N(0,K)$。因此，上面和式右端第一项依分布收敛于 $z^{\mathrm{T}}\xi$，第二项收敛于零。这样

$$\sum_{i=1}^{n}f_i(z)\text{sgn}(e_i)\xrightarrow{\mathscr{L}}z^{\mathrm{T}}\xi$$

对于 $E[|e_i+f_i(z)|-|e_i|]$，注意到

$$E[|e_i+f_i(z)|-|e_i|]=2\int_{-f_i(z)}^{0}(t+f_i(z))g(t)\mathrm{d}t$$

于是当 $|f_i(z)|$ 很小时有

$$E[|e_i + f_i(z)| - |e_i|] = g(0)f_i^2(z) + o(f_i^2(z))$$

而在引理 5.2.1 中已经指出，$\max\limits_{1\leqslant i\leqslant n} |f_i(z)| \to 0$, 因此得

$$\begin{aligned}
&\lim_{n\to\infty} \sum_{i=1}^{n} E[|e_i + f_i(z)| - |e_i|] \\
&= \lim_{n\to\infty} g(0)n^{-l} \sum_{i=1}^{n}((\nabla f(x_i, \theta_0))^{\mathrm{T}} z)^2 + o(n^{-l}\|z\|^2) = g(0)z^{\mathrm{T}}Kz
\end{aligned}$$

合并上面两项的极限，即得所需结果。■

现在可以来证明定理 5.2.1。

定理 5.2.1 的证明 注意到 z_n 是 (5.2.7) 的最优解 (极小值点)，故对 z 的任一值，如 $z=0$, 应有

$$\begin{aligned}
0 &\geqslant F_n(e, z_n) - F_n(e, 0) \\
&= \sum_{i=1}^{n}[f_i(z_n)\mathrm{sgn}(e_i) + 2(e_i) + f_i(z_n)I_S(e_i)]
\end{aligned}$$

用引理 5.2.1 和引理 5.2.2 中的论证方法对等式右端部分推导可得

$$\begin{aligned}
0 \geqslant\ & z_n^{\mathrm{T}} \left[n^{-\frac{1}{2}} \sum_{i=1}^{n} \nabla f(x_i, \theta_0)\mathrm{sgn}(e_i) \right] \\
& + g(0)z_n^{\mathrm{T}} n^{-1} \sum_{i=1}^{n} \nabla f(x_i, \theta_0)(\nabla f(x_i, \theta_0))^{\mathrm{T}} z_n + o(n^{-1}\|z_n\|^2)
\end{aligned}$$

由于

$$\begin{aligned}
& n^{-\frac{1}{2}} \sum_{i=1}^{n} \nabla f(x_i, \theta_0)\mathrm{sgn}(e_i) \xrightarrow{\mathscr{L}} \xi \\
& n^{-1} \sum_{i=1}^{n} \nabla f(x_i, \theta_0)(\nabla f(x_i, \theta_0))^{\mathrm{T}} \to K
\end{aligned}$$

故对任何 $\varepsilon > 0$，存在一个常数 C_ε，使得

$$0 \geqslant g(0)z_n^{\mathrm{T}} K z_n - 2\|z_n^{\mathrm{T}}\|C_\varepsilon + o(n^{-1}\|z_n\|^2)$$

依大于 $1-\varepsilon$ 的概率成立 (当 n 充分大时)。由于 K 是正定矩阵，所以 $\|z_n\|$ 不可能趋于无穷大，否则，上述不等式不能成立。因此，必存在一个常数 M, 使得 $\|z_n\| \leqslant M$ 依大于 $1-\varepsilon$ 的概率成立，即 z_n 依概率有界。■

虽然引理 5.2.2 给出了 $F_n(e,z)$ 的极限函数，但这是对每一固定 z，$F_n(e,z)$ 的收敛性。这一结果尚不能导出所需结果，还需 $F_n(e,z)$ 作为随机过程序列的弱收敛性和极限。

下面的两个引理给出了随机过程序列 $\{G_n(e,z), z\in V\}$ 的收敛性。

引理 5.2.3　设条件 (1)~(3) 成立，则随机过程序列 $\{G_n(e,z), z\in V\}$ 弱收敛于随机过程 $\{G(\xi,z), z\in V\}$，其中 V 为 $\mathbf{R}^p$ 空间中一个有限球体。

证明　根据 (Prakasa Rao, 1975) 的命题 2.8.1(见 2.8 节)，只要对 $\{G_n(e,z), z\in V\}$ 来验证命题中 (1),(2) 两个条件。首先注意：引理 5.1.1 的结论等价于 $\{G_n(e,z), z\in V\}$ 的所有一维分布弱收敛于 $\{G(\xi,z), z\in V\}$ 的对应一维分布。要证明任何有限维联合分布的收敛性，由 Cramer-Wold 定理，只要证明对任何实数组 $c_1,\cdots,c_r$ 和任何 $z_1,\cdots,z_r\in\mathbf{R}^p$ 有

$$\sum_{j=1}^{r} c_j G_n(e,z_j) \xrightarrow{\mathscr{L}} \sum_{j=1}^{r} c_j G(\xi,z_j)$$

这等价于

$$\sum_{j=1}^{r}\sum_{i=1}^{n} c_j E[|e_i+f_i(z)|-|e_i|-f_i(z_j)\mathrm{sgn}(e_i)] \xrightarrow{\mathscr{L}} \sum_{j=1}^{r}[c_j z_j^{\mathrm{T}} K z_j - 2c_j z_j^{\mathrm{T}}\xi]$$

而这是一维分布的收敛性，可用引理 5.2.2 中的方法来证明，因此, 略去其细节。这样，上述条件 (1) 对 $\{G_n(e,z), z\in V\}$ 和 $\{G(\xi,z), z\in V\}$ 成立。

再来验证条件 (2)。对 V 中任何两点 z_1,z_2，要验证

$$\limsup_{n\to\infty,h\to 0} P\left\{\sup_{\|z_1-z_2\|\leqslant h} | G_n(e,z_1)-G_n(e,z_2) | > \epsilon, z_1,z_2\in V\right\}=0$$

对任何 $\epsilon>0$ 成立。

注意到

$$\begin{aligned} | G_n(e,z_1)-G_n(e,z_2) | \leqslant & \left|\sum_{i=1}^{n}(f_i(z_1)-f_i(z_2))\mathrm{sgn}(e_i)\right| \\ & + \sum_{i=1}^{n} E[|e_i+f_i(z_1)|-|e_i+f_i(z_2)|] \end{aligned}$$

用引理 5.2.1, 引理 5.2.2 中的方法容易得出

$$\limsup_{n\to\infty,h\to 0} \sum_{i=1}^{n} E[|e_i+f_i(z_1)|-|e_i+f_i(z_2)|]$$

$$= \lim_{\|z_1 - z_2\| \to 0} g(0)(z_1^{\mathrm{T}} K z_1 - z_2^{\mathrm{T}} K z_2) = 0$$

而对于前一不等式右端第一项，则有

$$\sum_{i=1}^{n} (f_i(z_1) - f_i(z_2)) \mathrm{sgn}(e_i) \xrightarrow{\mathscr{L}} -(z_1 - z_2)^{\mathrm{T}} \xi$$

合并这两个结果知，条件 (2) 满足。引理得证。■

引理 5.2.4 设条件 (1)~(3) 成立，则随机过程序列 $\{F_n(e, z), z \in V\}$ 弱收敛于随机过程 $\{G(\xi, z), z \in V\}$。

证明 由引理 5.2.1 和引理 5.2.2 有

$$F_n(e, z) \xrightarrow{\mathscr{L}} G(\xi, z)$$

这是 $\{F_n(\xi, z), z \in V\}$ 的一维分布弱收敛于 $\{G(\xi, z), z \in V\}$ 的相应一维分布。用类似于前面的方法可证，$\{F_n(\xi, z), z \in V\}$ 的任意 k 维联合分布弱收敛于 $\{G(\xi, z), z \in V\}$ 的相应 k 维联合分布，也即随机过程序列弱收敛性条件 (1) 成立。

为验证条件 (2)，对 V 中任何两点 z_1, z_2，注意到

$$\begin{aligned}
& P\left\{ \sup_{\|z_1 - z_2\| \leqslant h} | F_n(e, z_1) - F_n(e, z_2) | > \epsilon \right\} \\
& \leqslant P\{| F_n(e, z_1) - G_n(e, z_1) | > \epsilon/3\} + P\{| F_n(e, z_2) - G_n(e, z_2) | > \epsilon/3\} \\
& \quad + P\left\{ \sup_{\|z_1 - z_2\| \leqslant h} | G_n(e, z_1) - G_n(e, z_2) | > \epsilon/3 \right\}
\end{aligned}$$

因为 $F_n(e, z) - G_n(e, z) \xrightarrow{P} 0$，并且引理 5.2.3 中已证

$$\limsup P\left\{ \sup_{\|z_1 - z_2\| \leqslant h} | G_n(e, z_1) - G_n(e, z_2) | > \epsilon \right\} \to 0$$

故有

$$P\left\{ \sup_{\|z_1 - z_2\| \leqslant h} | F_n(e, z_1) - F_n(e, z_2) | > \epsilon \right\} \to 0$$

因而条件 (2) 也满足。引理得证。■

最后给出定理 5.2.2 的证明。现在剩下要做的与 2.8 节中的相应部分相差不多，因此，仅简要地作一叙述，主要叙述与 2.8 节中的相应部分不同的地方。与定理 2.3.2 的证明所不同的是，这里只需定义一个最优化算子 H(定理 2.3.2 的证明中需定义一个最优化算子序列 H_n)。

定理 5.2.2 的证明　注意：随机过程 $\{F_n(e,z), z\in V\}$ 和 $\{G(\xi,z), z\in V\}$ 的样本函数都是 V 上的连续函数。令 $C(V)$ 为 V 上所有连续函数组成的空间，$\mathcal{B}(\mathcal{V})$ 为 $C(V)$ 上的 Borel 域，则随机过程 $\{G(\xi,z), z\in V\}$ 和 $\{F_n(e,z), z\in V\}$ 在可测空间 $(C(M),\mathcal{B}(\mathcal{V}))$ 上诱导一族概率测度 $\{\mu,\mu_n,n=1,2,\cdots\}$。由引理 5.2.3，随机过程序列 $\{F_n(e,z), z\in V\}$ 依分布收敛于 $\{G(\xi,z), z\in V\}$。这蕴涵着测度序列 $\{\mu_n\}$ 弱收敛于测度 μ, 记为 $\mu_n\Rightarrow\mu$。

定义 $(C(V),\mathcal{B}(\mathcal{V}))$ 上的最优化算子 $H(\cdot)$ 如下: 对每一个函数 $f(z)\in C(V)$,f 在算子 $H(\cdot)$ 下的像就是最优化问题

$$\begin{aligned}&\min \quad f(z)\\ &\text{s.t.} \quad z\in V\end{aligned} \tag{5.2.11}$$

的最优解。

在可测空间 $(C(M),\mathcal{B}(\mathcal{M}))$ 中的极大模拓扑下，f_n 收敛于 f 蕴涵着

$$\max_{z\in B(M)} | f_n(z)-f(z) | \to 0$$

而这又蕴涵着对任何 $z_n\to z$ 有

$$\lim_{n\to\infty} f_n(z_n)=f(z)$$

根据最优化稳定性理论 (见附录), 算子 H 在下列意义下连续：对任何序列 $f,f_n\in C(V)$，只要 $f_n\to f$(这里是指极大模拓扑下的收敛性)，就有

$$\lim_{n\to\infty} H(f_n)=H(f) \tag{5.2.12}$$

注意：根据附录 A.5 中上图收敛的定义 A.5.2 易证，函数空间 $(C(V),\mathcal{B}(\mathcal{V}))$ 中极大模拓扑意义下的 $f_n\to f$ 蕴涵着上图意义下的收敛性。另一方面，由于假设矩阵 K 的正定性，$H(f)$ 确实具有唯一解，因而算子 H 确实具有连续性。

把测度连续映射定理 [(Billingsley, 1968), 定理 5.1.1] 应用到作用在空间 $(C(V),\mathcal{B}(\mathcal{V}))$ 上的算子 H 得

$$H(f_n)\xrightarrow{\mathscr{L}} H(f)$$

令 V 趋于 $\mathbf{R}^p$，则 $P(H(f_n)\neq z_n)\to 0$，$P(H(f)\neq\hat{z})\to 0$，于是

$$z_n\xrightarrow{\mathscr{L}}\hat{z} \quad \blacksquare$$

注 5.2.3　在本节的推导方法出现 (Wang, 1995) 之前，已有很多文章推导了最小一乘估计量的渐近分布。Basset 和 Koenker(1978) 最早研究这一问题，并使用线

性规划工具给出了这一渐近分布，但其中的证明过程比较粗糙，证明欠严谨 (参看 Bai et al.，1991)，好在其给出的极限分布是正确的，于是这一结果一直被沿用。Bai et al. (1991) 用传统方法证得同样结果。但那两篇文章都仅仅讨论了线性模型最小一乘估计量。这里的证明首次将最优化稳定性理论应用到统计中，严格地推导最小一乘估计量的渐近分布，处理的是非线性回归模型，而且容易推广到非常一般的模型，如带约束条件的、随机误差不互相独立的、有删失的等。其实，第 2 章中处理有约束统计问题的思想 (Wang，1996) 正是本章的基本思想的发展。

在求出 $n^{\frac{1}{2}}(\theta_n-\theta_0)$ 的渐近分布后，最小一乘估计的统计分析的主要方面都可以进行，当然仍有许多问题需要研究。详细阐述这些问题的研究成果已超出本书的必要范围，有兴趣的读者可参阅多年来最小一乘会议专辑 (Dodge, 1997,2002) 等。

5.2.2 时间序列参数的最小一乘估计

本小节考虑样本数据是来自时间序列的情形。时间序列数据中经常会有异常点出现，特别是来自重尾分布的数据中。例如，在时间序列的重要应用领域 —— 金融数学中，那里的 (股票、保险、期货等) 数据中的随机误差基本上都是重尾分布的，有的甚至有无穷大的方差。于是数据中经常会出现较多的异常点。这时，最小二乘法给出的估计结果往往很不好。因此，很有必要使用最小一乘法之类的稳健方法来处理这些数据，参见文献 (Franke et al., 1984)。

5.2.2.1 时间序列参数的最小一乘估计方法

时间序列的数据的特点是数据之间有一定的相关性。因此，对时间序列的数据如何进行参数的最小一乘估计和推导其估计量的渐近分布时需要专门的处理。这里，以平稳 AR(p) 模型为例来说明。

考虑如下的平稳 AR(p) 模型：

$$x_t=\sum_{j=1}^{p}\theta_j x_{t-j}+e_t,\quad t=1,2,\cdots \tag{5.2.13}$$

其中 e_t 为随机误差序列，并且 x_t 与 $e_s(s>t)$ 相互独立，$\theta=(\theta_1,\cdots,\theta_p)^{\mathrm{T}}$ 为待估参数向量，假定 θ 属于 AR(p) 模型的平稳区域。

设所观察到的数据为 $x_1,\cdots,x_n$。基于这组数据的最小二乘估计问题为下列优化问题：

$$\min_{\theta}\sum_{t=p+1}^{n}\left(x_t-\sum_{j=1}^{p}\theta_j x_{t-j}\right)^2$$

根据最小一乘估计的思想和 5.2.1 小节的经验，相应的最小一乘估计问题应为下列优化问题：

$$\min_{\theta} \sum_{t=p+1}^{n} \left| x_t - \sum_{j=1}^{p} \theta_j x_{t-j} \right| \tag{5.2.14}$$

其最优解 θ_n 即为 θ 的最小一乘估计量。

求 (5.2.14) 的数值解，也是将 (5.2.14) 化为线性规划问题，然后求解而得。用 5.2.1 小节中的思想，引进辅助变量 $d_t^+, d_t^-(t = 1, \cdots, n)$，满足

$$x_t - \sum_{j=1}^{p} \theta_j x_{t-j} + d_t^+ - d_t^- = 0$$

$$d_t^+ \geqslant 0, \quad d_t^- \geqslant 0, t = 1, \cdots, n$$

则问题 (5.2.14) 可化为下面的线性规划问题：

$$\begin{aligned} \min \quad & \sum_{t=p+1}^{n} (d_t^+ + d_t^-) \\ \text{s.t.} \quad & \sum_{j=1}^{p} \theta_j x_{t-j} - d_t^+ + d_t^- = x_t \\ & d_t^+ \geqslant 0, \quad d_t^- \geqslant 0, \quad t = p+1, \cdots, n \end{aligned} \tag{5.2.15}$$

这一问题可用线性规划的常用算法求解，与独立数据情形类似。

5.2.2.2 最小一乘估计量的渐近性质

下面来推导 θ_n 的概率分布，确切地说，是来推导 $n^{\frac{1}{2}}(\theta_n - \theta_0)$ 的极限分布，其中 θ_0 为 θ 的未知真值。根据所设模型应该有

$$x_t = \sum_{j=1}^{p} \theta_{0j} x_{t-j} + e_t, \quad t = 1, 2, \cdots$$

将此代入 (5.2.14) 得

$$\left| x_t - \sum_{j=1}^{p} \theta_j x_{t-j} \right| = \left| e_t + \sum_{j=1}^{p} (\theta_j^{(0)} - \theta_j) x_{t-j} \right|$$

于是有等价问题

$$\min_{\theta} \sum_{t=p+1}^{n} \left[\left| e_t + \sum_{j=1}^{p} (\theta_j^{(0)} - \theta_j) x_{t-j} \right| - | e_t | \right] \tag{5.2.16}$$

显然，(5.2.14) 和 (5.2.16) 有相同的最优解(因为增加部分 $-\sum_{t=p+1}^{n} e_t$ 与优化变量 θ 无关)。由于所感兴趣的是 $n^{\frac{1}{2}}(\theta_n-\theta_0)$ 的极限分布，引进新变量 $z=n^{\frac{1}{2}}(\theta-\theta_0)$，则 (5.2.16) 可改写为

$$\min_{z} \sum_{t=p+1}^{n} \left[\left|e_t - n^{-\frac{1}{2}} \sum_{j=1}^{p} z_j x_{t-j}\right| - |\, e_t \,|\right] \tag{5.2.17}$$

令

$$F_n(e,z) = \sum_{t=p+1}^{n} \left(\left|e_t - n^{-\frac{1}{2}} \sum_{j=1}^{p} z_j x_{t-j}\right| - |\, e_t \,|\right)$$

其中 $e=(e_1,e_2,\cdots,e_n)^{\mathrm{T}}$，$z=(z_1,z_2,\cdots,z_p)^{\mathrm{T}}$。记 (5.2.17) 的最优解为 $z^{(n)}$ 。显然，$z^{(n)}=n^{\frac{1}{2}}(\theta_n-\theta_0)$。

记 $\gamma(h)=E(x_t x_{t+h})$，

$$C = \begin{pmatrix} \gamma(0) & \gamma(1) & \cdots & \gamma(p-1) \\ \gamma(1) & \gamma(0) & \cdots & \gamma(p-2) \\ \vdots & \vdots & & \vdots \\ \gamma(p-1) & \gamma(p-2) & \cdots & \gamma(0) \end{pmatrix}$$

众所周知，这一自协方差阵 C 是时间序列分析中常用的重要统计量。现在，它也是刻画最小一乘估计量的协方差阵的主要组成部分。

为保证能得出所需结论，作下列假设：

(1) $\{e_t\}$ 是独立同分布的随机变量序列，方差为 $\sigma^2<\infty$，中位数为零，并且具有有限的四阶矩，密度函数 $g(x)$ 在 $x=0$ 处连续且 $g(0)>0$；

(2) 序列 $\{x_t\}$ 是平稳的，$(x_1,\cdots,x_p)$ 存在密度函数 h；

(3) C 是一个正定矩阵。

假设条件 (1)~(3) 是常见的规范性条件。可见，除了要求 e_t 中位数为零，没有因为要进行最小一乘估计而引进很多的限制条件。

对 AR(p) 模型 (5.2.13)，$n^{\frac{1}{2}}(\theta_n-\theta_0)$ 的渐近分布如下：

定理 5.2.3 在假设 (1)~(3) 下，当 $n\to\infty$ 时，

$$n^{\frac{1}{2}}(\theta_n-\theta_0) \xrightarrow{\mathrm{D}} z^* \sim N\left(0, \frac{1}{4g^2(0)} C^{-1}\right)$$

其中 $\xrightarrow{\mathrm{D}}$ 表示依分布收敛。

由定理 5.2.3 的结果可见，对时间序列数据，其最小一乘估计量的极限分布的基本形式与独立同分布情形下的极限分布基本相同，只是协方差阵有所变化。

定理 5.2.3 的证明　求 $n^{\frac{1}{2}}(\theta_n-\theta_0)$ 的极限分布的主要步骤如下：首先求出 (5.2.17) 的目标函数 $F_n(e,z)$ 的极限函数 $G(\eta,z)$，然后证明 (5.2.17) 的最优解 $z^{(n)}$ 依分布收敛于问题 $\min_z G(\eta,z)$ 的最优解 z^*，$G(\eta,z)$ 是一个随机二次函数。因此，z^* 的分布是极易求出的，那正是所要的 $n^{\frac{1}{2}}(\theta_n-\theta_0)$ 的极限分布。

显然，求出极限函数 $G(\eta,z)$ 是最主要的问题。首先，证明下面的辅助结果。

引理 5.2.5　在假设 (1)~(3) 下, 对任意固定的 z，$F_n(e,z)$ 依分布收敛于

$$G(\eta,z)=-z^{\mathrm{T}}\eta+g(0)z^{\mathrm{T}}Cz$$

其中 η 为一个 p 维正态随机向量，具有零均值和协方差阵 C。

证明　这里仅对 $p=1$ 的情形详细证明定理结论，对 $p=2$ 的情形给出证明的简单概要，对高阶 $(p>2)$ 情形，由于证明完全类似，此处略去。

当 $p=1$ 时，AR(1) 模型为

$$x_t=\theta_1x_{t-1}+e_t$$

相应的最小一乘估计问题为

$$\min_{z_1}\sum_{t=2}^{n}\left(|\,e_t-n^{-\frac{1}{2}}z_1x_{t-1}\,|-|\,e_t\,|\right)$$

记其中的目标函数为 $F_n(e,z_1)$。由绝对值函数的凸性及 $\mathrm{sgn}(u)$ 是 $|\cdot|$ 在 u 处的次梯度可得

$$|\,e_t\,|-|\,e_t-n^{-\frac{1}{2}}z_1x_{t-1}\,|\geqslant n^{-\frac{1}{2}}z_1x_{t-1}\mathrm{sgn}(e_t-n^{-\frac{1}{2}}z_1x_{t-1})$$

$$|\,e_t-n^{-\frac{1}{2}}z_1x_{t-1}\,|-|\,e_t\,|\geqslant -n^{-\frac{1}{2}}z_1x_{t-1}\mathrm{sgn}(e_t)$$

其中

$$\mathrm{sgn}(u)=\begin{cases}1, & u>0\\ 0, & u=0\\ -1, & u<0\end{cases}$$

则

$$\begin{aligned}0&\leqslant|\,e_t-n^{-\frac{1}{2}}z_1x_{t-1}\,|-|\,e_t\,|+n^{-\frac{1}{2}}z_1x_{t-1}\mathrm{sgn}(e_t)\\&\leqslant n^{-\frac{1}{2}}z_1x_{t-1}[\mathrm{sgn}(e_t)-\mathrm{sgn}(e_t-n^{-\frac{1}{2}}z_1x_{t-1})]\end{aligned}$$

因此，

$$\operatorname{var}\left\{\sum_{t=2}^{n}[|\ e_t - n^{-\frac{1}{2}} z_1 x_{t-1}\ | - |\ e_t\ | + n^{-\frac{1}{2}} z_1 x_{t-1} \operatorname{sgn}(e_t)]\right\}$$
$$\leqslant n^{-1} z_1^2 \operatorname{var}\left\{\sum_{t=2}^{n}[x_{t-1}(\operatorname{sgn}(e_t) - \operatorname{sgn}(e_t - n^{-\frac{1}{2}} z_1 x_{t-1}))]\right\}$$

易见，当 $n \to \infty$ 时，

$$\operatorname{var}\left\{\sum_{t=2}^{n}[|\ e_t - n^{-\frac{1}{2}} z_1 x_{t-1}\ | - |\ e_t\ | + n^{-\frac{1}{2}} z_1 x_{t-1} \operatorname{sgn}(e_t)]\right\} \to 0$$

令

$$F_n^*(e, z) = -\sum_{t=2}^{n} n^{-\frac{1}{2}} z_1 x_{t-1} \operatorname{sgn}(e_t) + \sum_{t=2}^{n} E[|\ e_t - n^{-\frac{1}{2}} z_1 x_{t-1}\ | - |\ e_t\ |]$$

则由上面关于方差的结果及 $Ex_{t-1}\operatorname{sgn}(e_t) = 0$ 可得

$$F_n(e, z_1) - F_n^*(e, z_1) \xrightarrow{P} 0$$

其中 $\xrightarrow{P}$ 表示依概率收敛。因此，$F_n(e, z_1)$ 与 $F_n^*(e, z_1)$ 有相同的极限 (在分布收敛意义下)，故只需推导 $F_n^*(e, z_1)$ 的极限函数即可。为了达到这一目的，根据 $\{x_t\}$ 的平稳性，可将 $\{x_t\}$ 写为如下形式：

$$x_t = x_t^{(m)} + R_t^{(m)}$$

其中 m 为一个正整数，并且

$$x_t^{(m)} = e_t + \sum_{i=1}^{m} \theta_1^i e_{t-i}, \quad R_t^{(m)} = \sum_{i=m+1}^{\infty} \theta_1^i e_{t-i}$$

易见，$\{x_t^{(m)}\}$ 是一个平稳的 $m+1$ 相依序列，具有自协方差函数 $\gamma^{(m)}(h) \to \gamma(h)$ $(m \to \infty)$，并且 $\{R_t^{(m)}\}$ 也是平稳的，其自协方差函数满足当 $m \to \infty$ 时，

$$\gamma_R^{(m)}(h) = \sigma^2 \sum_{i=m+1}^{\infty} \theta_1^i \theta_1^{i+h} \to 0$$

令 $Y_t = x_{t-1}^{(m)}\operatorname{sgn}(e_t)$，应用 m 相依序列的中心极限定理 [(Brockwell and Davis, 1991), 定理 6.4.2]，得到当 $n \to \infty$ 时，

$$n^{-\frac{1}{2}} \sum_{t=2}^{n} x_{t-1}^{(m)} \operatorname{sgn}(e_t) \xrightarrow{\mathrm{D}} \eta^{(m)} \sim N(0, \gamma^{(m)}(0))$$

另一方面，由 x_{t-1} 与 e_t 相互独立及上式有

$$\lim_{m\to\infty}\lim_{n\to\infty}\mathrm{var}\left\{n^{-\frac{1}{2}}\sum_{t=2}^{n}R_{t-1}^{(m)}\mathrm{sgn}(e_t)\right\}=0$$

根据 (Billingsley, 1968) 中的定理 4.2 和 $\gamma^{(m)}(0)\to\gamma(0)$，得到当 $n\to\infty$ 时,

$$-z_1 n^{-\frac{1}{2}}\sum_{t=2}^{n}x_{t-1}\mathrm{sgn}(e_t)\xrightarrow{\mathrm{D}}-z_1\eta \tag{5.2.18}$$

其中 $\eta\sim N(0,\gamma(0))$。

下面计算 $\sum_{t=2}^{n}E[|\ e_t-n^{-\frac{1}{2}}z_1x_{t-1}\ |-|\ e_t\ |]$ 的极限。根据 e_t 的中位数为零, 并假设 $z_1>0$，于是有

$$\begin{aligned}
&E[|\ e_t-n^{-\frac{1}{2}}z_1x_{t-1}\ |-|\ e_t\ |]\\
=&2\int_{u>0}\int_{u-n^{-\frac{1}{2}}z_1v<0}(n^{-\frac{1}{2}}z_1v-u)g(u)h(v)\mathrm{d}u\mathrm{d}v\\
&+2\int_{u<0}\int_{u-n^{-\frac{1}{2}}z_1v<0}(u-n^{-\frac{1}{2}}z_1v)g(u)h(v)\mathrm{d}u\mathrm{d}v\\
=&2\int_{-\infty}^{\infty}[g(0)+\varepsilon_n]\frac{1}{2}(n^{-\frac{1}{2}}z_1v)^2h(v)\mathrm{d}v\\
=&n^{-1}[g(0)+\varepsilon_n]\gamma(0)z_1^2
\end{aligned}$$

其中 $\varepsilon_n\to 0(n\to\infty)$。对 $z_1<0$ 的情形，可以得到同样的表达式。因此，

$$\lim_{n\to\infty}\sum_{t=2}^{n}E[|\ e_t-n^{-\frac{1}{2}}z_1x_{t-1}\ |-|\ e_t\ |]=g(0)\gamma(0)z_1^2 \tag{5.2.19}$$

结合 (5.2.18) 和 (5.2.19)，可得在分布收敛意义下，有

$$\lim_{n\to\infty}F_n(e,z_1)=\lim_{n\to\infty}F_n^*(e,z_1)=-z_1\eta+g(0)\gamma(0)z_1^2$$

因此，对 $p=1$ 情形定理得证。

当 $p=2$ 时，相应的 L_1 估计问题为

$$\min_{(z_1,z_2)}F_n(e,z)=\sum_{t=3}^{n}[|\ e_t-n^{-\frac{1}{2}}(z_1x_{t-1}+z_2x_{t-2})\ |-|\ e_t\ |]$$

其中 $z=(z_1,z_2)^{\mathrm{T}}$。令

$$F_n^*(e,z)=-\sum_{t=3}^{n}n^{-\frac{1}{2}}(z_1x_{t-1}+z_2x_{t-2})\mathrm{sgn}(e_t)+EF_n(e,z)$$

类似于 $p=1$ 情形可证得当 $n\to\infty$ 时，

$$F_n(e,z)-F_n^*(e,z)\xrightarrow{\mathrm{P}}0$$

下面求 $F_n^*(e,z)$ 的极限。根据平稳性 $\{x_t\}$ 可写成如下形式：

$$x_t=\sum_{j=0}^{\infty}\psi_j e_{t-j},\quad \psi_0=1$$

令

$$x_t^{(m)}=\sum_{j=0}^{m}\psi_j e_{t-j},\quad Y_t^{(m)}=(x_{t-1}^{(m)},x_{t-2}^{(m)})^{\mathrm{T}}\mathrm{sgn}(e_t),\quad m>0$$

设 λ 为 $\mathbf{R}^2$ 中的任一固定向量，则序列 $\lambda^{\mathrm{T}}Y_t^{(m)}$ 是平稳 $m+2$ 相依序列，协方差阵为 $\lambda^{\mathrm{T}}\Gamma^{(m)}\lambda$，其中 $\Gamma^{(m)}$ 为 $(x_{t-1}^{(m)},x_{t-2}^{(m)})^{\mathrm{T}}$ 的协方差阵。用与 $p=1$ 情形相似的方法得到

$$n^{-\frac{1}{2}}\sum_{t=3}^{n}\lambda^{\mathrm{T}}Y_t^{(m)}\xrightarrow{\mathrm{D}}\eta^{(m)}\sim N(0,\lambda^{\mathrm{T}}\Gamma^{(m)}\lambda)$$

由 λ 的任意性及 $\Gamma^{(m)}\to C(m\to\infty)$ 得

$$n^{-\frac{1}{2}}\sum_{t=3}^{n}(x_{t-1},x_{t-2})^{\mathrm{T}}\mathrm{sgn}(e_t)\xrightarrow{\mathrm{D}}\eta\sim N(0,C)\tag{5.2.20}$$

同样地，还可以得到

$$\lim_{n\to\infty}\sum_{t=3}^{n}E[|\,e_t-n^{-\frac{1}{2}}(z_1x_{t-1}+z_2x_{t-2})\,|-|\,e_t\,|]=g(0)z^{\mathrm{T}}Cz\tag{5.2.21}$$

结合 (5.2.20)，(5.2.21) 可得

$$F_n(e,z)\xrightarrow{\mathrm{D}}-z^{\mathrm{T}}\eta+g(0)z^{\mathrm{T}}Cz=G(\eta,z)$$

可见，在 $p=2$ 的情形的证明与 $p=1$ 时唯一的不同之处是矩阵 C 的元素不同 (但矩阵 C 的构成方式仍一样)。对 $p>2$ 情形，可用同样方法证得引理 5.2.5。■

在证明定理 5.2.3 之前，还需要证明如下的结论：

定理 5.2.4 在假设 (1)~(3) 下，$z^{(n)}$ 依概率有界.

证明 注意到 $z=0$ 是问题 (5.2.17) 的可行解，而 $z^{(n)}$ 是问题 (5.2.17) 的最优解，则

$$0\geqslant F_n(e,z^{(n)})-F_n(e,0)=F_n^*(e,z^{(n)})+\varepsilon_n$$

$$= -\sum_{t=p+1}^{n} n^{-\frac{1}{2}} X_{t-1}^{\mathrm{T}} z^{(n)} \mathrm{sgn}(e_t) + \sum_{t=p+1}^{n} E[\| e_t - n^{-\frac{1}{2}} X_{t-1}^{\mathrm{T}} z^{(n)} | - | e_t \|] + \varepsilon_n$$

其中 $X_{t-1}^{\mathrm{T}} = (x_{t-1}, \cdots, x_{t-p})$，$\varepsilon_n \xrightarrow{\mathrm{P}} 0\ (n \to \infty)$。由引理 5.2.5 的结论，

$$F_n(e, z^{(n)}) \xrightarrow{\mathrm{D}} -{z^{(n)}}^{\mathrm{T}} \eta + g(0) {z^{(n)}}^{\mathrm{T}} C z^{(n)}$$

因此，对任给的 $\varepsilon > 0$，一定存在一个常数 C_ε，使得下式在 n 充分大时，依概率大于等于 $1-\varepsilon$ 成立：

$$0 \geqslant g(0) {z^{(n)}}^{\mathrm{T}} C z^{(n)} - \|z^{(n)}\| C_\varepsilon + \varepsilon_n$$

其中 $\|\cdot\|$ 表示 $\mathbf{R}^p$ 空间中的范数。由于 C 是一个正定矩阵，所以可以找到一个常数 M_ε，使得下式依概率大于等于 $1-\varepsilon$ 成立：

$$\|z^{(n)}\| \leqslant M_\varepsilon$$

这等价于 $z^{(n)}$ 依概率有界。■

引理 5.2.5 断言，对于每一固定的 z 有 $F_n(e, z) \xrightarrow{\mathrm{D}} G(\eta, z)$。下面将证明 $F_n(e, z)$ 的极小点 $z^{(n)}$ 弱收敛于 $G(\eta, z)$ 的极小点 z^*，这样就得到了 $n^{\frac{1}{2}}(\theta_n - \theta_0)$ 的极限分布。

定理 5.2.3 的证明　这里仅给出证明的概要，因为详细证明基本上类似于前面独立同分布的情形。

设 B_r 是 $\mathbf{R}^p$ 中以原点为球心，以 r 为半径的球。首先证明随机过程 $\{F_n(e, z), z \in B_r\}$ 收敛于随机过程 $\{G(\eta, z), z \in B_r\}$ 。由随机过程收敛理论，只需证明下面两个事实：

(1) $\{F_n(e, z), z \in B_r\}$ 的任意 k 维联合分布弱收敛于 $\{G(\eta, z), z \in B_r\}$ 的相应的 k 维联合分布；

(2) 由 $\{F_n(e, z), z \in B_r\}$ 在测度空间 (B_{C_r}, C_r) 上导出的概率测度 μ_n 是紧致的，其中 C_r 为 B_r 上的所有连续函数构成的空间，B_{C_r} 为连续函数空间 C_r 上的 Borel 体。

事实上，在引理 5.2.5 中已经证明了 $\{F_n(e, z), z \in B_r\}$ 的一维分布弱收敛于 $\{G(\eta, z), z \in B_r\}$ 的相应的一维分布。因此，k 维联合分布的收敛性可应用 Cramer-Wold 方法证得。另外，测度族 $\{\mu_n\}$ 的紧致性可通过验证 (Prakasa Rao, 1975) 中所引的条件而得到证明。

定义 C_r 中的一个极小化算子 H，使得 C_r 中的函数 f 在 H 下的映象是下列问题的最优解：

$$\begin{aligned} &\min \quad f(z) \\ &\text{s.t.} \quad z \in B_r \end{aligned}$$

根据最优化理论，只要 $H(f)$ 有唯一解，$H(\cdot)$ 就是一个连续映射。显然，$H\{G(\eta,z), z\in B_r\}$ 有唯一解。因此，由测度的连续映射定理 [(Billingsley, 1968)] 可得

$$H\{F_n(e,z), z\in B_r\} \xrightarrow{\mathrm{D}} H\{G(\eta,z), z\in B_r\}$$

再由 $z^{(n)}$ 的依概率有界性 (见定理 5.2.4)，令 r 充分大可得

$$z^{(n)} \xrightarrow{\mathrm{D}} z^*$$

z^* 的分布容易求得，$z^*\sim N\left(0,\dfrac{1}{4g^2(0)}C^{-1}\right)$。定理 5.2.3 得证。■

从定理 5.2.3 的证明可见，对于 AR(p) 模型的最小一乘估计问题，也是用 5.2.1 小节中的方法来推导估计量的极限分布。与独立同分布的情况所不同的是，在求最小一乘估计问题的目标函数的极限时，需用相依随机变量的中心极限定理和大数定律。这一思想还可用来推导更复杂的 ARMA(p,q) 模型、有门限的 AR(即 TAR) 模型的最小一乘估计量的极限分布，有兴趣的读者可参见文献 (Wang and Wang, 2004)。

5.2.3 数据有删失时参数的最小一乘估计

数据删失是实际问题中经常发生的现象，如在医学研究中，对病人生存时间的观测往往由于各种原因而只能得到不完全的数据。有时，也会因为观测仪器或其他观测条件的限制而不能观测到某些范围内的数据。当删失发生时，无法观察到回归响应变量 (y_i) 的相应值。如何有效地分析这类数据，即删失数据模型，是应用统计分析中一个常见的重要问题。

数据删失有多种多样的类型。按删失的方式来分类，有左删失、右删失、区间删失等几种。右 (左) 删失是指第 i 次观测中，若观测值 y_i 不大 (小) 于删失变量的值 u_i，则此响应变量的数据 y_i 就能被观测到，于是得到数据 y_i；若观测值 y_i 大 (小) 于删失变量的值 u_i，则 y_i 不能被观测到，能观测到的只是删失变量的值 u_i，所以右删失数据观测的结果为

$$\min\{u_i, y_i\}$$

按删失变量的性质来分类，有固定删失和随机删失等几种。固定删失是指删失变量 u_i 的值是一个常数 u，当观测值大 (或小) 于某一固定数时，此响应变量的数据就不能被观测到。随机删失是指删失变量 u 是一个随机变量，第 i 次观测中，当观测值 y_i 大 (或小) 于该随机变量此时的实现值 u_i 时，此数据 y_i 就不能被观测到。显然，随机删失比固定删失复杂得多，但这种情况在实际问题中经常出现，而且固定删失是随机删失的特殊情形，所以本小节将研究随机删失问题。

在数据有删失的情形下用最小一乘估计法有没有优势之处，如何使用这一方法和给出最小一乘估计量的主要性质，这些问题的答案在下面给出。

5.2.3.1 删失数据参数估计使用最小一乘估计的必要性

在数据遭到删失的情形下进行回归参数估计时，如果因为没有响应变量的数据 y_i 就轻易地丢弃 u_i，则将造成信息浪费。现在通行的做法是先要对被删失数据进行估计，然后把估计值补充到原数据中，使之成为完全数据，再进行统计分析。不过，对这些补充进来的数据需要作一些调整。对这种调整和估计，人们做过许多研究，以使根据调整后的数据所作的统计推断更合理、更有实用价值。沿着这一方向的研究一直是删失数据问题的一个重要方面。然而，这种调整和估计总有很多人为的因素和误差，很可能调整后的数据与应该出现的数据的差距很大，从而使统计推断偏差很大。文献 (Heller and Simonoff, 1990) 指出，在所有这些最小二乘估计中，Buckley-James 的估计量具有最好的效果，Buckley-James 估计的实际应用也是最广泛的。但是，在有些情形 (如误差项是异方差的) 下，Buckley-James 估计也不是稳健的。

对删失数据回归问题的研究也可以从另一方面来进行，即考虑用什么样的估计方法效果会更好。于是最小一乘估计方法被提上日程。对删失数据回归问题，最小一乘估计比最小二乘估计有更多的好处。首先，众所周知，最小一乘估计方法比最小二乘估计法稳健；其次，对删失数据的最小一乘估计，不需要像最小二乘估计那样先调整和估计数据，再作估计，从而避免了因调整数据而产生的数据失真。正如综述性文献 (Yang, 2000) 在展望关于删失数据统计问题在 21 世纪的研究时所指出的，研究删失模型下的最小一乘估计是非常重要的，应该会有很好的效果。(周秀轻和王金德, 2005) 中的理论分析和模拟结果也显示：

(1) 最小一乘估计量的均方误差明显小于最小二乘估计量的均方误差，特别是随机误差项所受到的干扰较大时；

(2) 随着误差项所受到的干扰的加大，最小一乘估计量和最小二乘估计量的均方误差都在增大，但最小一乘估计仍然比最小二乘估计好；

(3) 当正态随机误差项的方差较大时，常数项的最小二乘估计量具有严重的负偏差，特别是在早期删失或固定点删失的情况下；

(4) 截距 (回归方程中的常数项) 和斜率 (回归方程中协变量的系数) 的最小一乘估计的效果是一致的，作为对照，斜率的最小二乘估计量比截距的最小二乘估计量的偏差要大得多。

这些事实说明，对删失数据回归问题，更应该使用最小一乘估计，除非有充分的理由相信误差项是相互独立的，并且服从同一正态分布。

对删失数据回归问题使用最小一乘估计要付出的代价是，如下面所见，删失模型下估计量的计算方法和理论推导都要比完全数据情况下复杂得多。在计算方法上，删失模型下最小一乘估计问题的求解不再能化成线性规划问题来求解；推导估计量的概率分布时，求目标估计量的极限分布也很困难。这大概也是以前对删失模型下的最小一乘估计问题研究得比较少的原因。现在，可以用 5.1 节中的基本思想来处理这一棘手的问题。

5.2.3.2　最小一乘估计的方法

这里叙述的是随机删失数据的非线性回归模型的最小一乘估计方法。对这一复杂模型的处理方法可以容易地应用到其他一些较为简单一些模型 (如固定删失模型、线性回归模型等) 的同类问题中去。

设有非线性回归模型

$$y_i = f(x_i, \theta) + e_i, \quad i = 1, \cdots, n,$$

其中 $\theta \in \mathbf{R}^k$ 为未知参数向量，$e_1, \cdots, e_n$ 为随机误差。以 $u_i (i = 1, \cdots, n)$ 表示删失变量，它们是随机的。做第 i 次观测时，以 u_i 的值作删失标准。用 δ_i 表示示性函数 $I[y_i \leqslant u_i]$，则观察数据为

$$(\min\{u_i, y_i\}, u_i, \delta_i),$$

也即若 $y_i \leqslant u_i$，则该 y_i 可以观测到；否则，该 y_i 不能观测到，被删失了。

根据已有的较为简单一些 (固定删失) 情形的删失数据参数估计使用最小一乘估计的经验 (Powell, 1984, 1986; Rao and Zhao, 1993)，参数 θ 的最小一乘估计量 $\hat{\theta}_n$ 可定义为下列最优化问题的解：

$$\min \sum_{i=1}^{n} |\min\{y_i, u_i\} - \min\{u_i, f(x_i, \theta)\}| \tag{5.2.22}$$

如果没有删失发生 (即定义 $u_i \equiv \infty$)，则上述问题变成一般的非线性回归参数的最小一乘估计问题。可见，上述问题的形式与非删失情形的相应问题是相容的。

从 (5.2.22) 可以看出，在这一估计问题中，若所用的数据 $(x_i, y_i)(i = 1, \cdots, n)$ 中的某些 y_i 被删失了，不进行任何调整，则这时直接用 u_i 代替。

因为极小化问题 (5.2.22) 的目标函数中还含有两个极小化运算在内，它无法化成一般的线性规划问题来求解，甚至不能求出可以直接求解的作为目标函数的表达式，所以随机删失数据的最小一乘估计问题远比前面两小节中的最小一乘估计问题复杂。于是必须寻求一种合适的最优化算法来求解，而且对于给定的样本，也即给定 n，(5.2.22) 目标函数也不一定是一个凸函数，从而可能会有不止一个局部极小值点，所以用遗传算法来求解应该比较合适。

在最优化算法中，遗传算法是最优化中求非凸函数的总体极值的算法中效果较好的随机化算法之一。根据模拟试验，如本小节开头所说，效果也是相当好的。

关于该算法用于删失模型下的最小一乘估计的详细实施方法，可参见文献 (Zhou and Wang, 2005)。

5.2.3.3　最小一乘估计量的渐近分布

下面仅叙述如何求估计量的极限分布的问题。设 θ_0 为 θ 的未知真值，下面来求出 $n^{\frac{1}{2}}(\hat{\theta}_n-\theta_0)$ 的渐近分布。为了处理方便，把最优化问题 (5.2.22) 转化成另外一种等价形式。令

$$L_i(\theta)=|\min\{u_i,y_i\}-\min\{u_i,f(x_i,\theta)\}|$$

因为 $L_i(\theta_0)$ 和 θ 无关，所以优化问题 (5.2.22) 等价于

$$\min\sum(L_i(\theta)-L_i(\theta_0)) \tag{5.2.23}$$

记此最优化问题的目标函数为 $\widetilde{F}_n(\theta)$。

为得出 $n^{\frac{1}{2}}(\hat{\theta}_n-\theta_0)$ 的渐近性质，在最优化问题 (5.2.23) 中使用 $z=n^{\frac{1}{2}}(\theta-\theta_0)$ 作为优化变量。(5.2.23) 可以转化为

$$\min\left\{\sum|\min\{y_i,u_i\}-\min\{f(x_i,\theta_0+n^{-1/2}z),u_i\}|-\sum L_i(\theta_0)\right\} \tag{5.2.24}$$

记问题 (5.2.24) 的最优解为 z_n。显然，$z_n=n^{\frac{1}{2}}(\hat{\theta}_n-\theta_0)$。任务转化为导出 z_n 的渐近分布。

记 $e=(e_1,\cdots,e_n)$，(5.2.24) 的目标函数和最优解分别记为 $F_n(e,z)$ 和 $z_n(e)$。将模型 $y_i=f(x_i,\theta_0)+e_i$ 代入问题 (5.2.24)，并令

$$f_i(z)=f(x_i,\theta_0)-f(x_i,\theta_0+n^{-1/2}z)$$

将目标函数 $F_n(e,z)$ 中诸取极小表达式 $\min\{y_i,u_i\}$ 和 $\min\{f(x_i,\theta_0+n^{-1/2}z),u_i\}$ 用示性函数表出，可以得到

$$\begin{aligned}
F_n(e,z)=&\sum f_i(z)I(f(x_i,\theta)<y_i\leqslant u_i)-\sum f_i(z)I(y_i\leqslant f(x_i,\theta)\leqslant u_i)\\
&+\sum[(u_i-f(x_i,\theta))I(f(x_i,\theta)\leqslant u_i<y_i)\\
&-(u_i-f(x_i,\theta_0))I(f(x_i,\theta_0)\leqslant u_i<y_i)]\\
&+\sum e_i[I(f(x_i,\theta)<y_i\leqslant u_i)-I(f(x_i,\theta_0)<y_i\leqslant u_i)]\\
&-\sum e_i[I(y_i\leqslant u_i,y_i\leqslant f(x_i,\theta))-I(y_i\leqslant u_i,y_i\leqslant f(x_i,\theta_0))]\\
&+\sum(u_i-f(x_i,\theta_0))[I(y_i\leqslant u_i<f(x_i,\theta))-I(y_i\leqslant u_i<f(x_i,\theta_0))]
\end{aligned}$$

$$\triangleq I_1 - I_2 + I_3 + I_4 - I_5 + I_6$$

其中

$$\begin{aligned}
I_1 &= \sum f_i(z) I(f(x_i,\theta) < y_i \leqslant u_i) \\
I_2 &= \sum f_i(z) I(y_i \leqslant f(x_i,\theta) \leqslant u_i) \\
I_3 &= \sum [(u_i - f(x_i,\theta)) I(f(x_i,\theta) \leqslant u_i < y_i) \\
&\quad -(u_i - f(x_i,\theta_0)) I(f(x_i,\theta_0) \leqslant u_i < y_i)] \\
I_4 &= \sum e_i [I(f(x_i,\theta) < y_i \leqslant u_i) - I(f(x_i,\theta_0) < y_i \leqslant u_i)] \\
I_5 &= \sum e_i [I(y_i \leqslant u_i, y_i \leqslant f(x_i,\theta)) - I(y_i \leqslant u_i, y_i \leqslant f(x_i,\theta_0))] \\
I_6 &= \sum (u_i - f(x_i,\theta_0)) [I(y_i \leqslant u_i < f(x_i,\theta)) - I(y_i \leqslant u_i < f(x_i,\theta_0))]
\end{aligned}$$

为保证渐近分布的结果成立，设立下列条件：

(1) $e_1, \cdots, e_n$ 是独立同分布的随机变量，并且存在 $m > k+1$, 使得 $E|e_i|^m < \infty$，e_i 的分布函数 $H(t)$ 具有连续的、关于原点对称的密度函数 $h(t)$，并且存在正数 T_0，使得 $h(t) \geqslant C_H > 0$ 对所有 $|t| \leqslant T_0$ 都成立；

(2) 删失变量 $u_1, \cdots, u_n$ 是独立同分布的随机变量，具有共同分布函数 G 和连续密度函数 g，并且 $u_1, \cdots, u_n$ 与 $e_1, \cdots, e_n$ 独立；

(3) 存在 θ_0 的一个邻域 B_0，使得 $\inf \int_{f(x_i,\theta)}^{+\infty} \mathrm{d}G(u) \geqslant a > 0$ 对所有的 $\theta \in B_0$ 都成立；

(4) 存在大于 0 的常数 k_1，k_2 和 k_0，使得

$$\begin{aligned}
k_1^2 ||\theta_1 - \theta_2||^2 &\leqslant (n^{-1} \sum |f(x_i,\theta_1) - f(x_i,\theta_2)|\ )^2 \\
&\leqslant n^{-1} \sum (|f(x_i,\theta_1) - f(x_i,\theta_2)|\ )^2 \\
&\leqslant k_2^2 ||\theta_1 - \theta_2||^2 \leqslant k_0
\end{aligned}$$

对 B_0 中任意的 θ_1, θ_2 都成立；

(5) $f(x_i,\theta)(i = 1, \cdots, n)$ 在 θ_0 点关于 θ 连续可微，并且对于任意 $\theta \in B_0$ 满足

$$|f(x_i,\theta) - f(x_i,\theta_0) - \nabla f(x_i,\theta_0)^{\mathrm{T}} (\theta - \theta_0)| \leqslant r_i(\theta_0) \|\theta - \theta_0\|^2$$

并且 $\overline{\lim_{n\to\infty}} n^{-1} \sum r_i^2(\theta_0) < \infty$；

(6) 当 $n \to \infty$ 时，矩阵列

$$n^{-1} \sum \nabla f(x_i,\theta_0) \nabla f(x_i,\theta_0)^{\mathrm{T}} \int_{f(x_i,\theta_0)}^{\infty} \mathrm{d}G(u)$$

收敛到正定矩阵 K。

$n^{\frac{1}{2}}(\hat{\theta}_n-\theta_0)$ 的渐近分布由下面的定理给出。

定理 5.2.5　设上述条件 (1)~(6) 成立，则

$$n^{\frac{1}{2}}(\hat{\theta}_n-\theta_0)\xrightarrow{\mathrm{d}}N(0,(4h^2(0)K)^{-1}) \tag{5.2.25}$$

其中“$\xrightarrow{\mathrm{d}}$”表示依分布收敛。

注 5.2.4　证明的思路可以简述如下：首先证明存在一个函数 $Q(\xi,z)$，使得对任给的 z，$F_n(e,z)$ 都依分布收敛于 $Q(\xi,z)$。为了证明 $z_n(e)$ 收敛于 $Q(\xi,z)$ 的最小点 $\hat{z}(\xi)$，再进一步证明随机过程序列 $\{F_n(e,z),z\in V\}$ 弱收敛于随机过程 $\{Q(\xi,z),z\in V\}$，其中 V 为 $\mathbf{R}^k$ 中的紧集。因为随机过程序列的收敛性保证了这些过程的样本函数空间上的测度的弱收敛性，而寻找函数最小点的映射是样本函数空间上的连续映射 (在一定条件下)，所以由测度连续映射定理，就完成了定理 5.2.5 的证明。证明的主要任务在于求出极限函数 $Q(\xi,z)$。

先给出下列两个引理以求出 $F_n(e,z)$ 的极限函数：

引理 5.2.6　设条件 $(1)\sim(3),(5),(6)$ 成立，则对任给的 z 有

$$F_n(e,z)-Q_n(e,z)\xrightarrow{P}0$$

其中

$$Q_n(e,z)=h(0)\sum f_i^2(z)\int_{f(x_i,\theta_0)_-}^{+\infty}\mathrm{d}G(u)+\sum f_i(z)\Lambda_i(e)$$

$$\Lambda_i(e)=I(f(x_i,\theta_0)\leqslant y_i\leqslant u_i)-I(y_i\leqslant f(x_i,\theta_0)\leqslant u_i)+I(f(x_i,\theta_0)\leqslant u_i<y_i)$$

而负部函数 $f(x_i,\theta_0)_-$ 定义为

$$f(x_i,\theta_0)_-=\begin{cases}0, & f(x_i,\theta_0)\geqslant 0\\ -f(x_i,\theta_0), & \text{否则}\end{cases}$$

正部函数 $f(x_i,\theta_0)_+$ 定义类似。

证明　首先证明对 I_1 有

$$\begin{aligned}I_1&-\sum f_i(z)I(f(x_i,\theta_0)\leqslant y_i\leqslant u_i)\\&-\sum h(0)f_i^2(z)\int_{f(x_i,\theta_0)_+}^{+\infty}\mathrm{d}G(u)\xrightarrow{P}0\end{aligned} \tag{5.2.26}$$

把期望 E 表示成积分形式，可得

$$
\begin{aligned}
&E\left[I_1-\sum f_i(z)I(f(x_i,\theta_0)\leqslant y_i\leqslant u_i)\right]\\
=&\sum f_i(z)\left[\int_{f(x_i,\theta)+}^{+\infty}\int_{f(x_i,\theta)}^{u}\mathrm{d}H_i(t)\mathrm{d}G(u)-\int_{f(x_i,\theta_0)-}^{+\infty}\int_{f(x_i,\theta_0)}^{u}\mathrm{d}H_i(t)\mathrm{d}G(u)\right]\\
=&\sum f_i(z)\left[\int_{f(x_i,\theta)+}^{f(x_i,\theta_0)-}\int_{f(x_i,\theta)}^{u}\mathrm{d}H_i(t)\mathrm{d}G(u)+\int_{f(x_i,\theta_0)-}^{+\infty}\int_{f(x_i,\theta)}^{f(x_i,\theta_0)}\mathrm{d}H_i(t)\mathrm{d}G(u)\right]\\
\leqslant&\sum\left[2\left|f_i(z)\int_{(f(x_i,\theta)\wedge f(x_i,\theta_0))-}^{(f(x_i,\theta)\vee f(x_i,\theta_0))+}\int_{f(x_i,\theta)}^{f(x_i,\theta_0)}\mathrm{d}H_i(t)\mathrm{d}G(u)\right|\right.\\
&\left.+f_i(z)\int_{f(x_i,\theta_0)+}^{+\infty}\int_{f(x_i,\theta)}^{f(x_i,\theta_0)}\mathrm{d}H_i(t)\mathrm{d}G(u)\right]
\end{aligned}
$$

其中“$a\wedge b$”和“$a\vee b$”分别表示“$\min\{a,b\}$”和“$\max\{a,b\}$”。

由假设条件 (3), (5), (6) 和文献 (Wu, 1981) 中引理 3 可得

$$\max_{1\leqslant i\leqslant n} f_i^2(z)\to 0,\quad n\to\infty \tag{5.2.27}$$

及

$$\sum f_i^2(z)\leqslant M,\quad 对某个\ M<\infty \tag{5.2.28}$$

故当 n 充分大时有

$$
\begin{aligned}
f_i(z)\int_{f(x_i,\theta_0)+}^{+\infty}\int_{f(x_i,\theta)}^{f(x_i,\theta_0)}\mathrm{d}H_i(t)\mathrm{d}G(u)&=f_i(z)\int_{f(x_i,\theta_0)+}^{+\infty}\int_{-f_i(z)}^{0}\mathrm{d}H(t)\mathrm{d}G(u)\\
&=f_i^2(z)(h(0)+l_i)\int_{f(x_i,\theta_0)+}^{+\infty}\mathrm{d}G(u)
\end{aligned}
$$

注意到 $t=0$ 是密度函数 $h(.)$ 的连续点，可以得到

$$\max_i|l_i|\leqslant\sup_{|t|\leqslant\max\limits_i|f_i(z)|}|h(t)-h(0)|\to 0$$

由此可得

$$\sum f_i(z)\int_{f(x_i,\theta_0)+}^{+\infty}\int_{f(x_i,\theta)}^{f(x_i,\theta_0)}\mathrm{d}H_i(y)\mathrm{d}G(u)-h(0)\sum f_i^2(z)\int_{f(x_i,\theta_0)+}^{+\infty}\mathrm{d}G(u)\to 0$$

类似地，由 (5.2.27),(5.2.28) 及假设条件 (2), (5) 可得

$$\sum\left|f_i(z)\int_{(f(x_i,\theta)\wedge f(x_i,\theta_0))-}^{(f(x_i,\theta)\vee f(x_i,\theta_0))+}\int_{f(x_i,\theta)}^{f(x_i,\theta_0)}\mathrm{d}H_i(t)\mathrm{d}G(u)\right|\to 0$$

故对任给的 z 有

$$E\left[I_1-\sum f_i(z)I(f(x_i,\theta_0)\leqslant y_i\leqslant u_i)-\sum h(0)f_i^2(z)\int_{f(x_i,\theta_0)+}^{+\infty}\mathrm{d}G(u)\right]\to 0$$

再次使用式 (5.2.27) 和 (5.2.28) 可得

$$\begin{aligned}&\mathrm{var}\left[I_1-\sum f_i(z)I(f(x_i,\theta_0)\leqslant y_i\leqslant u_i)-\sum h(0)f_i^2(z)\int_{f(x_i,\theta_0)+}^{+\infty}\mathrm{d}G(u)\right]\\
&=\mathrm{var}\left(I_1-\sum f_i(z)I(f(x_i,\theta_0)\leqslant y_i\leqslant u_i)\right)\\
&\leqslant\sum f_i^2(z)E[I(f(x_i,\theta)<y_i\leqslant u_i)+I(f(x_i,\theta_0)\leqslant y_i\leqslant u_i)\\
&\quad-2I(f(x_i,\theta_0)\vee f(x_i,\theta)<y_i\leqslant u_i)]\\
&=\sum f_i^2(z)\left[\int_{(f(x_i,\theta)\vee f(x_i,\theta_0))+}^{+\infty}\int_{f(x_i,\theta)\wedge f(x_i,\theta_0)}^{f(x_i,\theta)\vee f(x_i,\theta_0)}\mathrm{d}H_i(t)\mathrm{d}G(u)\right.\\
&\quad+\int_{f(x_i,\theta)+}^{(f(x_i,\theta)\vee f(x_i,\theta_0))+}\int_{f(x_i,\theta)}^{u}\mathrm{d}H_i(t)\mathrm{d}G(u)]\\
&\quad\left.+\int_{f(x_i,\theta_0)-}^{(f(x_i,\theta)\vee f(x_i,\theta_0))+}\int_{f(x_i,\theta_0)}^{u}\mathrm{d}H_i(t)\mathrm{d}G(u)\right]\\
&\to 0\end{aligned}$$

由此易知式 (5.2.26) 成立。

对于 I_2, I_3, I_4, I_5, I_6，使用类似的方法可以证得

$$\begin{aligned}&I_2-\sum f_i(z)I(y_i\leqslant f(x_i,\theta_0)\leqslant u_i)-\sum f_i(z)\frac{1}{2}\int_{f(x_i,\theta)-}^{f(x_i,\theta_0)-}\mathrm{d}G(u)\\
&+h(0)f_i^2(z)\int_{f(x_i,\theta_0)-}^{+\infty}\mathrm{d}G(u)\xrightarrow{P}0\\
&I_3-\left[\frac{1}{2}\sum\int_{f(x_i,\theta)-}^{f(x_i,\theta_0)-}(u-f(x_i,\theta))\mathrm{d}G(u)+\sum f_i(z)I(f(x_i,\theta_0)\leqslant u_i\leqslant y_i)\right]\xrightarrow{P}0\\
&I_4+\frac{1}{2}\sum h(0)f_i^2(z)\int_{f(x_i,\theta_0)+}^{+\infty}\mathrm{d}G(u)\xrightarrow{P}0\\
&I_5-\sum\frac{1}{2}h(0)f_i^2(z)\int_{f(x_i,\theta_0)+}^{+\infty}\mathrm{d}G(u)\xrightarrow{P}0\\
&I_6-\frac{1}{2}\sum\int_{f(x_i,\theta_0)-}^{f(x_i,\theta)-}(u-f(x_i,\theta_0))\mathrm{d}G(u)\xrightarrow{P}0\end{aligned}\tag{5.2.29}$$

联合 (5.2.26) 和 (5.2.29) 得

$$F_n(e,z) - Q_n(e,z) \xrightarrow{P} 0 \quad \blacksquare$$

由引理 5.2.6 可见，$F_n(e,z)$ 和 $Q_n(e,z)$ 会有同样的 (依概率收敛) 的极限函数。因此，要求 $F_n(e,z)$ 的极限，只要求得 $Q_n(e,z)$ 的极限即可。

引理 5.2.7 若条件 (2)~(6) 成立，则对任给的 z，

$$Q_n(e,z) \xrightarrow{\mathrm{d}} Q(\xi,z) \triangleq h(0)z^{\mathrm{T}}Kz - z^{\mathrm{T}}\xi$$

其中 $\xi \sim N(0,K)$.

证明 将 $f(x_i,\theta)$ 在 θ_0 点展开得

$$f(x_i,\theta) \approx f(x_i,\theta_0) + \nabla f(x_i,\theta)^{\mathrm{T}}(\theta-\theta_0) + (\theta-\theta_0)^{\mathrm{T}}d_i(\theta,\theta_0)(\theta-\theta_0)$$

注意到 $f_i(z) = f(x_i,\theta_0) - f(x_i,\theta_0 + n^{-1/2}z)$，故对 $Q_n(e,z)$ 的第一项有

$$\begin{aligned} & h(0)\sum f_i^2(z)\int_{f(x_i,\theta_0)_-}^{+\infty}\mathrm{d}G(u) \\ =& h(0)\sum[-n^{-\frac{1}{2}}\nabla f(x_i,\theta_0)^{\mathrm{T}}z - n^{-1}z^{\mathrm{T}}d_i(\theta,\theta_0)z]^2\int_{f(x_i,\theta_0)_-}^{+\infty}\mathrm{d}G(u) \end{aligned}$$

结合条件 (5)，(6) 和 Cauchy-Schwarz 不等式可得

$$h(0)\sum f_i^2(z)\int_{f(x_i,\theta_0)_-}^{+\infty}\mathrm{d}G(u) \to h(0)z^{\mathrm{T}}Kz \tag{5.2.30}$$

为了得到 $\sum f_i(z)\varLambda_i$ 的极限，注意到

$$E\varLambda_i = 0$$

而且

$$\sum f_i(z)\varLambda_i = \sum[-n^{-\frac{1}{2}}z^{\mathrm{T}}\nabla f(x_i,\theta_0) - n^{-1}z^{\mathrm{T}}d_i(\theta_0,\theta)z]\varLambda_i$$

由条件 (5) 和强大数律可得

$$\sum n^{-1}z^{\mathrm{T}}d_i(\theta_0,\theta)z\varLambda_i \to 0, \quad \text{a.s.}$$

根据中心极限定理易知

$$\sum f_i(z)\varLambda_i \xrightarrow{\mathrm{d}} -z^{\mathrm{T}}\xi \tag{5.2.31}$$

由 (5.2.30) 和 (5.2.31) 可知引理 5.2.7 成立。■

由引理 5.2.6 和引理 5.2.7 可得，对任给的 z，

$$F_n(e,z) \xrightarrow{\mathrm{d}} Q(\xi,z)$$

成立，于是定理 5.2.5 可得证。■

在上面三小节中分别对随机误差为独立同分布情形、时间序列数据、带删失的回归模型的最小一乘估计量的渐近分布作了推导，用的基本思路都是一样的。可见，这一方法有很广泛的应用范围。另一方面，如所已见，带随机删失数据的回归模型的最小一乘估计问题的目标函数确实是很复杂的，而且非光滑程度很高，要想求出它的统计量的概率分布实非易事。这里用本书一贯的思想和技巧仍然解决了这一问题。可见，这一方法是一个犀利的武器。

5.3 最小一乘估计法在函数估计中的应用

虽然最小一乘估计法是一种参数估计方法，但它在函数估计中也有用武之地。这是因为有些函数估计方法实际上是把函数估计问题转化成参数估计问题，于是需要用参数估计的方法，特别是最小二乘法。在这些方法中，如果随机误差的分布是重尾的，或数据中常有异常点，则用最小一乘估计来代替最小二乘法将会得到更好的效果。

目前，应用最广泛的局部多项式函数估计法就是含有参数估计任务的一种函数估计方法。本节以此为例作一说明。同样的思想和方法也可应用到其他含有参数估计任务的函数估计方法中，如小波分析法、样条函数法、正交函数系法等。在 5.3.2 小节中将看到，这一方法在变系数模型和空间数据的函数估计中的应用确实能起到所期望的作用。

5.3.1 最小一乘局部多项式函数估计

局部多项式函数估计是目前函数估计中应用最广泛的方法之一。它的主要优点是估计效果比较好，计算又比较简单，而且可适用范围很广，还有其他一些优点，不一一列举，读者可参见文献 (Fan and Gijble, 1995)。把它与最小一乘法结合起来，使之更稳健。这一方法将会变得更有实用价值。这里，讨论局部一阶多项式估计方法与最小一乘法的结合。对于局部高阶多项式估计方法与最小一乘法的结合问题，处理方法和结果的证明方法与一阶情形类似。

设有非参数回归模型

$$Y_i = E[Y_i|X_i = x_i] + \varepsilon_i := g(x_i) + \varepsilon_i \tag{5.3.1}$$

其中 $g(\cdot)$ 为待估计未知函数，$Y_i, x_i (i = 1, \cdots, n)$ 为观测数据，$\varepsilon_i (i = 1, \cdots, n)$ 为独立同分布随机误差，其均值为零。

设 x 为某一给定点，在 x 的一个小邻域里，$g(z)$ 有一阶 Taylor 展开式

$$g(z) \approx g(x) + (\nabla g(x))^{\mathrm{T}}(z-x) := a_0 + a_1^{\mathrm{T}}(z-x) \tag{5.3.2}$$

局部一阶多项式函数估计法将求解最优化问题

$$\min_{(a_0,a_1)} \sum_{j\in l_n}(y_j - a_0 - a_1^{\mathrm{T}}(x_j - x))^2 K\left(\frac{x_j - x}{h_n}\right), \tag{5.3.3}$$

其中 $K(u,h) = K\left(\frac{u-x}{h}\right)$ 为选定的核函数，h 为选定的窗宽。$K(u,h)$ 和 h 有多种选择方式，可视具体情况而定。这一方法的详细描述可参见文献 (Fan and Gijble, 1995)。 极小化问题 (5.3.3) 的目标函数可看成 $(y_j - a_0 - a_1^{\mathrm{T}}(x_j - x))$ 的加权平方和，权为 $K\left(\frac{x_j - x}{h_n}\right)$。这个权函数 $K(u,h)$ 一般应该具有这样的性质：若样本点 x_j 离 x 较近，则相应的权 $\left(\text{即函数值 } K\left(\frac{x_j - x}{h_n}\right)\right)$ 就大些；否则，权就小些。

将最优化问题 (5.3.3) 的最优解记为 $(\hat{a}_0, \hat{a}_1')$。局部一阶多项式估计法以 $\hat{a}_0$ 作为函数在 x 处的函数值 $g(x)$ 的估计值，$\hat{a}_1$ 作为函数在 x 处一阶导数值的估计值。因此，这一方法实际上是给出待估函数在一给定点的函数值及其一阶导数值的估计值，将函数估计问题转化成参数估计问题。

若将 (5.3.3) 的目标函数中的加权平方和改为加权绝对值和，而加权方式不变 (即核函数 $K(u,h)$ 不变)，则得优化问题

$$\min_{(a_0,a_1)} \sum_{j\in l_n}|y_j - a_0 - a_1^{\mathrm{T}}(x_j - x)| K\left(\frac{x_j - x}{h_n}\right) \tag{5.3.4}$$

仍然将其最优解记为 $(\hat{a}_0, \hat{a}_1)$，它的第一个分量 $\hat{a}_0$ 作为 $g(\cdot)$ 在 x 处的函数值的估计值，第二个分量 $\hat{a}_1$ 作为 $g(\cdot)$ 在 x 处的一阶导数值的估计值。这就是局部一阶多项式函数估计的最小一乘估计问题。

这一问题的数值求解法是将其化为下列线性规划问题：

$$\begin{aligned} \min \quad & \sum_{j\in l_n}(d_j^+ + d_j^-)K\left(\frac{x_j - x}{h_n}\right) \\ \text{s.t.} \quad & a_0 + a_1^{\mathrm{T}}(x_j - x) + d_j^+ - d_j^- = y_j,\ \ j \in l_n \\ & d_j^+ \geqslant 0,\ d_j^- \geqslant 0,\ j \in l_n \end{aligned} \tag{5.3.5}$$

于是可用常用线性规划算法解之。

在函数估计问题中，相对而言，核函数 $K(u,h)$ 的选择对估计的效果一般不起很大作用。这一方面也没有因为采用最小一乘估计法而有所改变。而窗宽 h 的选

择对估计的效果起的作用较大。根据 Wang 和 Scott (1994) 的研究，采用最小一乘估计法时，用下面的 ACV(absolute cross-validation) 窗宽选择法效果较好：

$$h_{\mathrm{ACV}} = \min \mathrm{ACV}(h)$$

$$\mathrm{ACV}(h) = \frac{1}{\hat{n}} \sum_{j \in l_n} \left| y_j - g_n^{-j}(x_j) \right|$$

其中 $g_n^{-r}(.)$ 为根据从全部数据中删去样本点 (y_r, x_r) 所得的解。

注 5.3.1　Wang 和 Scott(1994) 对最基本的非参数回归模型

$$y_i = f(x_i) + \varepsilon_i$$

研究了将 Nadaraya-Watson 核估计法与最小一乘估计结合的估计方法。该文指出，函数估计中常用的 Nadaraya-Watson 核估计法在数据有异常点时通常不稳健，但将这种核估计法与最小一乘法结合起来后就稳健多了。他们还给出了核估计量的渐近分布与函数估计量的平均偏差 (MSE)。本节讨论的局部多项式函数估计法，相对而言，比 Nadaraya-Watson 核估计法更有效，将这种估计法与最小一乘法结合起来后就可变得有效而稳健了。

本节将把最小一乘局部多项式函数估计用到变系数模型和空间数据模型，这是函数估计中两种比较复杂又很有用的模型。理论和模拟结果都表明，最小一乘局部多项式函数估计的效果比 (最小二乘) 局部多项式函数估计、最小一乘核估计的效果都好。

5.3.2　在变系数模型的函数估计中的应用

变系数模型是一种应用非常广泛的模型。变系数模型的一般形式为

$$Y_i = \sum_{j=1}^{p} a_j(U_i) X_{ij} + \varepsilon_i, \quad i = 1, \cdots, n \tag{5.3.6}$$

其中 $(U_i, X_{i1}, \cdots, X_{ip})$ 为协变量，$(U_i, X_{i1}, \cdots, X_{ip})$ 也可以是随机的，各 ε_i 为随机误差。如果诸协变量 $X_{i1}, \cdots, X_{ip}$ 的系数 $a_1(u), \cdots, a_p(u)$ 都是常数，则 (5.3.6) 为普通线性回归模型；如果它们是可变化的，则称为变系数模型。对变系数模型 (5.3.6)，$a_1(u), \cdots, a_p(u)$ 为定义在 $[0,1]$ 上待估计的未知函数。

众所周知，线性模型是统计模型中最基础的一种模型。它虽然简单，但针对线性模型发展出来的统计方法和理论大都可以推广到非线性模型中去。而变系数模型是把古典线性参数模型推广到线性非参数模型。因此，对它们的研究也有基础性的意义。这种模型的重要意义之一是可以用来近似高维数据模型，而后者是统计中

很麻烦的问题。这种模型有广泛的应用范围，在经济学、医药等许多领域里都有广泛应用。关于变系数模型的意义和估计方法，可参见文献 (Cleveland et al., 1992)。

因此，把最小一乘局部多项式函数估计法应用到变系数模型的函数估计中是很有意义的事。理论分析和模拟结果都表明，这样的函数估计方法的效果比原来的函数估计方法的效果有较大的改进。下面叙述这一估计方法，比较不平凡的任务是求出这些估计量的渐近概率分布。

在此模型中，有 p 个函数 $a_1(u),\cdots,a_p(u)$ 需进行估计。如果这 p 个函数有同样的光滑度，则用一般的多项式估计的方法就可以有效地给出估计。如果这 p 个函数有不同的光滑度，则多项式估计的方法应有所调整。如果对有不同光滑度的各个函数用同样的方法，则其估计效果不佳。Fan 和 Zhang(2000) 提出用两步估计法，以改进估计量的优良性, 唐庆国和王金德 (2005) 提出用一步估计法进行估计，这样可以减少估计误差。这里主要解决如何把多项式估计的方法与最小一乘法结合的问题，故只讨论这 p 个函数有同样的光滑度的情况。

5.3.2.1 变系数函数的最小一乘局部多项式估计方法

根据局部多项式估计的思想，给定 $u_0\in[0,1]$，对于 u_0 的某个邻域中的 u，用

$$a_j+b_j(u-u_0)$$

来逼近函数 $a_j(u)(j=1,\cdots,p)$。记

$$a(u)=(a_1(u),\cdots,a_p(u))^{\mathrm{T}},\quad b(u)=(b_1(u),\cdots,b_p(u))^{\mathrm{T}}$$

于是对于给定点 u_0，

$$a(u_0)=(a_1(u_0),\cdots,a_p(u_0))^{\mathrm{T}},\quad b(u_0)=(b_1(u_0),\cdots,b_p(u_0))^{\mathrm{T}}$$

它们的局部最小一乘估计量

$$\hat{a}=(\hat{a}_1(u_0),\cdots,\hat{a}_p(u_0))^{\mathrm{T}},\quad \hat{b}=(\hat{b}_1(u_0),\cdots,\hat{b}_p(u_0))^{\mathrm{T}}$$

则是下列最优化问题的最优解 $(\hat{a}^{\mathrm{T}},\hat{b}^{\mathrm{T}})^{\mathrm{T}}$：

$$\min\nolimits_{a,b}\sum_{i=1}^{n}|Y_i-[a+(U_i-u_0)b]^{\mathrm{T}}X_i|K\left(\frac{U_i-u_0}{h}\right) \tag{5.3.7}$$

其中 $K(\cdot)$ 为选定的核函数，h 为选定的窗宽。

关于窗宽选择，这里仍用 (ACV) 窗宽选择原则来选取 h_{ACV}，即

$$\mathrm{ACV}(h)=\frac{1}{n}\sum_{i=1}^{n}\left|Y_i-\sum_{j=1}^{p}\hat{a}_j^{-i}(U_i)X_{ij}\right|$$

优化问题 (5.3.7) 的数值求解方法是把它化为下列线性规划问题：

$$\begin{aligned} \min \quad & \sum_{i=1}^{n_0}(d_i^+ + d_i^-)K\left(\frac{U_i - u_0}{h}\right) \\ \text{s.t.} \quad & Xa + \tilde{U}Xb + d^+ - d^- = Y \\ & d^+, d^- \geqslant 0 \end{aligned} \tag{5.3.8}$$

其中 $d^+ = (d_1^+, \cdots, d_{n_0}^+)^{\mathrm{T}}$, $d^- = (d_1^-, \cdots, d_{n_0}^-)^{\mathrm{T}}$, $\tilde{U} = \mathrm{diag}((U_1 - u_0), \cdots, (U_n - u_0))$ 为对角线矩阵，$X = (X_{ij})$，$Y = (Y_1, \cdots, Y_n)^{\mathrm{T}}$。

这一问题可用线性规划常用算法求解。

5.3.2.2 最小一乘局部多项式估计量的渐近分布

推导这些估计量的渐近概率分布，所基于的基本思想与上一小节参数估计最小一乘法中的思想类似。然而，这里因为有核函数出现，证明的过程更复杂一些。

为了书写简便起见，引用下列记号：

$$\begin{aligned} & W(u) = (a_1''(u), \cdots, a_p''(u))^{\mathrm{T}} \\ & Q = (U_1, \cdots, U_n, X_{11}, \cdots, X_{1n}, \cdots, X_{p1}, \cdots, X_{pn})^{\mathrm{T}} \\ & \mu_i = \int_{-M}^{M} u^i K(u)\mathrm{d}u \\ & \nu_i = \int_{M}^{M} u^i K^2(u)\mathrm{d}u \\ & \mu_{ci} = \int_{-c}^{M} u^i K(u)\mathrm{d}u \\ & \nu_{ci} = \int_{-c}^{M} u^i K^2(u)\mathrm{d}u, \quad i = 0, 1, \cdots \\ & \lambda_1 = (\mu_0\mu_2 - \mu_1^2)(\mu_2^2\nu_0 - 2\mu_1\mu_2\nu_1 + \mu_1^2\nu_2)^{-1/2} \\ & \lambda_2 = \frac{1}{2}(\mu_2^2 - \mu_1\mu_3)(\mu_0\mu_2 - \mu_1^2)^{-1} \\ & \lambda_{c1} = (\mu_{c0}\mu_{c2} - \mu_{c1}^2)(\mu_{c2}^2\nu_{c0} - 2\mu_{c1}\mu_{c2}\nu_{c1} + \mu_{c1}^2\nu_{c2})^{-1/2} \\ & \lambda_{c2} = \frac{1}{2}(\mu_{c2}^2 - \mu_{c1}\mu_{c3})(\mu_{c0}\mu_{c2} - \mu_{c1}^2)^{-1} \\ & r_{ij}(u) = E(X_{1i}X_{1j}|U = u) \end{aligned}$$

为了保证有关渐近分布的结果成立，将引用下列假设条件。

(1) $h \sim n^{-\frac{1}{5}}$；

(2) 函数 $a_j(u)(j = 1, \cdots, p)$ 在 u_0 的某一邻域里二次连续可微；

(3) $r_{ij}(u)(i,j=1,\cdots,p)$ 在 u_0 的某一邻域里连续，并且 $\Omega=(r_{ij}(u_0))_{p\times p}$ 和 $\Omega_0=(r_{ij}(0))_{p\times p}$ 为正定矩阵；

(4) U 的边际分布密度函数 $f(u)$ 在 u_0 的某一邻域里有连续二阶导数，并且 $f(u_0)\neq 0$；

(5) 核函数 $K(\cdot)\geqslant 0$ 在其支撑集 $[-M,M]$ 上有界；

(6) $\max\limits_{1\leqslant i\leqslant n}\|X_i\|=o_p(n^{2/5})$；

(7) $P(\varepsilon\leqslant 0|U)\geqslant 0.5$ a.s. 且 $P(\varepsilon\geqslant 0|U)\geqslant 0.5$ a.s.，即给定 U，ε 的中位数为零，它的给定 $U=u$ 的条件分布密度函数 $g(x|u)$ 在 $x=0$ 附近关于 u 一致连续，而作为 u 的函数，$g(0|u)$ 在 u_0 的某一邻域里连续，并且 $g(0|u_0)>0$.

这些条件都是函数估计中常用的条件，并没有因为采用最小一乘估计法而引进特别苛刻的条件。真正为采用最小一乘估计法而引进的只有条件 (7)，关于随机误差的中位数为 0 的假定。这已是采用最小一乘估计法所需的最基本的条件。

下面的四个定理给出 $a(u_0)$ 的最小一乘估计量 $\hat{a}$ 在四种情况下的渐近分布，其中前两个定理给出当 U 为随机变量时的结果，后两个定理给出当 U 为固定值时的结果。定理 5.3.1 与定理 5.3.3 是被估计点 u_0 是内点的情形下的结果，定理 5.3.2 与定理 5.3.4 是被估计点 u_0 是边界点的情形下的结果。在函数估计中，边界点和内点情形下的估计量的性质是不一样的。

当 U 为随机变量时，用记号 $(\hat{a}_r^{\mathrm{T}},\hat{b}_r^{\mathrm{T}})^{\mathrm{T}}$ 代替 $(\hat{a}^{\mathrm{T}},\hat{b}^{\mathrm{T}})^{\mathrm{T}}$。

定理 5.3.1 设 U 为随机变量，u_0 是 $[0,1]$ 的内点。设前面的假设条件 (1)~(7) 成立，则给定 Q(也即给定 U 和 X)，$\hat{a}_r$ 为渐近正态，具体分布为

$$\begin{aligned}&P(2g(0|u_0)[f(u_0)]^{1/2}\lambda_1(nh)^{1/2}\Omega^{1/2}(\hat{a}_r-a(u_0)-\lambda_2h^2W(u_0))\leqslant t|Q)\\&=\Phi(t)+o_p(1)\end{aligned}$$

其中 $\Phi(t)$ 为 p 维标准正态分布函数；$\hat{a}_r$ 的无条件 (也即不给定 U 和 X) 分布也是渐近正态的：

$$2g(0|u_0)[f(u_0)]^{1/2}\lambda_1(nh)^{1/2}\Omega^{1/2}(\hat{a}_r-a(u_0)-\lambda_2h^2W(u_0))\to_d N(O,I_p)$$

注 5.3.2 上面两个概率式子中的 $[f(u_0)]^{1/2}\lambda_1(nh)^{1/2}\Omega^{1/2}$ 是对函数估计量通常所乘的因子，以表达估计量向其真值收敛的速度，相当于参数估计量前面所乘 $n^{\frac{1}{2}}$。而前面的常数因子 $2g(0|u_0)$ 则是最小一乘估计量的方差因子。$\lambda_2h^2W(u_0)$ 一项的存在表明，所给出的估计量 $\hat{a}_r$ 不是关于其真值 $a(u_0)$ 无偏的. 但其偏差 $\lambda_2h^2W(u_0)$ 当样本大小趋于无穷时趋于零，所以它们是渐近无偏的。出现这一情况是因为在函数估计中，一般都得不到无偏估计量。对目前采用最小一乘函数估计方法，情况也是一样。

注 5.3.3　定理 5.3.1 中的“内点”是指不是很靠近函数定义区间 (这里设为 [0,1]) 的端点的点，以区别于靠近这一区间的端点的点 (见定理 5.3.2)。

在函数估计问题中，边界效应是必须考虑的一个方面之一。有些函数估计方法给出的估计值往往在边界端点附近效果不好。这时，对靠近边界的点处的估计必须十分小心，或采取一些辅助措施来弥补不足。对于现在的最小一乘局部线性估计量，从下面的定理可见，有较好的边界效应。

设 u_0 是靠近边界端点 0 的点。不妨取 $u_0 = ch$，其中 $c < M$ 为正数，h 很小。记 $(\hat{a}_r^{\mathrm{T}}(u_0), \hat{b}_r^{\mathrm{T}}(u_0))^{\mathrm{T}}$ 为此时的最优解。令 $a(u_0) = (a_1(u_0), \cdots, a_p(u_0))^{\mathrm{T}}$，则有如下定理：

定理 5.3.2　设 U 为随机变量，u_0 为靠近边界的点。设前面的假设条件 (1)~(7) 成立，则给定 Q(也即给定 U 和 X)，$\hat{a}_r$ 为渐近正态分布的：

$$
\begin{aligned}
&P(2g(0|0)[f(0)]^{1/2}\lambda_{c1}(nh)^{1/2}\Omega_0^{1/2}(\hat{a}_r(u_0) - a(u_0) - \lambda_{c2}h^2W(0)) \leqslant t|Q) \\
&= \Phi(t) + o_p(1)
\end{aligned}
$$

其无条件 (也即不给定 U 和 X) 分布也是渐近正态的：

$$
2g(0|0)[f(0)]^{1/2}\lambda_{c1}(nh)^{1/2}\Omega_0^{1/2}(\hat{a}_r(u_0) - a(u_0) - \lambda_{c2}h^2W(0)) \to_d N(O, I_p)
$$

当 U 为非随机变量时，选取 $U_i = i/n(i = 1, \cdots, n)$。这样，诸点 $U_i(i = 1, \cdots, n)$ 便不会集中在 $[0,1]$ 的某一小区域内，以免影响估计均衡效果 (注意：在定理 5.3.1 中考虑 U 为随机情形的估计时，不必考虑这一点)。用 $(\hat{a}_f^{\mathrm{T}}, \hat{b}_f^{\mathrm{T}})^{\mathrm{T}}$ 记此时的最优解，令

$$
V = (X_{11}, \cdots, X_{1p}, \cdots, X_{np})^{\mathrm{T}}
$$

则对 $[0,1]$ 的内点 u_0，有下述结果：

定理 5.3.3　设 U 为固定值，u_0 是 $[0,1]$ 的内点。设前面的假设条件 (1)~(3)，(5)~(7) 成立，则给定 V，$\hat{a}_f$ 的渐近分布为

$$
P(2g(0|u_0)\lambda_1(nh)^{1/2}\Omega^{1/2}(\hat{a}_f - a(u_0) - \lambda_2h^2W(u_0)) \leqslant t|V) = \Phi(t) + o_p(1)
$$

$\hat{a}_f$ 的无条件分布满足

$$
2g(0|u_0)\lambda_1(nh)^{1/2}\Omega^{1/2}(\hat{a}_f - a(u_0) - \lambda_2h^2W(u_0)) \to_d N(O, I_p)
$$

在 $u_0 = u_n = ch$ 为靠近左边界点的情形下，用 u_n 代替最优化问题 (5.3.7) 中的 u_0，记其最优解为 $(\hat{a}_f^{\mathrm{T}}(u_n), \hat{b}_f^{\mathrm{T}}(u_n))^{\mathrm{T}}$，则有如下定理：

定理 5.3.4 设 U 为固定值，$u_n = ch$ 为靠近 $[0,1]$ 的左边界点。设前面的假设条件 (1),(3),(5)~(7) 成立，并且假设条件 (2) 在 $u=0$ 处成立，则给定 V，

$$\begin{aligned}&P(2g(0|0)\lambda_{c1}(nh)^{1/2}\varOmega_0^{1/2}(\hat{a}_f(u_n)-a(u_n)-\lambda_{c2}h^2W(0))\leqslant t|V)\\=&\varPhi(t)+o_p(1)\end{aligned}$$

无条件分布为

$$2g(0|0)\lambda_{c1}(nh)^{1/2}\varOmega_0^{1/2}(\hat{a}_f(u_n)-a(u_n)-\lambda_{c2}h^2W(0))\to_d N(O,I_p)$$

注 5.3.4 定理 5.3.2 和定理 5.3.4 的结论表明，在 u_0 为靠近边界点的情形下，局部线性最小一乘估计量的收敛速度与 u_0 是 $[0,1]$ 的内点情形下的收敛速度同为 $O(n^{-4/5})$。因此，对于边界点，估计方法不必作任何调整。但对于其他估计方法 (如核估计法)，在边界点处，估计方法必须作一些调整才能达到与内点同样的收敛速度。可见，最小一乘局部线性估计法除了稳健之外，还有边界效应好的优点。

为节省篇幅，只给出定理 5.3.1 的证明，其他几个定理的证明类似，详细的证明可参见文献 (Tang and Wang, 2005)。

先把最优化问题 (5.3.5) 作进一步的化简。根据 Taylor 展开式有

$$a_j(U_i)=a_j(u_0)+a_j'(u_0)(U_i-u_0)+\frac{1}{2}a_j''(Z_{ij})(U_i-u_0)^2$$

其中 $a_j'(\cdot),a_j''(\cdot)$ 分别为函数 $a_j(\cdot)$ 的一阶与二阶导数，$|U_i-u_0|\leqslant Mh$, Z_{ij} 为 u_0 与 U_i 之间的点，故 $|Z_{ij}-u_0|<|U_i-u_0|$。记二阶导数向量 $a''(Z_i)=(a_1''(Z_{i1}),\cdots,a_p''(Z_{ip}))^{\mathrm{T}}$。

把模型 (5.3.4) 代入优化问题 (5.3.5)，并对诸函数 $a_j(.)$ 代入上述 Taylor 展开式，可得

$$\begin{aligned}&(\hat{a}_r^{\mathrm{T}},\hat{a_r'}^{\mathrm{T}})^{\mathrm{T}}\\=&\underset{a,a'}{\mathrm{Argmin}}\sum_{i=1}^n|Y_i-[a+(U_i-u_0)a']^{\mathrm{T}}X_i|K\left(\frac{U_i-u_0}{h}\right)\\=&\underset{a,a'}{\mathrm{Argmin}}\sum_{i=1}^n\left\{\left|\left[(nh)^{1/2}(a-a(u_0))+h^{-1}(U_i-u_0)(nh)^{1/2}h(a-a'(u_0))\right]^{\mathrm{T}}\right.\right.\\&\left.\times(nh)^{-1/2}X_i+\left[\frac{1}{2}(U_i-u_0)^2a''(Z_i)^{\mathrm{T}}X_i+\varepsilon_i\right]\right|\\&\left.-\left|\frac{1}{2}(U_i-u_0)^2a''(Z_i)'X_i+\varepsilon_i\right|\right\}K\left(\frac{U_i-u_0}{h}\right)\end{aligned}$$

其中 $a'(u_0)=(\nabla a_1'(u_0),\cdots,a_p'(u_0))^{\mathrm{T}}$。上面最后一个等式成立是因为最后的附加项 $-\left|\frac{1}{2}(U_i-u_0)^2a''(Z_i)^{\mathrm{T}}X_i+\varepsilon_i\right|K\left(\frac{U_i-u_0}{h}\right)$ 与优化变量 a 和 a' 无关。

在函数估计中，一般是求 $(nh)^{1/2}(\hat{a}-a(u_0))$ 的渐近性态，参见函数估计专著 (Prakasa Rao, 1983)(这类似于参数估计中通常求 $n^{1/2}(\theta_n-\theta_0)$ 的渐近分布)。于是选用 $\alpha=(nh)^{1/2}(a-a(u_0))$ 和 $\beta=(nh)^{1/2}h(a'-a'(u_0))$ 作为新的优化变量，以代替 a 和 a'，从而得下列优化问题：

$$\begin{aligned}
&(\hat{\alpha}_r^{\mathrm{T}},\hat{\beta}_r^{\mathrm{T}})^{\mathrm{T}}\\
&=\underset{\alpha,\beta}{\operatorname{Argmin}}\sum_{i=1}^{n}(|[\alpha+h^{-1}(U_i-u_0)\beta]^{\mathrm{T}}(nh)^{-1/2}X_i\\
&\quad-\left[\frac{1}{2}(U_i-u_0)^2a''(Z_i)^{\mathrm{T}}X_i+\varepsilon_i\right]|\\
&\quad-\left|\frac{1}{2}(U_i-u_0)^2a''(Z_i)^{\mathrm{T}}X_i+\varepsilon_i|\right)K\left(\frac{U_i-u_0}{h}\right)
\end{aligned}\tag{5.3.9}$$

其中 Argmin F 是指求某一函数 F 的极小值运算。易见，

$$\hat{\alpha}_r=(nh)^{1/2}(\hat{a}_r-a(u_0)),\quad \hat{\beta}_r=(nh)^{1/2}h(\hat{b}_r-b(u_0))$$

为求最优解 $\hat{\alpha}_r$ 和 $\hat{\beta}_r$ 的极限分布，先求优化问题 (5.3.9) 的目标函数的极限函数，然后证明这一极限函数的最优解的概率分布就是 $\hat{\alpha}_r$ 和 $\hat{\beta}_r$ 的极限分布。

记 (5.3.9) 的目标函数为 S_n。用类似于 5.2.1 小节中的做法，令

$$\begin{aligned}
&G_n=E(S_n|Q)\\
&R_n=S_n-G_n+\sum_{i=1}^{n}[\alpha+h^{-1}(U_i-u_0)\beta]'(nh)^{-1/2}X_iK\left(\frac{U_i-u_0}{h}\right)\operatorname{sgn}(\varepsilon_i)
\end{aligned}$$

其中 $\operatorname{sgn}(\cdot)$ 为符号函数。由上式得

$$S_n=G_n-\sum_{i=1}^{n}[\alpha+h^{-1}(U_i-u_0)\beta]^{\mathrm{T}}(nh)^{-1/2}X_iK\left(\frac{U_i-u_0}{h}\right)\operatorname{sgn}(\varepsilon_i)+R_n\tag{5.3.10}$$

下面的引理 5.3.1 和引理 5.3.3 分别给出 R_n 和 G_n 的极限，而 (5.3.10) 的中间一项的极限则在定理 5.3.1 的最后证明过程中给出。这样，S_n 的极限函数即可求出。

引理 5.3.1 设假设条件 (1)~(7) 成立，则对给定任何 α,β 有

$$R_n=o_p(1)$$

证明 令

$$v_n=\max_{1\leqslant i\leqslant n}\left(|[\alpha+h^{-1}(U_i-u_0)\beta]^{\mathrm{T}}(nh)^{-1/2}X_i|+\left|\frac{1}{2}(U_i-u_0)^2W(Z_i)^{\mathrm{T}}X_i\right|\right)$$

由假设 (1) 中对于 h 的选择的假设以及假设 (2) 与假设 (6) 中关于 X_i 的限定有

$$h \sim n^{-\frac{1}{5}}, \quad \max_{1\leqslant i\leqslant n} \|X_i\| = o_p(n^{2/5})$$

因而对任何给定的 α,β 和 $|U_i-u_0|\leqslant Mh$，当 n 充分大时有

$$v_n = o_p(1)$$

令

$$\begin{aligned}T_{ni} = &\left|\left(\left|[\alpha+h^{-1}(U_i-u_0)\beta]^{\mathrm{T}}(nh)^{-1/2}X_i - \left[\frac{1}{2}(U_i-u_0)^2a''(Z_i)^{\mathrm{T}}X_i+\varepsilon_i\right]\right|\right.\right.\\ &-\left.\left|\frac{1}{2}(U_i-u_0)^2a''(Z_i)^{\mathrm{T}}X_i+\varepsilon_i\right|\right)K\left(\frac{U_i-u_0}{h}\right)\\ &\left.+[\alpha+h^{-1}(U_i-u_0)\beta]^{\mathrm{T}}(nh)^{-1/2}X_iK\left(\frac{U_i-u_0}{h}\right)\mathrm{sgn}(\varepsilon_i)\right|.\end{aligned}$$

注意到当 $|\varepsilon_i|>v_n$ 时，$T_{ni}=0$。于是得

$$T_{ni}\leqslant 2|[\alpha+h^{-1}(U_i-u_0)\beta]^{\mathrm{T}}(nh)^{-1/2}X_i|K\left(\frac{U_i-u_0}{h}\right)I_{\{|\varepsilon_i|\leqslant v_n\}} \tag{5.3.11}$$

显然，对任何 $\epsilon>0$ 和 $\eta>0$ 有

$$P(|R_n|>\epsilon)\leqslant P(v_n\geqslant\eta)+P(I_{\{v_n<\eta\}}|R_n|>\epsilon) \tag{5.3.12}$$

从 (5.3.11)，(5.3.12) 和假设条件 (3)，(4)，(7) 可得，当 $\eta\to 0$ 时有

$$\begin{aligned}&E(I_{\{v_n<\eta\}}R_n^2)\\ &\leqslant E(I_{\{v_n<\eta\}}\sum_{i=1}^n E(T_{ni}^2|Q))\\ &\leqslant 4E(I_{\{v_n<\eta\}}\sum_{i=1}^n[(\alpha+h^{-1}(U_i-u_0)\beta)^{\mathrm{T}}(nh)^{-1/2}X_i]^2K^2\\ &\left(\frac{U_i-u_0}{h}\right)\cdot P(|\varepsilon_i|\leqslant d_n|Q))\\ &\leqslant 16\eta\sum_{i=1}^n E\left\{[(\alpha+h^{-1}(U_i-u_0)\beta)^{\mathrm{T}}(nh)^{-1/2}X_i]^2K^2\left(\frac{U_i-u_0}{h}\right)g(0|U_i)\right\}\\ &=16g(0|u_0)f(u_0)\eta(\nu_0\alpha^{\mathrm{T}}\Omega\alpha+2\nu_1\alpha^{\mathrm{T}}\Omega\beta+\nu_2\beta^{\mathrm{T}}\Omega\beta+o(1))\to 0\end{aligned}$$

综合 (5.3.11)，(5.3.12) 和以上论证，并用 Chebyshev 不等式立得所需结果。■

引理 5.3.2　在假设条件 (1), (3)～(7) 下有

$$n^{-1}\sum_{i=1}^{n}\xi_{ni}=g(0|u_0)f(u_0)(\mu_0\alpha^{\mathrm{T}}\Omega\alpha+2\mu_1\alpha^{\mathrm{T}}\Omega\beta+\mu_2\beta^{\mathrm{T}}\Omega\beta)+o_p(1)$$

$$n^{-1}\sum_{i=1}^{n}\kappa_{ni}=g(0|u_0)f(u_0)(\mu_2\alpha^{\mathrm{T}}\Omega a''(u_0)+\mu_3\beta^{\mathrm{T}}\Omega a''(u_0))+o_p(1)$$

$$n^{-1}\sum_{i=1}^{n}\zeta_{ni}=f(u_0)\mu_4 a''(u_0)^{\mathrm{T}}\Omega a''(u_0)+o_p(1)$$

其中

$$\xi_{ni}=g(0|U_i)h^{-1}K\left(\frac{U_i-u_0}{h}\right)[\alpha+h^{-1}(U_i-u_0)\beta]^{\mathrm{T}}X_iX_i^{\mathrm{T}}[\alpha+h^{-1}(U_i-u_0)\beta]$$

$$\kappa_{ni}=g(0|U_i)h^{-1}K\left(\frac{U_i-u_0}{h}\right)[\alpha+h^{-1}(U_i-u_0)\beta]^{\mathrm{T}}X_iX_i^{\mathrm{T}}h^{-2}(U_i-u_0)^2a''(Z_i)$$

$$\zeta_{ni}=h^{-1}K\left(\frac{U_i-u_0}{h}\right)h^{-4}(U_i-u_0)^4a''(Z_i)^{\mathrm{T}}X_iX_i^{\mathrm{T}}W(Z_i)$$

证明　只证第一个结论，其余结论的证明类似。令 φ_{ni} 为 ξ_{ni} 的特征函数，φ_n $n^{-1}\sum_{i=1}^{n}\xi_{ni}$ 的特征函数，则有

$$\varphi_n(t)=\prod_{i=1}^{n}\varphi_{ni}\left(\frac{t}{n}\right)=\left[\varphi_{n1}\left(\frac{t}{n}\right)\right]^n$$

并且

$$\varphi_{n1}\left(\frac{t}{n}\right)=1+\frac{t}{n}\varphi'_{n1}(0)+\frac{t}{n}\int_0^1\left[\varphi'_{n1}\left(\frac{ts}{n}\right)-\varphi'_{n1}(0)\right]\mathrm{d}s$$

由假设条件 (1)，(5)，(6) 可得

$$\left|\frac{1}{n}\xi_{n1}\right|\leqslant Cn^{-1}h^{-1}\max_{1\leqslant i\leqslant n}\|X_i\|^2=o_p(1)$$

其中 C 为一常数。于是

$$\left|\varphi'_{n1}\left(\frac{t}{n}\right)-\varphi'_{n1}(0)\right|\leqslant E(|\xi_{n1}|\cdot|\mathrm{e}^{\mathrm{i}\frac{t}{n}\xi_{n1}}-1|)=o(1)$$

对 $t\in[0,1]$ 一致成立。

又因为

$$\begin{aligned}\varphi_{n1}^{'}(0)&=\mathrm{i}E\xi_{n1}\\&=\mathrm{i}E(g(0|U_1)h^{-1}K\left(\frac{U_1-u_0}{h}\right)[\alpha+h^{-1}(U_1-u_0)\beta]^{\mathrm{T}}(r_{ij}(U_1))_{p\times p}\\&\quad\times[\alpha+h^{-1}(U_1-u_0)\beta])\\&=\mathrm{i}g(0|u_0)f(u_0)(\mu_0\alpha^{\mathrm{T}}\Omega\alpha+2\mu_1\alpha^{\mathrm{T}}\Omega\beta+\mu_2\beta^{\mathrm{T}}\Omega\beta)+o(1)\end{aligned}$$

因而

$$\ln\varphi_n(t)=\mathrm{i}tg(0|u_0)f(u_0)(\mu_0\alpha^{\mathrm{T}}\Omega\alpha+2\mu_1\alpha^{\mathrm{T}}\Omega\beta+\mu_2\beta^{\mathrm{T}}\Omega\beta)+o(|t|)$$

进而

$$\lim_{n\to\infty}\varphi_n(t)=\mathrm{e}^{\mathrm{i}tg(0|u_0)f(u_0)(\mu_0\alpha^{\mathrm{T}}\Omega\alpha+2\mu_1\alpha^{\mathrm{T}}\Omega\beta+\mu_2\beta^{\mathrm{T}}\Omega\beta)}$$

这样，第一个结论得证。■

下面的引理将给出 G_n 的极限函数。

引理 5.3.3 设条件 (1)~(7) 成立，则

$$G_n=G(\alpha,\beta)+o_p(1)$$

其中

$$\begin{aligned}G(\alpha,\beta)=g(0|u_0)f(u_0)(&\mu_0\alpha^{\mathrm{T}}\Omega\alpha+2\mu_1\alpha^{\mathrm{T}}\Omega\beta+\mu_2\beta^{\mathrm{T}}\Omega\beta\\&-\mu_2\alpha^{\mathrm{T}}\Omega a''(u_0)-\mu_3\beta^{\mathrm{T}}\Omega a''(u_0))\end{aligned}$$

证明 由条件 (7) 和引理 5.3.2，对任何充分小的正数 η 有

$$\begin{aligned}G_n&=G_nI_{\{d_n<\eta\}}+G_nI_{\{d_n\geqslant\eta\}}\\&=I_{\{d_n<\eta\}}\Bigg\{\sum_{i=1}^n g(0|U_i)K\left(\frac{U_i-u_0}{h}\right)([\alpha+h^{-1}(U_i-u_0)\beta]^{\mathrm{T}}(nh)^{-1/2}X_i)^2\\&\quad\times[1+o(1)]-\sum_{i=1}^n g(0|U_i)K\left(\frac{U_i-u_0}{h}\right)\\&\quad\times[\alpha+h^{-1}(U_i-u_0)\beta]^{\mathrm{T}}(nh)^{-1/2}X_i(U_i-u_0)^2\\&\quad\times a''(Z_i)^{\mathrm{T}}X_i+o\left(\sum_{i=1}^n K\left(\frac{U_i-u_0}{h}\right)[(U_i-u_0)^2a''(Z_i)^{\mathrm{T}}X_i]^2\right)\Bigg\}+G_nI_{\{d_n\geqslant\eta\}}\\&=I_{\{d_n<\eta\}}\left(n^{-1}\sum_{i=1}^n\xi_{ni}[1+o(1)]-(nh)^{1/2}h^2n^{-1}\sum_{i=1}^n\kappa_{ni}\right.\\&\quad\left.+o\left(nh^5n^{-1}\sum_{i=1}^n\zeta_{ni}\right)\right)+G_nI_{\{d_n\geqslant\eta\}}\end{aligned}$$

联合条件 (1) 和引理 5.3.2 可得

$$\begin{aligned}G_n &= I_{\{d_n<\eta\}}(G(\alpha,\beta)+o_p(1))+G_nI_{\{d_n\geqslant\eta\}}\\&=G(\alpha,\beta)+o_p(1)-[G(\alpha,\beta)+o_p(1)+G_n]I_{\{d_n\geqslant\eta\}}\end{aligned}$$

由此结果与 (5.3.9) 即得引理结论。■

现在来证定理 5.3.1.

令

$$L_n=\sum_{i=1}^{n}[\alpha+h^{-1}(U_i-u_0)\beta]^{\mathrm{T}}(nh)^{-1/2}X_iK\left(\frac{U_i-u_0}{h}\right)\mathrm{sgn}(\varepsilon_i)$$

由引理 5.3.1 和引理 5.3.3 以及式 (5.3.9)，对任何固定 α,β 可得

$$S_n=G(\alpha,\beta)-L_n+\bar{R}_n \tag{5.3.13}$$

其中 $\bar{R}_n=o_p(1)$，因此，

$$S_n+L_n=G(\alpha,\beta)+\bar{R}_n$$

注意到

$$\begin{aligned}EL_n^2&=\sum_{i=1}^{n}E\left([\alpha+h^{-1}(U_i-u_0)\beta]^{\mathrm{T}}(nh)^{-1/2}X_iK\left(\frac{U_i-u_0}{h}\right)\right)^2\\&=\nu_0\alpha^{\mathrm{T}}\Omega\alpha+2\nu_1\alpha^{\mathrm{T}}\Omega\beta+\nu_2\beta^{\mathrm{T}}\Omega\beta+o(1)\end{aligned}$$

所以 L_n 依概率有界，从而随机凸函数 S_n+L_n，对任何固定 α,β，依概率收敛于 $G(\alpha,\beta)$。此外，由凸性引理 (Pollard，1991) 可推出，对任何紧致集 K 有

$$\sup_{(\alpha^{\mathrm{T}},\beta^{\mathrm{T}})^{\mathrm{T}}\in K}|\bar{R}_n|=o_p(1)$$

再用该凸性引理，或参照 (Wang and Scott, 1994)，可得 S_n 的极小值点 $(\hat{\alpha}_r^{\mathrm{T}},\hat{\beta}_r^{\mathrm{T}})^{\mathrm{T}}$ 以及 (5.3.13) 右端的极小值点 $(\bar{\alpha}_r^{\mathrm{T}},\bar{\beta}_r^{\mathrm{T}})^{\mathrm{T}}$ 满足如下关系式：

$$2g(0|u_0)f(u_0)(\mu_0\mu_2-\mu_1^2)\Omega(\hat{\alpha}_r-\bar{\alpha}_r)=o_p(1) \tag{5.3.14}$$

及

$$2g(0|u_0)f(u_0)(\mu_1^2-\mu_0\mu_2)\Omega(\hat{\beta}_r-\bar{\beta}_r)=o_p(1) \tag{5.3.15}$$

其中 $\bar{\alpha}_r$，根据 (5.3.10)，满足

$$\begin{aligned}&2g(0|u_0)f(u_0)(\mu_0\mu_2-\mu_1^2)\Omega\bar{\alpha}_r\\&=g(0|u_0)f(u_0)(\mu_2^2-\mu_1\mu_3)\Omega W(u_0)\\&\quad+\sum_{i=1}^{n}(nh)^{-1/2}[\mu_2-\mu_1h^{-1}(U_i-u_0)]K\left(\frac{U_i-u_0}{h}\right)X_i\mathrm{sgn}(\varepsilon_i)\end{aligned} \tag{5.3.16}$$

下面来证 $\hat{\alpha}_r$ 的渐近正态性。从 (5.3.14) 可知，只要证明 $\bar{\alpha}_r$ 的渐近正态性就够了。而由 (5.3.13)，只要找出

$$\sum_{i=1}^{n}(nh)^{-1/2}[\mu_2-\mu_1h^{-1}(U_i-u_0)]K\left(\frac{U_i-u_0}{h}\right)X_i\mathrm{sgn}(\varepsilon_i)$$

的极限分布即可。

令

$$B_n^2=\frac{1}{nh}\sum_{i=1}^{n}[\mu_2-\mu_1h^{-1}(U_i-u_0)]^2K^2\left(\frac{U_i-u_0}{h}\right)X_iX_i^{\mathrm{T}}$$

则

$$B_n^2\xrightarrow{P}B^2=f(u_0)(\mu_2^2\nu_0-2\mu_1\mu_2\nu_1+\mu_1^2\nu_2)\Omega \tag{5.3.17}$$

设 $\theta=(\theta_1,\cdots,\theta_p)^{\mathrm{T}}$ 为任一满足条件 $\|\theta\|=1$ 的实数向量。下面来证明

$$\sum_{i=1}^{n}\tau_i\mathrm{sgn}(\varepsilon_i)\triangleq\theta^{\mathrm{T}}(nh)^{-1/2}\sum_{i=1}^{n}[\mu_2-\mu_1h^{-1}(U_i-u_0)]K\left(\frac{U_i-u_0}{h}\right)X_i\mathrm{sgn}(\varepsilon_i)$$

是条件渐近正态的.

注意到

$$\max_{1\leqslant i\leqslant n}|\tau_i|\leqslant C\|\theta\|(nh)^{-1/2}\max_{1\leqslant i\leqslant n}\|X_i\|=o_p(1) \tag{5.3.18}$$

其中 C 为某一正常数。式 (5.3.18) 后面一个等号是由所设条件 (1),(5),(6) 得出的。综合 (5.3.14) 和 (5.3.15)，对任何 $\varepsilon>0$，存在 $\eta_0>0$，满足

$$\begin{aligned}&\left(\sum_{i=1}^{n}\tau_i^2\right)^{-1}\sum_{i=1}^{n}E((\tau_i\mathrm{sgn}(\varepsilon_i))^2I_{\left\{|\tau_i\mathrm{sgn}(\varepsilon_i)|\geqslant\epsilon\sum\limits_{i=1}^{n}\tau_i^2\right\}}|Q)\\&\leqslant\left((\theta^{\mathrm{T}}B_n^2\theta)^{-1}\sum_{i=1}^{n}\tau_i^2I_{\{|\tau_i|\geqslant\epsilon\theta^{\mathrm{T}}B_n^2\theta\}}\right)I_{\{\theta^{\mathrm{T}}B_n^2\theta\leqslant\eta_0\}}+I_{\{\max|\tau_i|\geqslant\epsilon\theta^{\mathrm{T}}B_n^2\theta\}}I_{\{\theta^{\mathrm{T}}B_n^2\theta>\eta_0\}}\\&=o_p(1)\end{aligned}$$

这一结果蕴涵着条件 Lindeberg-Feller 条件成立。再由 Cramer-Wold 公式得

$$\begin{aligned}&P\left(B^{-1}(nh)^{-1/2}\sum_{i=1}^{n}[\mu_2-\mu_1h^{-1}(U_i-u_0)]K_h(U_i-u_0)\mathrm{sgn}(\varepsilon_i)X_i\leqslant t|Q\right)\\&=\Phi(t)+o_p(1)\end{aligned} \tag{5.3.19}$$

这样，定理的第一个结论由 (5.3.14),(5.3.16),(5.3.17) 和 (5.3.19) 得出，第二个结论由第一个结论和控制收敛定理得出。■

5.3.3 在空间数据模型的函数估计中的应用

空间数据就是与空间位置有关的数据。例如，各种气象要素数据，各种地理、地质信息数据，各地环境污染数据，各种卫星探测数据，各种医疗设备扫描人体内部数据，地区经济发展要素数据等，都与空间位置有关。因此，空间数据的统计分析在地球科学、环境科学、医药科学、经济学等领域内都有重要应用。有关空间数据的统计的基本阐述可参见文献 (Cressie, 1991)，但该书中只阐述了参数估计问题，没有涉及空间数据的函数估计问题。

在空间数据统计分析中，参数估计、函数估计都是其中的最基本任务。近 20 年中，随着函数估计研究的不断深入、扩展，空间数据的函数估计的研究也有不少进展，参见文献 (Biau and Cadre, 2004; Hallin et al., 2004a, 2004b; Lu and Chen, 2004) 等。在这些文章中，都是研究应用通常的函数估计方法所得估计量的渐近分布的。对于空间数据的函数估计，必须考虑到空间数据的一个特点：根据实际应用经验，空间数据中出现异常点数据的可能性很大，参见文献 (Haining, 2003)。因此，在作空间数据的函数估计时结合使用最小一乘估计法尤为必要。

本小节将展示如何在作空间数据的函数估计时结合使用最小一乘估计法和这一估计量的优势。对空间数据的函数估计方法作统计理论分析时，最大的困难来自空间数据所隐含的复杂相关关系：空间数据有无穷多个方向的相关性 (作为对照，时间序列数据只有一个方向的相关性)。作为空间数据的概率结构模型的，则是多参数随机过程 (随机场)。因此，即使用最小二乘估计法，求估计量的渐近分布亦非易事。如果用最小一乘估计法，则求估计量的渐近分布的困难更甚。但用本书一贯使用的方法，仍然可以求出这一渐近分布。然而，由于证明太长，本书中将不详述其证明过程，有兴趣的读者可参见文献 (Xu and Wang, 2008c)。

5.3.3.1 空间数据的函数估计问题和估计方法

令 $\{\mathbf{Z}^N\}$ 表示 N 维欧氏空间中的一个整数格 (如果 Z 是二维空间中的点，则 $\{\mathbf{Z}^N\}$ 就是平面整数格点 (lattice points) 集)。每一个 Z_i 代表一个空间位置。设有 $(d+1)$ 维严平稳随机场

$$\{(Y_i, X_i), i \in \mathbf{Z}^N\}$$

其中取值于 $\mathbf{R}$ 的 Y_i 和取值于 $\mathbf{R}^d$ 的 X_i 为定义在概率空间 $(\Omega, \mathcal{F}, P)$ 上的随机变量。设该随机场在一个形为$l_n := \{i = (i_1, \cdots, i_N) \in \mathbf{Z}^N | 1 \leqslant i_k \leqslant n_k, k = 1, \cdots, N\}$ 的长方体区域上被观测，$n = (n_1, \cdots, n_N) \in \mathbf{Z}^N$。总的样本大小为 $n^* = \prod\limits_{k=1}^{N} n_k$。假定 $|n_j/n_k| < C(1 \leqslant j, k \leqslant N)$，其中 C 为某一常数。称 $n \to \infty$，如果 $\min\limits_{1\leqslant k\leqslant N}\{n_k\} \to \infty$，并记为 $n \Rightarrow \infty$。

就像在时间序列的情形一样，给定协变量的值 $X = x$，响应变量 Y 的最好 (最小均方误差意义下) 预测值是条件期望 $E(Y|X = x)$。若函数 $g(x) = E(Y|X = x)$ 未知，就必须进行估计。

于是有非参数回归模型

$$y = g(x) + \varepsilon$$

其中 x 为空间变量，$g(x)$ 为待估计未知函数，ε 为随机误差。设 $g(\cdot)$ 在给定点 x 的邻域里可有如下展开式：

$$g(z) \approx g(x) + (g\prime(x))^{\mathrm{T}}(z - x) := a_0 + a_1^{\mathrm{T}}(z - x)$$

$g(\cdot)$ 在给定点 x 的邻域里的局部线性估计就是要估计系数 (a_0, a_1^{T})。(a_0, a_1^{T}) 的最小一乘局部线性估计量，记为 $(\hat{a}_0, \hat{a}_1^{\mathrm{T}})$，是下列问题的最优解：

$$\min_{(a_0, a_1^{\mathrm{T}})} \sum_{j \in l_n} \left| Y_j - a_0 - a_1^{\mathrm{T}}(X_j - x) \right| K\left(\frac{X_j - x}{h_n}\right) \tag{5.3.20}$$

其中 $K(\cdot)$ 为选定的核函数，h_n 为选定窗宽。窗宽的选择仍用上一小节中的 ACV 准则，即 h_{ACV}，它是 $\mathrm{ACV}(h)$ 的最小值，而 $\mathrm{ACV}(h)$ 由下式定义：

$$\mathrm{ACV}(h) = \frac{1}{n^*} \sum_{j \in l_n} \left| Y_j - g_n^{-j}(X_j) \right|$$

其中 $g_n^{-j}(X_j)$ 为从全数据集中除去样本 (Y_j, X_j) 后剩下的 $\hat{n} - 1$ 个数据所计算出来的。

求问题 (5.3.20) 的数值解的方法是把它化为下列线性规划问题：

$$\begin{aligned} \min \quad & \sum_{j \in l_n} (e_j^+ + e_j^-) K\left(\frac{X_j - x}{h_n}\right) \\ \text{s.t.} \quad & a_0 + a_1^{\mathrm{T}}(X_j - x) + e_j^+ - e_j^- = Y_j, \ \ j \in l_n \\ & e_j^+ \geqslant 0, \ e_j^- \geqslant 0, \ j \in l_n \end{aligned} \tag{5.3.21}$$

记这一线性规划问题的最优解为 $\hat{a}_0, \hat{a}_1$，则 $\hat{a}_0$ 就是 $g(x)$ 的估计值。可见，对于空间数据的最小一乘估计法，其计算问题并没有变得很复杂。

5.3.3.2 估计量的渐近分布

下面的渐近性结果，特别是定理 5.3.5 后面的注 5.3.6，显示出最小一乘局部多项式估计量的优良性。

为确保一些渐近性质成立，引进下列条件：

(1) $h_n \sim n^{*-\frac{1}{4+d}}$；

(2) $\{\varepsilon_j, j \in l_n\}$ 为 i.i.d. 随机误差，其均值和中位数都是零，并且独立于 $\{X_j, j \in l_n\}$，它们的分布密度函数 $w(\cdot)$ 在 0 的小邻域里连续，并且 $w(0) > 0$；

(3) 核函数 $K : \mathbf{R}^d \to \mathbf{R}$ 满足: $K(\cdot)$ 在紧致支集 $[-M, M]^d$ 上连续；

(4) 随机场 (1.1) 是严格平稳的，对 $\mathbf{Z}^N$ 中任何不相同的 i 和 j，向量 X_i 和 X_j 有联合分布密度函数 f_{ij}，并且 $|f_{ij}(x', x'') - f(x')f(x'')| \leqslant C$, 对所有 $i, j \in \mathbf{Z}^N$ 和所有 $x', x'' \in \mathbf{R}^d$ 成立，其中 f 为 X_i 的边际分布密度，也假定为在 x 的邻域里连续且 $f(x) \neq 0$，对所有 $x \in \mathbf{R}^d$；

(5) 回归函数 g 是二次连续可微的，用 $g\prime(x)$ 和 $g\prime\prime(x)$ 记它的梯度向量和二阶混合偏导数矩阵；

(6) 存在常数 $\delta > 0$, 使得 $E|Y_i|^{2+\delta} < +\infty$；

(7) 对任一组地点集合 $\xi \subset \mathbf{Z}^N$，用 $\mathcal{B}(\xi)$ 记由 $\{(Y_i, X_i)|i \in \xi\}$ 产生的 Borel σ 体，对每一对 ξ'，ξ''，令 $d(\xi', \xi'') := \min(\|i' - i''\| : i' \in \xi', i'' \in \xi'')$ 为 ξ'，ξ'' 之间的距离，其中 $\|i\| = (i_1^2 + \cdots + i_N^2)^{\frac{1}{2}}$，存在一个函数 $\varphi(t) \downarrow 0(t \to \infty)$ 和函数 $\psi : \mathbf{N}^2 \to \mathbf{R}^+$，它是对称的，并且对每一变量是下降的，使得随机场 $\{(Y_i, Z_i), i \in \mathbf{Z}^N\}$ 是具有混合系数 α 的混合序列，满足

$$
\begin{aligned}
\alpha(\mathcal{B}(\xi'), \mathcal{B}(\xi'')) :=& \sup\{|P(AB) - P(A)P(B)|, A \in \mathcal{B}(\xi'), B \in \mathcal{B}(\xi'')\} \\
\leqslant& \psi(\mathrm{Card}(\xi'), \mathrm{Card}(\xi''))\varphi(d(\xi', \xi''))
\end{aligned}
$$

对任何 $\xi', \xi'' \subset \mathbf{Z}^N$，其中 $\mathrm{Card}(\xi)$ 为 ξ 的坐标；

(8) 函数 ψ 满足

$$
\psi(n', n'') \leqslant \min\{n', n''\}
$$

对任一常数 $a > \dfrac{N(4+\delta)}{2+\delta}$，函数 φ 有

$$
\lim_{m \to \infty} m^a \sum_{i=m}^{\infty} i^{N-1} \varphi(i)^{\frac{\delta}{2+\delta}} = 0
$$

(9) 存在正整数序列$P_n := (p_1, \cdots, p_N) \in \mathbf{Z}^N$ 和 $Q_n := (q, \cdots, q) \in \mathbf{Z}^N$，其中 $q \to \infty$，则有 $\prod\limits_{k=1}^{N} p_k = o((n^* h_n^d)^{\frac{1}{2}})$, $q/p_k \to 0$, $n_k/p_k \to \infty (k = 1, \cdots, N)$ 以及 $n^* \varphi(q) \to 0\ (n \Rightarrow \infty)$，并满足 $q h_n^{\frac{\delta d}{a(2+\delta)}} > 1$ 以及

$$
h_n^{-\delta d/(2+\delta)} \sum_{t=q}^{\infty} t^{N-1} \{\varphi(t)\}^{\delta/(2+\delta)} \to 0, \quad n \Rightarrow \infty
$$

在所有这些条件中，只有条件 (2) 是专门为最小一乘法而征设的。条件 (1) 是关于窗宽的选择，条件 (3) 是关于核函数 $K(\cdot)$ 的选择，而条件 (4)~(9) 是关于随机场的，与文献 (Hallin et al., 2004b) 中的条件相当。

为简化记号，引入以下符号：

$$U_0=\int K(u)\mathrm{d}u,\quad U_1=\int uK(u)\mathrm{d}u,\quad U_2=\int uu^{\mathrm{T}}K(u)\mathrm{d}u$$

$$V_0=\int K^2(u)\mathrm{d}u,\quad V_1=\int uK^2(u)\mathrm{d}u,\quad V_2=\int uu^{\mathrm{T}}K^2(u)\mathrm{d}u$$

$$b_0(x)=\sum_{i=1}^{d}\sum_{j=1}^{d}g_{ij}(x)\int u_iu_jK(u)\mathrm{d}u,\quad b_1(x)=\sum_{i=1}^{d}\sum_{j=1}^{d}g_{ij}(x)\int u_iu_juK(u)\mathrm{d}u$$

其中 $g_{ij}(x)=\partial^2g(x)/\partial x_i\partial x_j(i,j=1,\cdots,d)$, $u=(u_1,\cdots,u_d)^{\mathrm{T}}\in\mathbf{R}^d$.

对于 L_1 估计量 $(g_n(x),g_n'(x)^{\mathrm{T}})^{\mathrm{T}}$，有下面的渐近性质。

定理 5.3.5 设条件 (1)~(9) 成立，对某一 $\mu>2(3+\delta)N/\delta$ 有 $\varphi(x)=O(x^{-\mu})$，并且 $\lim\limits_{m\to\infty}m^a\sum\limits_{i=m}^{\infty}i^{N-1}\varphi(i)^{\frac{\delta}{2+\delta}}=0$，其中 δ 满足 $\dfrac{N(4+\delta)}{2+\delta}<a<\dfrac{\mu\delta}{2+\delta}-N$，则当 $n\Rightarrow\infty$ 时,

$$(n^*h_n^d)^{\frac{1}{2}}\left[\begin{pmatrix}g_n(x)-g(x)\\h_n(g_n'(x)-g\prime(x))\end{pmatrix}-\frac{h_n^2}{2}\begin{pmatrix}H_1^{-1}(b_0(x)-U_1^{\mathrm{T}}U_2^{-1}b_1(x))\\H_2^{-1}(U_1b_0(x)-U_0b_1(x))\end{pmatrix}\right]$$

$$\to_d N\left(0,\begin{pmatrix}\varGamma&\varDelta^{\tau}\\\varDelta&\varTheta\end{pmatrix}\right)\tag{5.3.22}$$

其中

$$\varGamma=\frac{H_1^{-2}G_1}{4w^2(0)f(x)},\quad\varTheta=\frac{H_2^{-1}G_2H_2^{-1}}{4w^2(0)f(x)},\quad\varDelta=\frac{H_1^{-1}H_2^{-1}G_3}{4w^2(0)f(x)}$$

$$H_1=(U_0-U_1^{\mathrm{T}}U_2^{-1}U_1),\quad H_2=(U_1U_1^{\mathrm{T}}-U_0U_2)$$

$$G_1=(V_0+U_1^{\mathrm{T}}U_2^{-1}V_2U_2^{-1}U_1-2U_1^{\mathrm{T}}U_2^{-1}V_1)$$

$$G_2=(V_0U_1U_1^{\mathrm{T}}+U_0^2V_2-U_0U_1V_1^{\mathrm{T}}-U_0V_1U_1^{\mathrm{T}})$$

$$G_3=\left(U_1V_0-U_0V_1-U_1^{\mathrm{T}}U_2^{-1}V_1U_1+U_0\sum_{i=1}^{d}\int\lambda_iu_iuK^2(u)\mathrm{d}u\right)$$

其中 λ_i 为 $U_2^{-1}U_1$ 和 $u=(u_1,\cdots,u_d)$ 的第 i 个元素。

注 5.3.5 定理 5.3.5 表明，$g(z)$ 和 $g'(z)$ 的估计量都是渐近正态的，但不是无偏的。然而这个偏差在 n^* 趋于无穷时将趋近于零。

注 5.3.6 如果更进一步，核函数 $K(\cdot)$ 是对称的密度函数，则定理 5.3.5 的结论可简化为

$$(n^*h_n^d)^{\frac{1}{2}}\Big(g_n(x)-g(x)-\frac{h_n^2}{2}b_0'(x)\Big)\to_d N\Big(0,\frac{V_0}{4w^2(0)f(x)}\Big)$$

和

$$(n^*h_n^{d+2})^{\frac{1}{2}}\Big(g\prime_n(x)-g\prime(x)\Big)\rightarrow_d N\Big(0,\frac{U_2^{-1}V_2U_2^{-1}}{4w^2(0)f(x)}\Big)$$

其中 $b_0'(x)=\sum_{i=1}^{d}g_{ii}(x)\int u_i^2K(u)\mathrm{d}u$。这些结果与 (Hallin et al., 2004b) 中定理 3.1 的结果相当。(Hallin et al., 2004b) 中的结果是

$$(n^*h_n^d)^{\frac{1}{2}}\Big(g_n(x)-g(x)-\frac{h_n^2}{2}b_0'(x)\Big)\rightarrow_d N\Big(0,\frac{\mathrm{var}(Y_j|X_j=x)V_0}{f(x)}\Big)$$

$$(n^*h_n^{d+2})^{\frac{1}{2}}\Big(g_n'(x)-g\prime(x)\Big)\rightarrow_d N\Big(0,\frac{\mathrm{var}(Y_j|X_j=x)U_2^{-1}V_2U_2^{-1}}{f(x)}\Big)$$

若有异常点存在或是重尾数据，则 $\mathrm{var}(Y_j|X_j=x)$ 变得很大。这样，$g(z)$ 和 $g'(z)$ 的估计量的方差就很大。但最小一乘估计量的方差并不跟着变大。这说明最小一乘估计量是抗数据异常性的。

定理 5.3.5 的详细证明从略。证明的基本思路仍然是先求最优化问题 (5.3.16) 的目标函数的极限函数，然后证明优化问题 (5.3.16) 的最优解收敛于该极限函数的最优解，而后者是正态分布的。这里，比较困难的一点是，因为是空间数据，它们有比较复杂的相关性，所以推导函数序列的极限时要用相依随机变量序列的极限定理。定理 5.3.5 中所假定的随机场是严格平稳的 (条件 (4)) 和混合性 (条件 (7)) 已经作了一些限制，以期利用各种混合序列的极限定理来得出所需结果。这些结果将会随着随机场极限理论的逐步发展而不断改进。有兴趣的读者可参见文献 (Xu and Wang, 2008c) 和那里所列的参考文献。

5.3.3.3　模拟结果

下面用模拟结果来比较一下用最小一乘和最小二乘方法处理空间数据时的效果，后者可参见文献 (Hallin et al., 2004b)。

为简单计，考虑二维空间的情形。用 (i,j) 代替下标 (i_1,i_2)，X 为一维的，$d=1$。所考虑的模型为

模型 1　$Y_{i,j}=\frac{2}{3}\mathrm{e}^{X_{i,j}}+\frac{4}{3}\mathrm{e}^{-X_{i,j}}+\varepsilon_{i,j}$

模型 2　$Y_{i,j}=\sin\left(X_{i,j}-\frac{1}{2}\right)+\cos(2X_{i,j})+\epsilon_{i,j}$

模型 3　$Y_{i,j}=\frac{7}{2}\mathrm{e}^{-(X_{i,j}-1)^2}-\frac{1}{7}X_{i,j}^3+\delta_{i,j}$

其中 $\varepsilon_{i,j}$ 服从均值为 0, 方差为 0.5 的正态变量，$\epsilon_{i,j}$ 服从位置参数为 0, 刻度参数为 0.2 的 Cauchy 分布，而 $\delta_{i,j}$ 服从位置参数为 0，刻度参数为 0.4 的 Cauchy 分布。

模型 1 的数据中，有 4 个异常点：$(-1.4,-20)$, $(-1.2,-14)$, $(0.25,12)$, $(1.3,15)$.

这里用函数的真值 $g(X_{i,j})$ 与其估计量 $g_n(X_{i,j})$ 之差的加权平均绝对误差 WAAE 和加权平均平方误差 WASE：

$$\text{WAAE} = \frac{1}{n^*}\sum_{(i,j)\in l_n}\frac{|g(X_{i,j})-g_n(X_{i,j})|}{\text{range(g)}}$$

$$\text{WASE} = \frac{1}{n^*}\sum_{(i,j)\in l_n}\frac{(g(X_{i,j})-g_n(X_{i,j}))^2}{\text{range(g)}^2}$$

来衡量最小一乘和最小二乘方法的表现，其中 $\text{range}(g)$ 是指函数 $g(x)$ 的取值范围。

表 5.3.1~ 表 5.3.3 分别列出了对于模型 1~3，WAAE 和 WASE 在 100 次模拟结果的均值 μ 和方差 σ 的值。图 5.3.1 显示的是 $g(\cdot)$ 的真实曲线和模拟值估计所得曲线的对照。

表 5.3.1　模型 1，WAAE 和 WASE 的均值 μ 和方差 σ

		$n^*=10\times10$		$n^*=10\times20$		$n^*=20\times20$	
		μ	σ	μ	σ	μ	σ
WAAE	L_1 估计	0.0251	0.0161	0.0126	0.0060	0.0086	0.0037
	L_2 估计	0.0883	0.0496	0.0306	0.0138	0.0175	0.0095
WAAE	L_1 估计	0.0028	0.0043	0.0012	0.0014	0.0007	0.0009
	L_2 估计	0.0358	0.0362	0.0039	0.0029	0.0019	0.0035

表 5.3.2　模型 2，WAAE 和 WASE 的均值 μ 和方差 σ

		$n^*=10\times10$		$n^*=10\times20$		$n^*=20\times20$	
		μ	σ	μ	σ	μ	σ
WAAE	L_1 估计	0.0509	0.0178	0.0335	0.0071	0.0243	0.0036
	L_2 估计	0.2237	0.1591	0.1817	0.1060	0.1354	0.0718
WAAE	L_1 估计	0.0152	0.0349	0.0037	0.0035	0.0023	0.0013
	L_2 估计	0.1621	0.1608	0.0881	0.0866	0.0493	0.0422

表 5.3.3　模型 3，WAAE 和 WASE 的均值 μ 和方差 σ

		$n^*=10\times10$		$n^*=10\times20$		$n^*=20\times20$	
		μ	σ	μ	σ	μ	σ
WAAE	L_1 估计	0.0611	0.0256	0.0447	0.0173	0.0192	0.0103
	L_2 估计	0.2291	0.1617	0.1528	0.0935	0.0965	0.0549
WAAE	L_1 估计	0.0134	0.0098	0.0077	0.0064	0.0026	0.0016
	L_2 估计	0.1472	0.2397	0.0681	0.0818	0.0424	0.0359

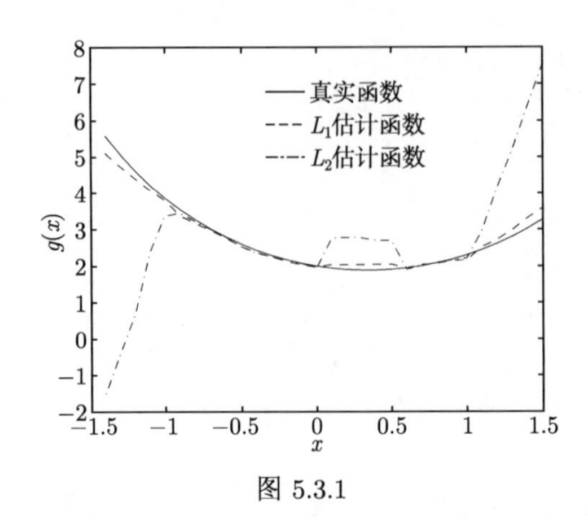

图 5.3.1

从表 5.3.1~ 表 5.3.3 和图 5.3.1 可见，当有异常点时，最小一乘估计要比最小二乘估计有更好的表现。对模型 1，最小二乘估计曲线偏离真实曲线很明显，而异常点给最小一乘估计曲线造成的影响很小。对模型 3，最小一乘估计曲线非常接近真实曲线，而最小二乘估计曲线与真实曲线距离波动很大。因此，最小一乘估计方法要比最小二乘估计方法更稳健。

图 5.3.2 给出的是对于模型 3，WAAE 作为窗宽 h 的函数的散点图。结果，最小一乘估计量的 WAAE 远远小于最小二乘估计量的 WAAE，而且对应于最小一乘估计量的 WAAE 图形是平坦的 (在最小值附近)。这说明最小一乘估计方法关于窗宽的选择也是稳健而不是非常敏感的。

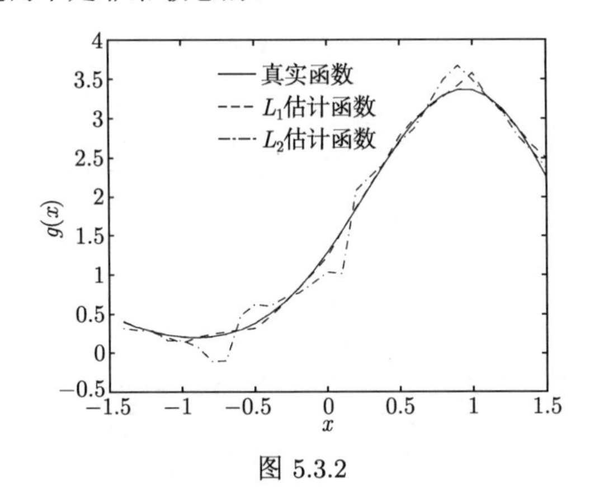

图 5.3.2

第 6 章　有不等式约束的经度数据分析

经度数据统计分析是近 20 年来研究得较多的的一类问题，尤其在最近十年中取得更快、更重要的进展。它在实际问题中的应用也越来越频繁。有不等式约束的经度数据统计分析问题变成了必须考虑的问题。本章将给出这类问题的研究方法与结果，特别是统计量的概率分布方面的结果，以使这类问题的相关统计推断得以进行。

经度数据就是对各个被测个体进行多次测量得到的数据。这种数据在许多领域中都会出现，特别是临床诊断、药物分析、心理学等领域。在经度数据应用领域中的不少实际问题里，模型中的参数都有一定的约束条件。在作统计分析时必须加上这些约束条件，以提高统计推断的可靠性。在经度数据统计分析中，Tan 等 (2005) 的文章首先注意到考虑不等式约束的必要性。

因为是对同一个被测个体的多次测量，经度数据的主要特点是数据之间有相关性。虽然不同个体测量数据之间常常假设为互相独立，但这种问题不能用独立同分布数据的结果来处理。无约束条件的经度数据分析已有很大进展。有约束条件的经度数据分析也必须相应进行。本章将研究其中一些问题。这类问题的计算方法可采用一般的数学规划算法，并不存在特殊的困难。主要的任务是给出有关统计量的渐近分布。在本章中，分别给出了回归模型的参数的最小二乘估计量、极大似然估计量和非平衡数据回归系数估计量的渐近概率性质。由于经度数据特殊的相关结构，相应的最小二乘估计问题和极大似然估计问题的目标函数变得较为复杂，特别是极大似然估计问题的目标函数。

6.1　经度数据的特点

6.1.1　几个例子

下面的例子显示出这些不等式约束条件是必不可少的。

例 6.1.1　参数有约束的重复测量模型 (Tan et al., 2005)

$$y_i = \alpha + X_i^{\mathrm{T}}\beta + \epsilon_i, \quad i = 1, \cdots, n$$

参数限制于

$$\alpha_1 \leqslant \cdots \leqslant \alpha_m$$

这一模型常用来描述肿瘤异种移植试验的结果。在这一试验中，对每个接受试验的老鼠的肿瘤的体积 $y_i\,(=1,\cdots,n)$ 测量 m 次。因为接受试验的个体 (老鼠) 是相同的，各次测量数据之间应该会有相关性。在这里，下一次量得的肿瘤的体积是在上一次量得的肿瘤体积的基础上发展而来的，肯定互相有关，必须用经度数据描述。

模型参数 $\alpha=(\alpha_1,\cdots,\alpha_m)^{\mathrm{T}}$ 用来表示未给予治疗老鼠的肿瘤体积的内在增长，α_i 表示第 i 个星期后的肿瘤体积。当然，(未得到治疗的老鼠的) 肿瘤体积应该随着时间延长而增长。于是 α 应该遵从

$$\alpha_1\leqslant\alpha_2\leqslant\cdots\leqslant\alpha_m$$

这一关系，这是一个合理的限制条件。

但是，由于数据的随机性，有时估计量不一定服从这一条件。在 (Tan et al., 2005) 这一文章中指出，如果在作回归分析时不理睬这些约束条件，则所得的分析结果往往与实际情况有很大偏差。因此，这也是一个必需的限制条件。研究有约束的经度数据分析问题是不可缺少的任务。

例 6.1.2 有线性等式约束的广义混合线性模型 (Edwards et al., 2001)。设有 k 个观测对象，

$$y_i=X_i^{\mathrm{T}}\beta+Z_id_i+e_i,\quad i=1,\cdots,k$$

服从约束

$$R_1\beta=r,\quad R_2d_i=0$$

其中 Y_i 为 $n_i\times 1$ 向量，n_i 为对第 i 个个体的观测次数，d_i 为随机效应向量，β 为所感兴趣的未知参数。这一模型用来在心理学中研究早期介入是否对后期的认知与技能有影响。

例 6.1.3 检验回归系数的不等式假设 (Francisco and Gilberto, 2004)。回归模型为

$$y_i=X_i^{\mathrm{T}}\beta+\epsilon_i,\quad i=1,\cdots,n$$

检验假设

$$H_0:C\beta=d,\quad H_1:C\beta\geqslant d$$

其中 X_i 为已知的 $m_i\times p$ 矩阵，$\beta=(\beta_1,\cdots,\beta_p)^{\mathrm{T}}$ 为 p 维参数向量，$\epsilon_i\,(i=1,\cdots,n)$ 为互相独立的 m_i 维组间随机向量。

可见，经度数据分析中常有带约束的统计问题。

6.1.2 经度数据的主要特点和经度数据分析统计问题的结构

因为经度数据就是对同一个被测个体的多次测量所得的数据，这造成这类数据有如下两方面的特点。一是同一个被测个体的多次测量所得数据之间会有一定

相关性；二是对不同被测个体的多次测量的次数可能不一样，因此，常出现非平衡数据。

这两个特点决定了经度数据分析统计问题的结构。下面所述的回归模型和极大似然估计问题是本书考虑的两种模型。

首先看回归模型下的经度数据分析问题。对各种类型的数据，回归模型几乎总是统计分析中最常用而基本的一种模型。经度数据分析问题也是这样。

设有回归模型

$$y_i = \widetilde{X}_i^{\mathrm{T}}\theta + \varepsilon_i, \quad i = 1, \cdots, n$$

其中 θ 为模型参数向量。设对 θ 有约束条件

$$A\theta \leqslant b, \quad B\theta = 0$$

则形成有约束回归模型

$$\begin{aligned} & y_i = \widetilde{X}_i^{\mathrm{T}}\theta + \varepsilon_i, \quad i = 1, \cdots, n \\ & \text{s.t.} \quad A\theta \leqslant b \\ & B\theta = 0 \end{aligned} \tag{6.1.1}$$

例 6.1.1 和例 6.1.3 都是这种类型。

根据古典线性模型理论，若数据之间有相关性，则不能用普通最小二乘法 (那里，目标函数中的每个样本点 (x_i, y_i) 都具有相等的重要性，即相等的权) 来估计参数，而应该用广义 (或加权) 最小二乘法。设 $y_i = (y_{i1}, \cdots, y_{im_i})^{\mathrm{T}}\,(i = 1, \cdots, n)$ 为对第 i 个观测对象的应变量的观测值，$\widetilde{X}_i$ 为 $m_i \times p$ 已知协变量矩阵，它的第 (s, k) 个元素是 x_{isk}，$\theta = (\theta_1, \cdots, \theta_p)^{\mathrm{T}}$ 是待估计的参数向量，$\varepsilon_i = (\epsilon_{i1}, \cdots, \epsilon_{im_i})^{\mathrm{T}}\,(i = 1, \cdots, n)$ 为随机误差项。在同一个个体 (对固定的 i) 中的随机误差 $\epsilon_{is}\,(s = 1, \cdots, m_i)$ 一般是相关的。注意：由于对同一个 (第 i 个) 观测对象进行重复观测，其相应的 (第 s 个) 协变量的值也会在不同 (第 k 次) 的观测中取不同的值，因此，现在 $\widetilde{X}_i$ 是矩阵，而不是普通回归模型中的向量。

这一回归模型的参数需用下述加权最小二乘法进行估计：

$$\begin{aligned} \min \quad & \sum_{i=1}^{n}(y_i - \widetilde{X}_i^{\mathrm{T}}\theta)^{\mathrm{T}} W_i (y_i - \widetilde{X}_i\theta) \\ \text{s.t.} \quad & A\theta \leqslant 0 \\ & B\theta = 0 \end{aligned} \tag{6.1.2}$$

与非经度数据回归问题相比，这里的目标函数要复杂一些：对每一 i，有 m_i 个形为 $(y_{is} - x_{is}\theta)^2$ 的项的加权和，W_i 随着 i 变化。

极大似然估计也是经度数据参数估计的常用方法。这里仅限于随机误差向量为正态分布的情形。设有模型

$$
\begin{aligned}
& y_i = X_i^{\mathrm{T}}\gamma + u_i, \quad i = 1, \cdots, n \\
& \text{s.t.} \quad A_j\gamma \leqslant b_j, \quad j = 1, \cdots, k
\end{aligned} \tag{6.1.3}
$$

其中随机误差 $u_i = (u_{i1}, \cdots, u_{im_i})^{\mathrm{T}}\,(i = 1, \cdots, n)$ 为随机误差向量，具有正态分布 $N(0, \Sigma_i)$，$u_1, \cdots, u_n$ 互相独立；协方差阵 $\Sigma_i\,(i = 1, \cdots, n)$ 随 i 而变化，它的元素为未知参数向量 ψ 的已知函数，记为 $\Sigma_i = \Sigma_i(\psi)$。因此，$\gamma$ 为与 y 的期望有关的参数向量，ψ 为与 y 的协方差阵有关的参数向量。如文献中所述，这是一种非常一般的参数结构，可以包括经度数据中很多种常用的协方差结构，如独立结构、一致相关模型、自回归模型、随机效应模型、不完全数据模型等。注意：为简单计，模型 (6.1.3) 中的约束条件仅考虑对期望参数 γ 的限制。在一些复杂情形下，关于协方差结构参数的限制也是可能的。

在模型 (6.1.3) 下，$y_1, \cdots, y_n$ 的似然函数为

$$
\varPhi(\gamma, \psi) = -\frac{1}{2}\sum_{i=1}^{n} m_i \log(2\pi) - \frac{1}{2}\sum_{i=1}^{n}\log|\Sigma_i| - \frac{1}{2}\sum_{i=1}^{n}(y_i - X_i^{\mathrm{T}}\gamma)^{\mathrm{T}}\Sigma_i^{-1}(y_i - X_i^{\mathrm{T}}\gamma)
$$

由于经度数据的特点反映在各个个体的自相关性中，矩阵 Σ_i 及其行列式 $|\Sigma_i|$ 含有未知参数，这使得似然函数 $\varPhi(\gamma, \psi)$ 的形式较为复杂。

于是经度数据有约束极大似然估计问题为

$$
\begin{aligned}
\max \quad & \varPhi(\gamma, \psi) = -\frac{1}{2}\sum_{i=1}^{n} m_i \log(2\pi) \\
& \qquad -\frac{1}{2}\sum_{i=1}^{n}\log|\Sigma_i| - \frac{1}{2}\sum_{i=1}^{n}(y_i - X_i^{\mathrm{T}}\gamma)^{\mathrm{T}}\Sigma_i^{-1}(y_i - X_i^{\mathrm{T}}\gamma) \\
\text{s.t.} \quad & A_j^{\mathrm{T}}\gamma \leqslant b_j,\ j = 1, \cdots, k
\end{aligned} \tag{6.1.4}
$$

6.2　回归模型的参数估计

本节叙述回归模型参数最小二乘估计问题 (6.1.2) 的解及其有关性质。

假设 W_i 是已知对称的加权矩阵 (这里，讨论有约束条件情况下的参数如何估计和估计量的性质的问题，不讨论如何构造 W_i 的问题和 W_i 未知时如何进行估计的问题。如何构造 W_i 这一问题在经度数据的专著中有详细讨论，W_i 未知时如何进行估计的问题参见文献 (Xu and Wang, 2008b)。

虽然 (6.1.2) 的目标函数的结构比非经度数据回归估计问题的目标函数的要复杂，但估计问题的数学实质仍然相同，仍然是二次规划问题。因此，其参数估计量

的数值解仍可用现成的有关数学规划方法给出。这里，只讨论估计量的渐近分布问题。

显然，最优化问题 (6.1.2) 等价于下面的问题：

$$\begin{aligned}\min\quad & \sum_{i=1}^{n}(y_i-\widetilde{X}_i^{\mathrm{T}}\theta)^{\mathrm{T}}W_i(y_i-\widetilde{X}_i^{\mathrm{T}}\theta)-\sum_{i=1}^{n}\varepsilon_i^{\mathrm{T}}W_i\varepsilon_i\\ \text{s.t.}\quad & A\theta\leqslant 0\\ & B\theta=0\end{aligned}\tag{6.2.1}$$

这是因为 (6.2.1) 中的最优化算子是作用于 θ 的，而 (6.2.1) 的目标函数中添加的一项 $\left(-\sum_{i=1}^{n}\varepsilon_i^{\mathrm{T}}W_i\varepsilon_i\right)$ 与优化变量无关。

设 $\widehat{\theta}_n$ 为问题 (6.2.1) 的最优解，θ_0 为 θ 的未知真值。下面来推导 $n^{\frac{1}{2}}(\widehat{\theta}_n-\theta_0)$ 的渐近分布。引进新优化变量 $z=n^{\frac{1}{2}}(\theta-\theta_0)$，(6.2.3) 变为

$$\begin{aligned}\min\quad & z^{\mathrm{T}}\left(\sum_{i=1}^{n}n^{-1}\widetilde{X}_i^{\mathrm{T}}W_i\widetilde{X}_i\right)z-2z^{\mathrm{T}}\left(\sum_{i=1}^{n}n^{-\frac{1}{2}}\widetilde{X}_i^{\mathrm{T}}W_i\varepsilon_i\right)\\ \text{s.t.}\quad & A(\theta_0+n^{-\frac{1}{2}}z)\leqslant 0\\ & B(\theta_0+n^{-\frac{1}{2}}z)=0\end{aligned}\tag{6.2.2}$$

用 $F_n(\varepsilon,z)$ 和 S_n 分别表示 (6.2.2) 的目标函数与可行解集。用 $\widehat{z}_n$ 记 (6.2.2) 的最优解，于是 $\widehat{z}_n=n^{\frac{1}{2}}(\widehat{\theta}_n-\theta_0)$。

同前面几章一样，为了给出 $n^{\frac{1}{2}}(\widehat{\theta}_n-\theta_0)$ 的渐近分布，需先证明 $F_n(\varepsilon,z)$ 分布收敛于某一极限函数 $G(\xi,z)$ 和可行解集合 S_n(z 的可行解集合，与 n 有关) 在 Kuratowski 意义下收敛于某一集合 S，然后就可得到所需结果。

先求 $F_n(\varepsilon,z)$ 的极限函数。

定理 6.2.1 设

(1) 设 $\varepsilon_i=(\epsilon_{i1},\cdots,\epsilon_{im_i})^{\mathrm{T}}\,(i=1,\cdots,m_i)$, 满足

$$E\varepsilon_t=0,\quad E\varepsilon_t^4<\infty$$

对于所有 i, $m_i\leqslant M$，其中 M 为某一常数;

(2) 极限矩阵 $\lim\limits_{n\to\infty}\sum_{i=1}^{n}n^{-1}\widetilde{X}_i^{\mathrm{T}}W_i\widetilde{X}_i=K$ 存在，并且 K 正定;

(3) 极限 $\lim\limits_{n\to\infty}\sum_{i=1}^{n}n^{-1}\widetilde{X}_i^{\mathrm{T}}W_i\Sigma_iW_i\widetilde{X}_i$ 存在，设为 Σ, 其中 $\Sigma_i=\mathrm{Cov}(\varepsilon_i)$，则对

每一固定 $z \in \mathbf{R}^p$，$F_n(\varepsilon, z)$ 依分布收敛于

$$G(\xi, z) = z^{\mathrm{T}} K z - 2 z^{\mathrm{T}} \xi$$

其中 ξ 为具有分布 $N(0, \Sigma)$ 的随机变量。

证明　令

$$C_i = \widetilde{X}_i^{\mathrm{T}} W_i, \quad \xi_i = C_i \varepsilon_i$$

则 p 维随机向量 ξ_i 具有

$$E\xi_i = 0, \quad \mathrm{Cov}(\xi_i) = C_i^{\mathrm{T}} \Sigma_i C_i$$

对不同的 i，ε_i 是不同个体的随机观测误差，它们是互相独立的，因此，$\xi_1, \cdots, \xi_n$ 是互相独立的。用 ξ_i，目标函数可改写成

$$F_n(\varepsilon, z) = z^{\mathrm{T}} \left(\sum_{i=1}^{n} n^{-1} \widetilde{X}_i^{\mathrm{T}} W_i \widetilde{X}_i \right) z - 2 z^{\mathrm{T}} \left(n^{-\frac{1}{2}} \sum_{i=1}^{n} \xi_i \right) \tag{6.2.3}$$

先对 $p = 1$ 的情形证明定理的结论。

由上面 ξ_i 的定义知，

$$\xi_i = c_{i1}\varepsilon_{i1} + \cdots + c_{im_i}\varepsilon_{im_i}, \quad \mathrm{var}(\xi_i) = \sigma_i^2$$

令

$$s_n = \sum_{i=1}^{n} \xi_i, \quad B_n = \sum_{i=1}^{n} \sigma_i^2$$

为求 $n^{-\frac{1}{2}} \sum_{i=1}^{n} \xi_i$ 的极限，应用 Lindeberg-Feller 中心极限定理。为此，先证明下述条件对任何 $\delta > 0$ 都得以满足：

$$\Lambda_n(\delta) = \frac{1}{B_n} \sum_{i=1}^{n} \int_{|x| \geqslant \delta\sqrt{B_n}} x^2 \mathrm{d}F_i(x) \to 0, \quad n \to \infty$$

其中 $F_i(x)$ 为 ξ_i 的分布函数。

因为

$$\begin{aligned} \int_{|x| \geqslant \delta\sqrt{B_n}} x^2 \mathrm{d}F_i(x) &= E\xi_i^2 I(|\xi_i| \geqslant \delta\sqrt{B_n}) \\ &= E \left(\sum_{s=1}^{m_i} c_{is}\varepsilon_{is} \right)^2 I(|\xi_i| \geqslant \delta\sqrt{B_n}) \end{aligned}$$

$$
\begin{aligned}
&\leqslant \sum_{k=1}^{m_i}\sum_{l=1}^{m_i} c_{ik}c_{il}\{E(\varepsilon_{ik}\varepsilon_{il})^2\}^{\frac{1}{2}}\{E(I(|\xi_i|\geqslant \delta\sqrt{B_n}))\}^{\frac{1}{2}} \\
&\leqslant \sum_{k=1}^{m_i}\sum_{l=1}^{m_i} c_{ik}c_{il}\{E(\varepsilon_{ik})^4E(\varepsilon_{il})^4\}^{\frac{1}{4}}\{P(|\xi_i|\geqslant \delta\sqrt{B_n})\}^{\frac{1}{2}} \\
&\leqslant m_i^2 c\left\{\frac{E\xi_i^2}{\delta^2 B_n}\right\}^{\frac{1}{2}}
\end{aligned}
$$

其中 c 为一常数，满足 $c_{ik}c_{il}\{E(\varepsilon_{ik})^4E(\varepsilon_{il})^4\}^{\frac{1}{4}}\leqslant c$。因此，

$$
\Lambda_n(\delta)\leqslant \frac{1}{B_n}\sum_{i=1}^n m_i^2 c\left\{\frac{\sigma_i^2}{\delta^2 B_n}\right\}^{\frac{1}{2}} = M^2 c\frac{\sum_{i=1}^n \sigma_i}{\delta B_n^{\frac{3}{2}}} = O(n^{-\frac{1}{2}})
$$

其中 $m_i\leqslant M\,(i=1,\cdots,n)$，从而 Lindeberg-Feller 中心极限定理的条件能满足，这导致 $n^{-\frac{1}{2}}\sum_{i=1}^n \xi_i$ 依分布收敛于正态分布 $N(0,\Sigma)$ 变量。

再由条件 (2)，(6.2.3) 中 $F_n(\varepsilon,z)$ 的第一项的极限为 $z^{\mathrm{T}}Kz$，即得定理结论。

当 $p>1$ 时，用 Cramer-Wold 方法或向量值中心极限定理即可完成定理的证明。■

由定理 6.2.1 的证明可见，对于经度数据问题，$F_n(\varepsilon,z)$ 的极限函数的基本形式也与独立同分布数据问题中的极限函数形式大体相同，不同的是其中正态变量 ξ_i 的协方差阵和极限矩阵 K 的结构。

关于 S_n 的极限，有下述结果：

定理 6.2.2

$$
\text{(K)}\ \lim_{n\to\infty} S_n = S = \{z: A_j^{\mathrm{T}}z\leqslant 0, j\in J(\theta_0); B_j^{\mathrm{T}}z=0, j=1,\cdots,d\}
$$

其中 $A_i^{\mathrm{T}}\,(i=1,\cdots,q)$ 是矩阵 A 的行向量，$B_j^{\mathrm{T}}\,(j=1,\cdots,d)$ 是矩阵 B 的行向量，$J(\theta_0)=\{J: A_j^{\mathrm{T}}\theta_0=0, j=1,\cdots,q\}$，

这一结果与第 2 章中的相应结果完全一样，不再给予证明。

由定理 6.2.1 和定理 6.2.2，问题 (6.2.2) 的极限问题为

$$
\begin{aligned}
\min\quad & z^{\mathrm{T}}Kz-2z^{\mathrm{T}}\xi \\
\text{s.t.}\quad & A_j^{\mathrm{T}}z\leqslant 0, j\in J(\theta_0) \\
& B_j^{\mathrm{T}}z=0, j=1,\cdots,d
\end{aligned}
\tag{6.2.4}
$$

用证明定理 2.3.2 的方法可得，(6.2.2) 的解 (严格地说，应该是 $n^{\frac{1}{2}}(\widehat{\theta}_n-\theta_0)$) 依分布收敛于极限问题 (6.2.4) 的最优解。

下面简单叙述 $\widehat{z}_n = n^{\frac{1}{2}}(\widehat{\theta}_n - \theta_0)$ 的渐近表示，以看出它的极限分布的具体结构。

定理 6.2.3 对于最优化问题 (6.2.3) 位于各个不同区域的解 z^*，有下列渐近表示：

$$z^* = \begin{cases} M_0\xi, & z^* \in S_0 \\ M_{i_1,\cdots,i_k}\xi, & z^* \in S_{i_1,\cdots,i_k},\ k = 1,\cdots,q \end{cases}$$

其中

$$S_0 = \{z : A_j^{\mathrm{T}} z < 0, j \in J(\theta_0); B_j^{\mathrm{T}} z = 0, j = 1,\cdots,d\}$$

$$\begin{aligned} S_{j_1,\cdots,j_k} =& \{z : A_j^{\mathrm{T}} z = 0, j \in \{j_1,\cdots,j_k\}; \\ & A_j^{\mathrm{T}} z < 0, j \in J(\theta_0) \setminus \{j_1,\cdots,j_k\}; B_j^{\mathrm{T}} z = 0, j = 1,\cdots,d\} \end{aligned}$$

而 $M_0, M_{j_1,\cdots,j_k}$ 分别是逆矩阵 H_0^{-1} 和 $H_{j_1,\cdots,j_k}^{-1}$ 的左上角分块矩阵，其中

$$H_0 = \begin{pmatrix} K & B \\ B^{\mathrm{T}} & 0 \end{pmatrix}$$

$$H_{j_1,\cdots,j_k} = \begin{pmatrix} K & A_{j_1} & \cdots & A_{j_k} & B \\ A_{j_1}^{\mathrm{T}} & 0 & \cdots & \cdots & 0 \\ \vdots & \vdots & & & \vdots \\ A_{j_k}^{\mathrm{T}} & 0 & \cdots & \cdots & 0 \\ B^{\mathrm{T}} & 0 & \cdots & \cdots & 0 \end{pmatrix}, \quad j_1,\cdots,j_k \in J(\theta_0)$$

这里的证明思路也和第 2 章里的相应部分类似，只要把规划问题 (6.2.4) 的最优性条件方程组列出，并先去掉几个不等式，即可得出上述表达式，然后证明所略去的一些不等式会自动满足，另一些不等式则作为上述等式成立的条件即可。详细证明从略。有兴趣的读者可参见文献 (Xu and Wang, 2008a, 2008b)。

有了 $n^{\frac{1}{2}}(\widehat{\theta}_n - \theta_0)$ 的渐近分布，其他后续统计推断可以仿照前面的有约束统计问题的相应部分进行。

6.3 参数的极大似然估计

用 $\theta = (\gamma^{\mathrm{T}}, \psi^{\mathrm{T}})^{\mathrm{T}}$ 表示模型 (6.1.4) 中的所有参数，记其极大似然估计量为 $\theta_n(\tilde{\gamma}_n^{\mathrm{T}}, \psi_n^{\mathrm{T}})^{\mathrm{T}}$。

记 $\overline{A}_j = (A_j^{\mathrm{T}}, 0, \cdots, 0)^{\mathrm{T}}\ (j = 1,\cdots,k)$，则问题 (6.1.4) 可写为

$$\begin{aligned} \max \quad & \varPhi(\theta) \\ \text{s.t.} \quad & \overline{A}_j^{\mathrm{T}} \theta \leqslant b_j, j = 1,\cdots,k \end{aligned} \tag{6.3.1}$$

令 θ_n 为其最优解，则 θ_n 和对应的拉格朗日乘数 $\lambda_j\,(j=1,\cdots,k)$ 必须满足下列 Kuhn-Tucker 最优性条件：

$$\begin{cases}\partial\varPhi/\partial\theta+\sum_{j=1}^{q}\lambda_j\overline{A}_j=0\\ \lambda_j(\overline{A}_j^{\mathrm{T}}\theta-b_j)=0\\ \lambda_j\geqslant 0,\overline{A}_j^{\mathrm{T}}\theta-b_j\leqslant 0,j=1,\cdots,k.\end{cases}$$

下面来推导其渐近分布。

为保障所需结果，引入以下假设条件：

(1) 存在常数 M_1，M_2，使得 $\|\gamma_0\|\leqslant M_1$，$\|\psi_0\|\leqslant M_2$，其中 γ_0，ψ_0 为 γ 和 ψ 的未知真值，于是假设 $\gamma\in\varGamma^*,\psi\in\varPsi^*$，其中 $\varGamma^*$，$\varPsi^*$ 为紧集。

(2) $X=(X_1^{\mathrm{T}},\cdots,X_n^{\mathrm{T}})^{\mathrm{T}}$ 为满行秩矩阵，向量 $A_j\,(j=1,\cdots,k)$ 线性独立。

(3) $\varSigma_i(\psi)$ 为正定矩阵，它的元素为 ψ 的二次可微函数；$\varSigma_i^{-1}(\psi)$ 的元素为 ψ 的连续函数。

(4) 向量 $\partial\varSigma_i/\partial\psi_1,\cdots,\partial\varSigma_i/\partial\psi_q$ 线性独立。

(5) 设计矩阵 X_i 在下述意义下有界：存在常数 C，使得

$$|(X_i)_{gs}|\leqslant C$$

其中 $(X_i)_{gs}$ 表示 X_i 的第 (g,s) 个元素，$i=1,2,\cdots$。

(6) 当 $n\to\infty$ 时，

(i) $\sum_{i=1}^{n}m_i/n$ 的极限存在；

(ii) $n^{-1}\sum_{i=1}^{n}\log|\varSigma_i(\psi)|$ 和 $n^{-1}\sum_{i=1}^{n}X_i^{\mathrm{T}}\varSigma_i^{-1}(\psi)X_i$，$n^{-1}\sum_{i=1}^{n}\mathrm{tr}(\varSigma_i^{-1}(\psi)\varSigma_i(\psi_0))$ 的元素关于 $\psi\in\boldsymbol{\varPsi}$ 一致收敛于 ψ。

(7) 对于 $\boldsymbol{\varPsi}$ 中任意不同的 ψ，ψ_0 有

$$\lim_{n\to\infty}\#\{i:i\in(1,\cdots,n),\varSigma_i(\psi)\neq\varSigma_i(\psi_0)\}n>0$$

其中 # 表示集合中的元素个数。

(8)

$$i_n^{11}(\gamma_0,\psi_0)=\frac{1}{n}\sum_{i=1}^{n}E_0\frac{\partial^2\log f(Y_i;\gamma,\psi)}{\partial\gamma\partial\gamma^{\mathrm{T}}}\bigg|_{(\gamma_0,\psi_0)}\to i^{11}(\gamma_0,\psi_0)$$

$$i_n^{22}(\gamma_0,\psi_0)=-\frac{1}{n}\sum_{i=1}^{n}E_0\frac{\partial^2\log f(Y_i;\gamma,\psi)}{\partial\psi\partial\psi^{\mathrm{T}}}\bigg|_{(\gamma_0,\psi_0)}\to i^{22}(\gamma_0,\psi_0)$$

其中 $f(y_i;\gamma,\psi)$ 为 Y_i 的分布密度函数，E_0 代表在参数值 $\gamma=\gamma_0$，$\psi=\psi_0$ 下的期望算子，$i_n^{11}(\gamma_0,\psi_0)$ 和 $i^{11}(\gamma_0,\psi_0)$ 为 $p\times p$ 正定矩阵，$i_n^{22}(\gamma_0,\psi_0)$ 和 $i^{22}(\gamma_0,\psi_0)$ 为 $q\times q$ 正定矩阵。

注 6.3.1　这里引用的这些假设条件都是无约束经度数据问题极大似然估计分析中常用的，参见文献 (Chiu et al., 1996; Magnus, 1978)，只有条件 (2)(关于各约束条件系数向量 A_i 之间的独立性) 是为有约束问题设立的。

首先，关于估计量的相合性有下面的结果。

定理 6.3.1　在假设条件 (1)~(3) 和 (5)~(7) 下有

$$\theta_n \xrightarrow{\text{a.s.}} \theta_0$$

其中 $\theta_0=(\gamma_0^{\mathrm{T}},\psi_0^{\mathrm{T}})^{\mathrm{T}}$。

证明　令 $\boldsymbol{\Gamma}^*=\boldsymbol{\Gamma}\cap\{\gamma: A_j^{\mathrm{T}}\gamma\leqslant b_j, j=1,\cdots,k\}$。在假设 (1) 下，$\boldsymbol{\Gamma}^*$ 为紧致集。Y_i 的对数似然函数为

$$\log f(y_i,\gamma,\psi)=-\frac{t_i}{2}\log(2\pi)-\frac{1}{2}\log|\Sigma_i(\psi)|-\frac{1}{2}(y_i-X_i^{\mathrm{T}}\gamma)^{\mathrm{T}}\Sigma_i^{-1}(\psi)(y_i-X_i^{\mathrm{T}}\gamma)$$

在真值假设 $\gamma=\gamma_0$，$\psi=\psi_0$ 下，$\log f(Y_i;\gamma,\psi)$ 的期望和方差分别为

$$\begin{aligned}E_0[\log f(Y_i;\gamma,\psi)]=&-\frac{m_i}{2}\log(2\pi)-\frac{1}{2}\log|\Sigma_i(\psi)|-\frac{1}{2}\mathrm{tr}(\Sigma_i^{-1}(\psi)\Sigma_i(\psi_0))\\&-\frac{1}{2}(\gamma_0-\gamma)^{\mathrm{T}}X_i^{\mathrm{T}}\Sigma_i^{-1}(\psi)X_i(\gamma_0-\gamma)\end{aligned}$$

和

$$\begin{aligned}V_0[\log f(Y_i;\gamma,\psi)]=&\frac{1}{4}V_0[(Y_i-X_i^{\mathrm{T}}\gamma)^{\mathrm{T}}\Sigma_i^{-1}(\psi)(Y_i-X_i^{\mathrm{T}}\gamma)]\\=&\frac{1}{2}\mathrm{tr}(\Sigma_i^{-1}(\psi)\Sigma_i(\psi_0))^2\\&+(\gamma_0-\gamma)^{\mathrm{T}}X_i^{\mathrm{T}}\Sigma_i^{-1}(\psi)\Sigma_i(\psi_0)\Sigma_i^{-1}(\psi)X_i(\gamma_0-\gamma)\end{aligned}$$

其中 V_0 表示在真值假设 $\gamma=\gamma_0$ 和 $\psi=\psi_0$ 下的方差算子。

由于 $\boldsymbol{\Gamma}^*$ 和 $\boldsymbol{\Psi}$ 为紧集，由假设 (3) 和 (5)，对任何 i 和任何 $\gamma\in\boldsymbol{\Gamma}^*$，$\psi\in\boldsymbol{\Psi}$，有 $V_0[\log f(Y_i;\gamma,\psi)]\leqslant k_0$，其中 k_0 为某一常数，因而

$$\sum_{i=1}^{\infty}\frac{V_0[\log f(Y_i;\gamma,\psi)]}{i^2}<\infty$$

由 Kolmogorov 强大数定律可得

$$\frac{1}{n}\sum_{i=1}^{n}\log f(Y_i;\gamma,\psi)-\frac{1}{n}\sum_{i=1}^{n}E_0[\log f(Y_i;\gamma,\psi)]\xrightarrow{\text{a.s.}}0$$

并且这一收敛是关于 $(\gamma^{\mathrm{T}},\psi^{\mathrm{T}})^{\mathrm{T}}$ 一致的。

易见，在假设条件 (6) 下，$1/n\sum_{i=1}^{n}E_0[\log f(Y_i;\gamma,\psi)]$ 收敛于 γ 和 ψ 的一个连续函数，即

$$K_0(\gamma,\psi)=\lim_{n\to\infty}\frac{1}{n}\sum_{i=1}^{n}E_0[\log f(Y_i;\gamma,\psi)]$$

于是关于 $(\gamma^{\mathrm{T}},\psi^{\mathrm{T}})^{\mathrm{T}}$ 一致地有

$$\frac{1}{n}\sum_{i=1}^{n}\log f(Y_i;\gamma,\psi)\overset{\text{a.s.}}{\to}K_0(\gamma,\psi)$$

由 $E_0[\log f(Y_i,\gamma,\psi)]<E_0[\log f(Y_i,\gamma_0,\psi_0)]$ (除了 $f(Y_i,\gamma,\psi)=f(Y_i,\gamma_0,\psi_0,\text{a.s.})$ 的情况) 和 (7)，对所有 $(\gamma^{\mathrm{T}},\psi^{\mathrm{T}})^{\mathrm{T}}$(除了 $(\gamma_0^{\mathrm{T}},\psi_0^{\mathrm{T}})^{\mathrm{T}}$) 都应该有

$$K_0(\gamma,\psi)<K_0(\gamma_0,\psi_0) \tag{6.3.2}$$

即 $K_0(\gamma_0,\psi_0)$ 有唯一的极大值点 $(\gamma_0^{\mathrm{T}},\psi_0^{\mathrm{T}})^{\mathrm{T}}$。

假设 $(\widehat{\gamma}_n^{\mathrm{T}},\widehat{\psi}_n^{\mathrm{T}})^{\mathrm{T}}$ 不是 $(\gamma_0^{\mathrm{T}},\psi_0^{\mathrm{T}})^{\mathrm{T}}$ 的相合估计量，可设存在一个具有正概率的集合，有序列 $(\widehat{\gamma}_n^{\mathrm{T}},\widehat{\psi}_n^{\mathrm{T}})^{\mathrm{T}}$ 不收敛于 $(\gamma_0^{\mathrm{T}},\psi_0^{\mathrm{T}})^{\mathrm{T}}$，则对此集合中任一 y，存在一个序列 $\{k\}\in\{n\}$ 和一个极限点 $(\widehat{\gamma}_y^{\mathrm{T}},\widehat{\psi}_y^{\mathrm{T}})^{\mathrm{T}}\neq(\gamma_0^{\mathrm{T}},\psi_0^{\mathrm{T}})^{\mathrm{T}}$，使得 $(\widehat{\gamma}_k(y)^{\mathrm{T}},\widehat{\psi}_k(y)^{\mathrm{T}})^{\mathrm{T}}\to(\widehat{\gamma}_y^{\mathrm{T}},\widehat{\psi}_y^{\mathrm{T}})^{\mathrm{T}}\neq(\gamma_0^{\mathrm{T}},\psi_0^{\mathrm{T}})^{\mathrm{T}}$。因为 $(\widehat{\gamma}_k(y)^{\mathrm{T}},\widehat{\psi}_k(y)^{\mathrm{T}})^{\mathrm{T}}$ 是极大值点，于是对每一 k 有

$$\partial\sum_{i=1}^{k}\log f(Y_i;\widehat{\gamma}_k(y),\widehat{\psi}_k(y))\geqslant\partial\sum_{i=1}^{k}\log f(Y_i;\gamma_0,\psi_0)$$

由一致收敛性，对这一 y 有

$$K_0(\gamma_y,\psi_y)\geqslant K_0(\gamma_0,\psi_0)$$

但这与 (6.3.2) 矛盾。于是可得结论：$(\widehat{\gamma}_n^{\mathrm{T}},\widehat{\psi}_n^{\mathrm{T}})^{\mathrm{T}}$ 是 $(\gamma_0^{\mathrm{T}},\psi_0^{\mathrm{T}})^{\mathrm{T}}$ 的强相合估计量。■

$n^{\frac{1}{2}}(\theta_n-\theta_0)$ 的渐近表示是更重要的结果。从 2.4 节有约束回归估计量的渐近表达式可知，这一渐近表达式与 θ_0 的位置有关，并且当 θ_0 的位置给定后又与估计值 θ_n 的位置有关。这些表达式都可以用第 5 章类似的方法推出。这里仅给出 $A\theta_0=b$ 情形下的渐近表示。

记 (6.3.1) 的可行解集为 $S=\{\theta:\overline{A}_j^{\mathrm{T}}\theta\leqslant b_j,j=1,\cdots,k\}$，记其相对内部为 S^{o}。于是 θ_0 的所有可能位置有 S^{o}，S_j 以及它们的交 $S_{j_1,\cdots,j_t}$：

$$S^{\mathrm{o}}=\{\theta:\overline{A}_j^{\mathrm{T}}\theta<b_j,j=1,\cdots,k\}$$

$$S_j=\{\theta:\overline{A}_j^{\mathrm{T}}\theta=b_j,\ \overline{A}_i^{\mathrm{T}}\theta\leqslant b_i,\ i=1,\cdots,k,i\neq j\}$$

$$S_{j_1,\cdots,j_t}=\bigcap_{l=1}^{t}S_{j_l}$$

定理 6.3.2　设当 n 充分大时，矩阵 $n^{-1}K_n=n^{-1}\partial^2\Phi/\partial\theta_\zeta^2$ 为正定，则当 $A\theta_0=b$ 时，$n^{\frac{1}{2}}(\theta_n-\theta_0)$ 有如下渐近表示：

(1) 若 $\theta_n\in S^{\mathrm{o}}$，则 $n^{\frac{1}{2}}(\theta_n-\theta_0)=-nK_n^{-1}n^{-\frac{1}{2}}\partial\Phi/\partial\theta_0$;

(2) 若 $\theta_n\in S_{j_1,\cdots,j_r}$，则 $n^{\frac{1}{2}}(\widehat{\theta}-\theta_0)=-nS_nn^{-\frac{1}{2}}\partial\Phi/\partial\theta_0 I(u\in E_i)$，其中 $S_n=K_n^{-1}(I_{p+r}-D(D^{\mathrm{T}}K_n^{-1}D)^{-1}D^{\mathrm{T}}K_n^{-1})$

证明　(1) 设 $\theta_n\in S^{\mathrm{o}}$，则 θ_n 满足最优性条件

$$\partial\Phi/\partial\theta_n=0$$

在 θ_0 处展开 $\partial\Phi/\partial\widehat{\theta}_n$ 得

$$\partial\Phi/\partial\theta_n=\partial\Phi/\partial\theta_0+(\partial^2\Phi/\partial\theta_\zeta^2)(\theta_n-\theta_0)$$

其中 $\theta_\zeta=\theta_0+\zeta(\theta_n-\theta_0)(0\leqslant\zeta\leqslant 1)$。于是可得近似表达式

$$n^{-\frac{1}{2}}(\theta_n-\theta_0)=-(n^{-1}\partial^2\Phi/\partial\theta_\zeta^2)^{-1}(n^{-\frac{1}{2}}\partial\Phi/\partial\theta_0)$$

(2) 若 $\theta_n\in S_{j_1,\cdots,j_r}$，则 θ_n 满足最优性条件

$$\begin{cases}K_n(\theta-\theta_0)+\sum\limits_{l=1}^{r}\lambda_{j_l}\overline{A}_{j_l}=-\partial\Phi/\partial\theta_0\\ \overline{A}_{j_l}^{\mathrm{T}}(\theta-\theta_0)=0,l=1,\cdots,r\\ \lambda_j(\overline{A}_j^{\mathrm{T}}\theta-b_j)=0,\quad j=1,\cdots,k\\ \overline{A}_j^{\mathrm{T}}\theta-b_j\leqslant 0,\quad j=1,\cdots,k\\ \lambda_j\geqslant 0,\quad j=1,\cdots,k\end{cases}$$

用第 2 章的方法，可先暂时略去最后三组等式与不等式，得到方程组

$$\begin{cases}K_n(\theta-\theta_0)+\sum\limits_{l=1}^{r}\lambda_{j_l}\overline{A}_{j_l}=-\partial\Phi/\partial\theta_0\\ \overline{A}_{j_l}^{\mathrm{T}}(\theta-\theta_0)=0,l=1,\cdots,r\end{cases}$$

这一系统的矩阵形式为

$$\begin{pmatrix}\theta-\theta_0\\ \lambda\end{pmatrix}=\begin{pmatrix}K_n & D\\ D^{\mathrm{T}} & 0\end{pmatrix}^{-1}\begin{pmatrix}-\partial\Phi/\partial\theta_0\\ 0\end{pmatrix}\tag{6.3.3}$$

其中

$$D=(\overline{A}_{j_1},\cdots,\overline{A}_{j_r})$$

令 $Q_r = K_n^{-1}(I_{p+q} - D(D^{\mathrm{T}}K_n^{-1}D)^{-1}D^{\mathrm{T}}K_n^{-1})$，即矩阵 $\begin{pmatrix} K_n & D \\ D^{\mathrm{T}} & 0 \end{pmatrix}$ 的逆矩阵的左上角分块。解方程组 (6.3.3) 可得

$$\theta_n - \theta_0 = -Q_r\partial\Phi/\partial\theta_0$$

和

$$\lambda_n = -(D^{\mathrm{T}}K_n^{-1}D)^{-1}D^{\mathrm{T}}K_n^{-1}\partial\Phi/\partial\theta_0$$

要保证上述 θ_n 是原 Kuhn-Tucker 方程组的解，还必须满足下述条件：

$$\overline{A}_j^{\mathrm{T}}\widehat{\theta} < b_j, \quad j \neq j_1, \cdots, j_r, \lambda_n \geqslant 0$$

即

$$\overline{A}^{\mathrm{T}j}Q_r\partial\Phi/\partial\theta_0 > 0, \quad D^{\mathrm{T}}K_n^{-1}\partial\Phi/\partial\theta_0 \leqslant 0$$

记极大似然估计模型 (6.1.3) 中随机误差向量为 $u = (u_1, \cdots, u_n)$，$E_r = \{u : D^{\mathrm{T}}K_n^{-1}\partial\Phi/\partial\theta_0 \leqslant 0, \overline{A}_j^{\mathrm{T}}Q_r\partial\Phi/\partial\theta_0 > 0, j \neq j_1, \cdots, j_r\}$。可以得出结论：如果 $u \in E_r$，则

$$n^{\frac{1}{2}}(\theta_n - \theta_0) = -nQ_r n^{-\frac{1}{2}}\partial\Phi/\partial\theta_0 \quad \blacksquare$$

关于 $n^{\frac{1}{2}}(\theta_n - \theta_0)$ 的具体分布律，则有如下定理：

定理 6.3.3 设 (1)~(8) 成立，则

(1) 对定理 6.3.2 中具有形式 (1) 的 θ_n 有

$$n^{\frac{1}{2}}(\theta_n - \theta_0) \xrightarrow{L} N(0, V^{-1}) \tag{6.3.4}$$

其中

$$V^{-1} = \begin{pmatrix} i^{11}(\gamma_0, \psi_0)^{-1} & 0 \\ 0 & i^{22}(\gamma_0, \psi_0)^{-1} \end{pmatrix}$$

“$\xrightarrow{L}$”表示分布收敛；

(2) 对定理 6.3.2 中具有形式 (2) 的 θ_n 有

$$n^{\frac{1}{2}}(\theta_n - \theta_0) \xrightarrow{L} N(0, TV^{-1}) \tag{6.3.5}$$

其中

$$T = I_{p+q} - V^{-1}D(D^{\mathrm{T}}V^{-1}D)^{-1})D^{\mathrm{T}} \tag{6.3.6}$$

为证明定理 6.3.3，引用以下的一些结果和引理。这些结果都是证明无约束经度数据极大似然估计量的渐近形态时所用到的结果，参见文献 (Jennrich and Schluchter, 1986; Magnus, 1978)。

结果 6.3.1　记 $\Phi(\gamma,\psi)$ 的得分向量和二阶混合偏导数矩阵分别为

$$S_\Phi = \begin{pmatrix} \Phi_\gamma(\gamma,\psi) \\ \Phi_\psi(\gamma,\psi) \end{pmatrix} = \begin{pmatrix} \dfrac{\partial \Phi(\gamma,\psi)}{\partial\gamma} \\ \dfrac{\partial \Phi(\gamma,\psi)}{\partial\psi} \end{pmatrix}$$

和

$$H_\Phi = \begin{pmatrix} \Phi_{\gamma\gamma}(\gamma,\psi) & \Phi_{\gamma\psi}(\gamma,\psi) \\ \Phi_{\gamma\psi}(\gamma,\psi) & \Phi_{\gamma\psi}(\gamma,\psi) \end{pmatrix} = \begin{pmatrix} \dfrac{\partial^2 \Phi(\gamma,\psi)}{\partial\gamma\partial\gamma^{\mathrm{T}}} & \dfrac{\partial^2 \Phi(\gamma,\psi)}{\partial\gamma\partial\psi^{\mathrm{T}}} \\ \dfrac{\partial^2 \Phi(\gamma,\psi)}{\partial\psi\partial\gamma^{\mathrm{T}}} & \dfrac{\partial^2 \Phi(\gamma,\psi)}{\partial\psi\partial\psi^{\mathrm{T}}} \end{pmatrix}$$

因此，S_Φ 和 H_Φ 的表达式为

$$\Phi_\gamma(\gamma,\psi) = \sum_{i=1}^n X_i^{\mathrm{T}} \Sigma_i^{-1} u_i$$

$$[\Phi_\psi(\gamma,\psi)]_r = \frac{1}{2}\sum_{i=1}^n \mathrm{tr}\Sigma_i^{-1}(u_i u_i^{\mathrm{T}} - \Sigma_i)\Sigma_i^{-1}\dot{\Sigma}_{ir}, \quad r = 1,\cdots,q$$

$$\Phi_{\gamma\gamma}(\gamma,\psi) = -\sum_{i=1}^n X_i^{\mathrm{T}} \Sigma_i^{-1} X_i$$

$$[\Phi_{\gamma\psi}(\gamma,\psi)]_{jr} = -\sum_{i=1}^n x_{ij}^{\mathrm{T}} \Sigma_i^{-1}\dot{\Sigma}_{ir}\Sigma_i^{-1} u_i, \quad j = 1,\cdots,p, r = 1,\cdots,q$$

$$\begin{aligned}[\Phi_{\psi\psi}(\gamma,\psi)]_{rs} =& -\frac{1}{2}\sum_{i=1}^n \mathrm{tr}\Sigma_i^{-1}\dot{\Sigma}_{ir}\Sigma_i^{-1}(2u_i u_i^{\mathrm{T}} - \Sigma_i)\dot{\Sigma}_{is} \\ &+\frac{1}{2}\sum_{i=1}^n \mathrm{tr}\Sigma_i^{-1}(u_i u_i^{\mathrm{T}} - \Sigma_i)\Sigma_i^{-1}\ddot{\Sigma}_{i,rs}, \quad r,s = 1,\cdots,q\end{aligned}$$

其中 $u_i = y_i - X_i\gamma$，x_{ij} 为矩阵 X_i 的第 j 个行向量，$\dot{\Sigma}_{ir} = \partial\Sigma_i/\partial\psi_r$，$\ddot{\Sigma}_{i,rs} = \partial^2\Sigma_i/\partial\psi_r\partial\psi_s$，$\dot{\Sigma}_{ir}$ 和 $\ddot{\Sigma}_{i,rs}$ 的分量分别为 Σ_i 的元素关于 $\psi_1,\cdots,\psi_q$ 的一阶和二阶导数。

结果 6.3.2　$\Phi(\gamma,\psi)$ 的信息矩阵为

$$I_\Phi = -E(H_\Phi) = \begin{pmatrix} I_{\gamma\gamma} & 0 \\ 0 & I_{\psi\psi} \end{pmatrix}$$

其中

$$I_{\gamma\gamma} = \sum_{i=1}^{n} X_i^{\mathrm{T}} \Sigma_i^{-1} X_i$$

$$[I_{\psi\psi}]_{rs} = \frac{1}{2}\sum_{i=1}^{n} \mathrm{tr}(\Sigma_i^{-1}\dot{\Sigma}_{ir}\Sigma_i^{-1}\dot{\Sigma}_{is}) \quad r, s = 1, \cdots, q$$

由假设 (4) I_{Φ} 为非奇异矩阵。

结果 6.3.3 $\Phi(\gamma,\psi)$ 关于其一阶和二阶导数是正则的，即

$$ES_{\Phi} = 0, \quad -EH_{\Phi} = ES_{\Phi}S_{\Phi}^{\mathrm{T}}$$

引理 6.3.1 在假设 (1), (3), (5) 下，对于参数 $(\gamma', \psi')'$ 一致地有

$$\frac{1}{n}\Phi_{\gamma\gamma}(\gamma,\psi) - \frac{1}{n}E_0\left[\Phi_{\gamma\gamma}(\gamma,\psi)\right] \xrightarrow{\text{a.s.}} 0$$

$$\frac{1}{n}\Phi_{\psi\psi}(\gamma,\psi) - \frac{1}{n}E_0\left[\Phi_{\psi\psi}(\gamma,\psi)\right] \xrightarrow{\text{a.s.}} 0$$

$$\frac{1}{n}\Phi_{\gamma\psi'}(\gamma,\psi) - \frac{1}{n}E_0\left[\Phi_{\gamma\psi'}(\gamma,\psi)\right] \xrightarrow{\text{a.s.}} 0$$

证明 只对 $\Phi_{\psi\psi}(\gamma,\psi)$ 加以证明，其他证明类似。容易验证

$$\begin{aligned}
&V_0\left[\frac{\partial \log f(Y_i;\gamma,\psi)}{\partial\psi_r\partial\psi_s}\right] \\
=&\frac{1}{4}V_0\Bigg[(X_i^{\mathrm{T}}\gamma_0 + u_i - X_i^{\mathrm{T}}\gamma)^{\mathrm{T}}\Sigma_i^{-1}\left(\dot{\Sigma}_{is}\Sigma_i^{-1}\dot{\Sigma}_{ir} - \frac{1}{2}\ddot{\Sigma}_{i,rs}\right) \\
&\Sigma_i^{-1}(X_i^{\mathrm{T}}\gamma_0 + u_i - X_i^{\mathrm{T}}\gamma)\Bigg]
\end{aligned}$$

令

$$A_i = \Sigma_i^{-1}\left(\dot{\Sigma}_{is}\Sigma_i^{-1}\dot{\Sigma}_{ir} - \frac{1}{2}\ddot{\Sigma}_{i,rs}\right)\Sigma_i^{-1}$$

上述方程右端变成

$$\frac{1}{4}V_0[(X_i^{\mathrm{T}}\gamma_0 + u_i - X_i^{\mathrm{T}}\gamma)^{\mathrm{T}}A_i(X_i^{\mathrm{T}}\gamma_0 + u_i - X_i^{\mathrm{T}}\gamma)]$$

于是又等于

$$\begin{aligned}
&\frac{1}{4}V_0[(X_i^{\mathrm{T}}(\gamma_0-\gamma))^{\mathrm{T}}A_i(X_i^{\mathrm{T}}(\gamma_0-\gamma)) + 2(X_i^{\mathrm{T}}(\gamma_0-\gamma))A_iu_i + u_iA_iu_i] \\
=&\frac{1}{4}\mathrm{V}_0[2(\gamma_0-\gamma)^{\mathrm{T}}X_i^{\mathrm{T}}A_iu_i + u_i^{\mathrm{T}}A_iu_i] \\
=&(\gamma_0-\gamma)^{\mathrm{T}}X_i^{\mathrm{T}}A_i\Sigma_i(\psi_0)A_i^{\mathrm{T}}X_i(\gamma_0-\gamma) + \frac{1}{2}\mathrm{tr}(A_i\Sigma_i(\psi_0))^2
\end{aligned}$$

因为 $\boldsymbol{\varGamma}^*$ 和 $\boldsymbol{\varPsi}$ 为紧致集，由 (3) 和 (5)，相应方差也是有界于某一与 i 无关的常数。于是所需结果可由 Kolmogorov 强大数定律得出。

引理 6.3.2 下述渐近结果成立：

$$n^{-\frac{1}{2}}\partial\Phi/\partial\theta_0 = n^{-\frac{1}{2}}\sum_{i=1}^{n}\begin{pmatrix}\dfrac{\partial\log f(Y_i;\gamma_0,\psi_0)}{\partial\gamma}\\[2mm] \dfrac{\partial\log f(Y_i;\gamma_0,\psi_0)}{\partial\psi}\end{pmatrix}$$

$$\xrightarrow{L} N\left(0,\begin{pmatrix} i^{11}(\gamma_0,\psi_0) & 0\\ 0 & i^{22}(\gamma_0,\psi_0)\end{pmatrix}\right)$$

证明 对任何 $\nu=(\nu_1,\cdots,\nu_p)^{\mathrm{T}}\in\mathbf{R}^p$ 和任何 $\mu=(\mu_1,\cdots,\mu_q)^{\mathrm{T}}\in\mathbf{R}^q$ 有

$$E_0\left[\left|\nu^{\mathrm{T}}\frac{\partial\log f(Y_i;\gamma_0,\psi_0)}{\partial\gamma}+\mu^{\mathrm{T}}\frac{\partial\log f(Y_i;\gamma_0,\psi_0)}{\partial\psi}\right|^3\right]$$

$$\leqslant 4E_0\left|\nu^{\mathrm{T}}\frac{\partial\log f(Y_i;\gamma_0,\psi_0)}{\partial\gamma}\right|^3+4E_0\left|\mu^{\mathrm{T}}\frac{\partial\log f(Y_i;\gamma_0,\psi_0)}{\partial\psi}\right|^3$$

因为

$$E_0\left|\nu^{\mathrm{T}}\frac{\partial\log f(Y_i;\gamma_0,\psi_0)}{\partial\gamma}\right|^4=E_0|\nu^{\mathrm{T}}X_i^{\mathrm{T}}\varSigma_i^{-1}(\psi_0)u_i|^4=3(\nu^{\mathrm{T}}X_i^{\mathrm{T}}\varSigma_i^{-1}(\psi_0)X_i\nu)^2$$

故

$$E_0\left|\nu^{\mathrm{T}}\frac{\partial\log f(Y_i;\gamma_0,\psi_0)}{\partial\gamma}\right|^3\leqslant\{3(\nu^{\mathrm{T}}X_i^{\mathrm{T}}\varSigma_i^{-1}(\psi_0)X_i\nu)^2\}^{\frac{3}{4}}$$

令

$$B_i=\varSigma_i^{-1}\left(\sum_{j=1}^{q}\mu_j\dot{\varSigma}_{ij}\right)\varSigma_i^{-1},\quad c_i=\sum_{j=1}^{q}\mu_j\mathrm{tr}(\varSigma_i^{-1}\dot{\varSigma}_{ij})$$

则不难验证

$$E_0\left|\mu^{\mathrm{T}}\frac{\partial\log f(Y_i;\gamma_0,\psi_0)}{\partial\psi}\right|^3=E_0|u_i^{\mathrm{T}}B_iu_i-c_i|^3\leqslant 4E_0|u_i^{\mathrm{T}}B_iu_i|^3+4|c_i|^3$$

以及 $E_0|u_i^{\mathrm{T}}B_iu_i|^3\leqslant(E_0|u_i^{\mathrm{T}}B_iu_i|^4)^{\frac{3}{4}}$，其中

$$\begin{aligned}E_0(u_i^{\mathrm{T}}B_iu_i)^4=&(\mathrm{tr}B_i\varSigma_i(\psi_0))^4+16\mathrm{tr}(B_i\varSigma_i(\psi_0))^4\\&+16(\mathrm{tr}B_i\varSigma_i(\psi_0))\mathrm{tr}(B_i\varSigma_i(\psi_0))^3+12(\mathrm{tr}(B_i\varSigma_i(\psi_0))^2)^2\end{aligned}$$

在条件 (3) 和 (5) 下，易见，所示期望有界于某一与 i 无关的常数。进一步，再加条件 (8)，则由矩阵 $i^{11}(\gamma_0,\psi_0)$ 和 $i^{22}(\gamma_0,\psi_0)$ 的正定性有

$$\begin{aligned}&\frac{1}{n}\sum_{i=1}^{n}V_0\left[\left|\nu^{\mathrm{T}}\frac{\partial\log f(Y_i;\gamma_0,\psi_0)}{\partial\gamma}+\mu^{\mathrm{T}}\frac{\partial\log f(Y_i;\gamma_0,\psi_0)}{\partial\psi}\right|\right]\\ =&\nu^{\mathrm{T}}i_n^{11}(\gamma_0,\psi_0)\nu+\mu^{\mathrm{T}}i_n^{22}(\gamma_0,\psi_0)\mu\\ \to&\nu^{\mathrm{T}}i^{11}(\gamma_0,\psi_0)\nu+\mu^{\mathrm{T}}i^{22}(\gamma_0,\psi_0)\mu>0\end{aligned}$$

于是所需结果由 Lyapunov 形式的多元中心极限定理得出。

引理 6.3.3 设 $K_n=\partial^2\varPhi/\partial\theta_\zeta^2$，则在假设 (1)~(8) 下有

$$-n^{-1}K_n\xrightarrow{\text{a.s.}}\begin{pmatrix}i^{11}(\gamma_0,\psi_0) & 0\\ 0 & i^{22}(\gamma_0,\psi_0)\end{pmatrix}$$

证明 定义

$$n^{-1}\partial^2\varPhi/\partial\theta_\zeta^2=\omega_n=\begin{pmatrix}\omega_n^{11} & \omega_n^{12}\\ \omega_n^{21} & \omega_n^{22}\end{pmatrix}$$

其中

$$\omega_n^{11}=\frac{1}{n}\sum_{i=1}^{n}\left.\frac{\partial^2\log f(Y_i;\gamma,\psi)}{\partial\gamma\partial\gamma^{\mathrm{T}}}\right|_{(\gamma_\zeta,\psi_\zeta)}$$

$$\omega_n^{22}=\frac{1}{n}\sum_{i=1}^{n}\left.\frac{\partial^2\log f(Y_i;\gamma,\psi)}{\partial\psi\partial\psi^{\mathrm{T}}}\right|_{(\gamma_\zeta,\psi_\zeta)}$$

$$\omega_n^{12}=\omega_n^{21\,\mathrm{T}}=\frac{1}{n}\sum_{i=1}^{n}\left.\frac{\partial^2\log f(Y_i;\gamma,\psi)}{\partial\gamma\partial\psi^{\mathrm{T}}}\right|_{(\gamma_\zeta,\psi_\zeta)}$$

其中 $\gamma_\zeta=\gamma_0+\zeta(\widehat{\gamma}_n-\gamma_0)$，$\psi_\zeta=\psi_0+\zeta(\widehat{\psi}_n-\psi_0)(\zeta\in[0,1])$。由引理 5.3.1 和 $(\widehat{\gamma}_n^{\mathrm{T}},\widehat{\psi}_n^{\mathrm{T}})^{\mathrm{T}}$ 的强相合性，易见，对于任何 $g,h=1,2$ 有

$$-\omega_n^{gh}(\gamma_\zeta,\psi_\zeta)-i_n^{gh}(\gamma_0,\psi_0)\xrightarrow{\text{a.s.}}0$$

以外，由 (8), 当 $\gamma=\gamma_0$，$\psi=\psi_0$ 时，对任何 $g,h=1,2$ 有

$$-\omega_n^{gh}(\gamma_\zeta,\psi_\zeta)-i^{gh}(\gamma_0,\psi_0)\xrightarrow{\text{a.s.}}0$$

定理 6.3.3 的证明 定理的第一部分结论与无约束情况相同，不在此重复。

对于定理的第二部分结论，由定理 6.3.2 中的形式 (2) 可见，这里只需求出 $n^{-\frac{1}{2}}\partial\varPhi/\partial\theta_0$ 的极限，也就是 nQ_r 的极限即可。因为

$$\begin{aligned}nQ_r&=nK_n^{-1}(I_{p+q}-D(D^{\mathrm{T}}K_n^{-1}D)^{-1}D^{\mathrm{T}}K_n^{-1})\\ &=nK_n^{-1}(I_{p+q}-D(D^{\mathrm{T}}(nK_n)^{-1}D)^{-1}D^{\mathrm{T}}(nK_n)^{-1})\end{aligned}$$

且

$$nK_n^{-1} = (n^{-1}\partial^2 \varPhi/\partial\theta_\zeta^2)^{-1} \xrightarrow{\text{a.s.}} -V^{-1}$$

由引理 6.3.3 得

$$nQ_r \xrightarrow{\text{a.s.}} -V^{-1}(I_{p+q} - D(D^{\mathrm{T}}V^{-1}D)^{-1}D^{\mathrm{T}}V^{-1})$$

注意到 T 是幂等矩阵 (参看 (6.3.6))，即 $T^2 = T$，并由引理 6.3.2 立得

$$n^{\frac{1}{2}}(\widehat{\theta} - \theta_0) = -nQ_r n^{-\frac{1}{2}}\partial\varPhi/\partial\theta_0 I(u \in E_i) \xrightarrow{L} N(0, TV^{-1}) \quad \blacksquare$$

有了这些渐近表示式，为作关于未知参数的统计推断做好了一些必要的准备，但在作统计推断时还必须按照 2.5 节中的方法进行。

第 7 章　随机序的检验

随机变量的比较是数理统计的基本任务之一，与随机变量的估计、假设检验有同样重要的意义，有大量的问题需要研究。早在现代数理统计开创之时，著名统计学家 Fisher 在 20 世纪 20 年代专门创立了一个统计分支 —— 方差分析来处理这一类问题。

尽管方差分析在后来得到了很大发展，已有很广泛的应用范围，但它仍有一些不可忽视的局限性。下面就是其中典型的两个。一是它只是比较几个随机变量的均值是否相等；二是如果检验结果拒绝几个随机变量均值全部相等的原假设，则它不能辨别究竟其中哪些随机变量的均值破坏了原假设。

为了克服第一个局限性，现在已发展出随机序检验这一分支。随机序检验就是在随机序意义下比较随机变量的大小，即不是检验它们的均值是否相等和建立大小关系，而是检验它们在概率分布意义下是否相等和建立大小关系, 或是检验某种单调趋势是否成立；为了克服第二个局限性，现在已发展出多重比较这一分支，即同时检验多个假设，在一次检验中就确定出多个随机变量之间的相互关系。

本章将讲述一些随机序检验问题。7.1 节介绍随机序的定义和随机序检验问题的类型，这里只限于两种常用的随机序的检验问题，即简单随机序和增凸序。7.2 节介绍这两种随机序的检验方法。这里，将把这类问题化为不等式约束的检验问题。应用本书前几章的方法，很多较复杂的随机序检验问题都能得以解决。7.3 节叙述随机序意义下的多重比较问题，即在随机序意义下比较多个随机变量，检验多个 (多于两个) 假设，最终也是化为不等式约束的检验问题。

7.1　随　机　序

7.1.1　随机序的引入

就好像确定性数学中有关不等式的问题是非常重要的问题一样，对于随机变量，比较随机变量的大小也是一个有广泛实用价值的问题。例如，经常要比较两个或多个品种的农作物哪个产量高，或比较两个或多个治疗同一疾病的药物 (或治疗方案) 哪个更有效等。于是需对这些农作物 (或药物) 品种进行试验，将其观察到的试验结果进行比较。这些试验结果都是随机观测数据。因此，必须制定一个规则，如何比较这些随机变量。著名的方差分析这一统计分支就是处理这类问题的。那里是比较各随机变量的均值是否相等。

比较随机变量可以在多种准则下进行。根据比较的内容和任务的不同，需要不同的比较准则，其中比较数学期望的大小是比较随机变量最简单的准则。这种比较可以在某种程度上反映出有关随机变量之间的关系。例如，若两种药物的治疗效果的均值相等 (或不等)，则可得出结论：这两种药物的治疗效果从平均意义上来说是相等的 (或不等) 的。事实上，以往的实用比较问题和相关的理论研究大都是在这种准则下作比较的。这样的结果对于比较粗糙的研究来说也许够了。因此，盛行了很长时间，甚至直至现在，它在一般性的实际应用中仍占领着主要地位。已有许多研究检验随机变量均值相等 (或不等) 的统计模型的论著，如 (Agresti, 2002; Barlow et al., 1972; Robertson et al., 1988) 等。后两本书是专门讲述检验多个均值之间的序关系的。

但是，这种平均意义上的比较结果毕竟太粗糙了：两个有相等均值的随机变量的取值分布情况可以是千差万别的，但是在均值相等意义下，它们是相同的随机变量。如果人们不满足于这种平均意义上的比较结果，而想对资料作更深入精细的研究，就需对随机变量之间的关系作进一步的分析。从概率论的观点来看，随机变量的均值只是反映了随机变量的一部分信息，而随机变量的概率分布完全地反映了随机变量的概率性质。只有对一些个别的分布，如给定方差的正态分布等，它们的均值才完全地反映了其分布信息。因此，比较均值只能是比较随机变量的一个初步工作。而对随机变量作分布意义下的比较将是对随机变量较全面的比较，是很有价值的。在稍后给出随机序的定义后再来对检验随机序在实际应用中的优越性作一些说明。

对随机变量作分布意义下的比较实际上是对分布函数按某种方法建立一种序，称为随机序。在许多实际问题中，人们并没有关于有关随机变量的全部信息，而只有从这些随机变量的一些样本数据。需要根据这些观测到的数据来对随机变量作是否服从某种随机序的假设检验。因此，在统计意义上，这是一种假设检验问题。

在早期成果中，由于所用方法的限制，只能处理一些比较简单的问题。可惜的是，一直没有较大的进展：能够比较的模型不够广泛，能够得到的理论结果不能完全跟上方法扩展的需要。现在已有更有力的方法来处理较为复杂的数据，并可给出相应的统计量的渐近分布。这些新的检验方法可为相关实际问题提供更深入、更全面的结论。

随机序是随机变量之间的一种次序关系。根据不同实际问题的要求，已定义了很多种随机序，如简单随机序、增凸序等。这些序是根据随机变量的概率分布来定义的。而概率分布包含了随机变量所含的所有概率信息。因此，随机变量在随机序意义下的次序关系比随机变量的均值 (或方差) 大小关系有更多的信息和更丰富的的内容。关于随机序的较系统的概率描述可参见文献 (Shaked and Shanshikumar,

2007)。

比较随机变量的概率分布在实际问题中的重要性早已被人们所认识到。例如，在系统可靠性研究中，对系统元件的剩余寿命比较就归结成剩余寿命的概率分布的比较。在 (Stoyan and Daley, 1983) 一书中详细地讨论了这类问题。然而，那里是在概率论意义下的研究。在对随机变量的比较的统计分析方面，即如何从观测数据来对随机变量作分布意义下的比较作统计推断，在医药研究中也早已开始，如文献 (Cochran, 1955; Armitage, 1955) 等，虽然那里处理的模型比较简单，后来的进展也不快。

检验一组随机变量之间是否存在某种随机序关系的问题所用的检验方法基本上都是似然比检验法，但这些方法对较为复杂的数据或模型便很难应用。其困难并非在于似然比统计量的数值计算，而是被阻拦在这些统计量的 (渐近) 概率分布的寻求这一步骤上。这里把随机序检验问题化为带不等式约束的假设检验问题。然后，用前几章所叙述的求统计量的渐近分布的一贯方法就可以给出很复杂的问题检验统计量的渐近分布。这样，有关的统计推断都可以进行。

把随机序检验应用到各种实际问题，可以得出比检验均值更深入的结论。它们正在生物信息学、医药研究、生命科学研究中起着重要作用。随机序检验将使这些实际问题的研究更深入，得到更有意义的实际应用成果。本章将处理有较为复杂的数据和模型的剂量反应问题和在随机序下的多重比较问题。剂量反应问题的随机序意义下的比较的重要性在 20 世纪 50 年代就已被认识到，但一直进展甚微，而随机序下的多重比较问题则是以前几乎不可想象可以完成的任务。

7.1.2 简单随机序和增凸序的定义

随机序是用来比较随机变量大小的次序的。随机序有很多种，这里介绍比较常用的两种：简单随机序和增凸序。

7.1.2.1 简单随机序 (simple stochastic order)

设随机变量 ξ_1,ξ_2 分别具有分布函数 $F_1(x)$ 和 $F_2(x)$。称 ξ_1 在简单随机序意义下小于或等于 ξ_2，如果对于所有 x 有

$$1-F_1(x)\leqslant 1-F_2(x) \tag{7.1.1}$$

这时，也称 ξ_1 在分布意义下小于或等于 ξ_2，记为

$$\xi_1 \leqslant_{\rm st} \xi_2,\quad F_1\leqslant_{\rm st} F_2$$

式 (7.1.1) 表明，ξ_1 在分布意义下小于或等于 ξ_2 等价于：对于所有 x 有

$$P(\xi_1\geqslant x)\leqslant P(\xi_2\geqslant x)$$

上式表明，ξ_1 分布在取值较大 $(\geqslant x)$ 范围内的概率小于 ξ_2 分布在这一范围内的概率，所以这时称 ξ_1 在分布意义下小于或等于 ξ_2。

以剂量反应问题为例来说明简单随机序与均值序之间的差别。设 ξ_1, ξ_2 代表剂量 d_1, d_2 所致的治疗效果，ξ_i 的值越大，表示治疗效果越好，则 $\xi_1 \leqslant_{\mathrm{st}} \xi_2$，即对所有 x 有 $P(\xi_1 \geqslant x) \leqslant P(\xi_2 \geqslant x)$，这意味着治疗效果 ξ_2 大于 (任一程度 x) 的概率总比治疗效果 ξ_1 的相应概率大。而在均值大小意义下，即使 $E\xi_2 > E\xi_1$，也有可能是 ξ_2 取较小值的概率比 ξ_1 取较小值的概率大，而取较大值的概率的情况反之。这意味着剂量 d_2 的治疗效果 ξ_2 小的可能性大。这种情况并不能认为剂量 d_2 的治疗效果比剂量 d_1 的治疗效果好。因此，对于剂量反应问题，采用简单随机序来比较治疗效果更合理。

此外，这样的比较原则在许多情况下都适用。例如，设 ξ_1, ξ_2 代表某两个物体的寿命，则 $P(\xi_i \geqslant x)$ 表示剩余寿命不小于 x 的概率。上述不等式在生存分析中常用来比较两个物体的剩余寿命的大小。在可靠性理论中，系统的可靠性与元件的剩余寿命密切相关。于是 $\xi_1 \leqslant_{\mathrm{st}} \xi_2$ 意味着第二个元件要比第一个元件可靠性好。因此，可靠性问题和剂量反应问题是简单随机序被经常使用的领域。在其他领域中也有很多这样的情形。

由式 (7.1.1) 可见，随机变量在简单随机序下的次序关系实际上就是它们的分布函数的大小关系。分布函数包含了随机变量的所有概率信息，包括数学期望在内。显然，有下列蕴涵关系：

$$\xi_1 \leqslant_{\mathrm{st}} \xi_2 \Rightarrow E\xi_1 \leqslant E\xi_2$$
$$\xi_1 \leqslant_{\mathrm{st}} \xi_2 \Rightarrow t_1(\alpha) \leqslant t_2(\alpha)$$

其中 $t_i(\alpha)\,(i=1,2)$ 分别表示 $\xi_i\,(i=1,2)$ 的 α- 分位数，也即随机变量在简单随机序下的次序关系蕴涵它们的期望和分位数之间的关系参见文献 (Shaked 和 Shanshikumar, 2007)。因此，随机变量在简单随机序下的比较大大扩充了随机变量在均值意义下比较的内容。

然而，从式 (7.1.1) 易见，并不是任何两个随机变量都可以在简单随机序下进行比较，所以这种序是随机变量所在空间中的偏序。

7.1.2.2　增凸序 (increasing convex order)

设随机变量 ξ_1, ξ_2 分别具有概率分布 F_1, F_2。称 ξ_1 在增凸序意义下不大于 ξ_2，记为

$$\xi_1 \leqslant_{\mathrm{cx}} \xi_2 \quad 或 \quad F_1 \leqslant_{\mathrm{cx}} F_2$$

如果

$$E(\xi_1 - x)_+ \leqslant E(\xi_2 - x)_+, \quad \forall x \tag{7.1.2}$$

其中 $(u)_+$ 为正部函数，

$$(u)_+ = \begin{cases} u, & u \geqslant 0 \\ 0, & u \leqslant 0 \end{cases}$$

关于随机增凸序有下述结果: 若 $X \leqslant_{cx} Y$，对任何凸函数 f 有

$$E(f(X)) \leqslant E(f(Y))$$

成立，只要 $E(f(X))$，$E(f(Y))$ 都存在，参见文献 (Stoyan and Daley, 1983)。

若 $EX = EY = \mu$，取 $f(x) = (x-\mu)^k$，上式则成为 X, Y 的 k 阶中心矩的比较。特别地，当 $k=2$ 时，就是 X, Y 的方差的比较，即若 $X \leqslant_{\mathrm{cx}} Y$ 且 $EX = EY$，则 $\mathrm{var}(X) \leqslant \mathrm{var}(Y)$。可见，随机增凸序可以反映随机变量的各阶矩之间的关系。特别地，二阶矩则反映各随机变量的方差之间的关系。而方差在金融数学中是刻画风险的量。因此，随机增凸序在保险、投资等方面常被使用，参见文献 (Goovaerts et al., 1990; Kaas et al., 1994)。其他矩的比较可类似得出。

可见，随机变量在增凸序意义下的比较有丰富的含义。

随机序有许多种。其他多种随机序的定义可参见文献 (Stoyan and Daley, 1983; Shaked and Shanshikumar, 2007)。不同的随机序反映随机变量之间不同方面的关系，在使用时应根据需要恰当选择使用。

7.1.3 随机序的检验问题

上面叙述的是随机序的概率意义下的定义。在实际问题中，往往需要根据一组观测数据来确定所考虑的随机变量之间是否存在随机序，这就是随机序的检验问题。

与第 4 章中关于期望的次序的检验问题一样，随机序的检验问题也有许多种，有等式次序、单调次序、伞形次序等，其中单调序是最基本的。对每一种随机序都有这样的检验问题。

以简单随机序为例，单调序的检验问题通常是下述形式：设有总体 $\xi_1, \cdots, \xi_k$，具有分布函数 $F_1(x), \cdots, F_k(x)$，则要检验的假设为

$$H_0: F_1 = F_2 = \cdots = F_k, \quad F_1 \leqslant_{\mathrm{st}} F_2 \leqslant_{\mathrm{st}} \cdots \leqslant_{\mathrm{st}} F_k \tag{7.1.3}$$

(7.1.3) 中的备择假设是单调趋势假设，也有伞形假设问题，但其实质与问题 (7.1.3) 基本相同。如果把 (7.1.3) 中的原假设与备择假设交换一下，则问题变得复杂得多。至今尚未很好解决。

本书只是叙述随机序的检验中几个典型问题，即多个随机变量的单调序检验问题，序的类型只涉及随机增凸序和简单随机序这两种，但数据集是较复杂的集合。

7.2　随机序的检验方法

本节将阐述增凸序和简单随机序的检验方法，其中所用到的方法和基本思想对其他种类的随机序的检验也是很有用处的。

7.2.1　增凸序的检验方法

本小节叙述随机变量的增凸序检验问题，只涉及两个随机变量，其原假设是两个随机变量的概率分布是相等关系，而备择假设是这两个概率分布呈增凸序关系。处理这一问题的记号、方法和思想在后面多个随机变量的随机序检验中都有用处。

设 X_1, X_2 为两个相互独立的随机变量，取值于集合 $\{b_1, \cdots, b_{k+1}\}$，其中 $b_1 < \cdots < b_{k+1}$。取值概率为

$$p_{ij} = P(X_i = b_j), \quad j = 1, \cdots, k+1, i = 1, 2$$

记 $p_i = (p_{i1}, \cdots, p_{i,k+1})^{\mathrm{T}}\,(i = 1, 2)$ 为它们的概率分布。

设来自总体 X_i 的样本大小为 $n_i\,(i = 1, 2)$，其中有 n_{ij} 次取值 $b_j\,(j = 1, \cdots, k+1)$。假定样本大小 n 变大时，满足条件 $\lim\limits_{n\to\infty} n_i/n = r_i > 0\,(i = 1, 2)$。这样，不至于来自两个总体的随机样本数有太大的悬殊而导致统计推断失真。

需检验的假设是

$$H_0 : p_1 = p_2, \quad H_1 : p_1 \leqslant_{\mathrm{cx}} p_2 \tag{7.2.1}$$

1) 化成参数不等式假设检验问题

(7.2.1) 是非参数形式的问题。将其化为参数形式才易于处理。由增凸序的定义，H_1 也可写为

$$\int_x^\infty \{1 - F_1(t)\}\mathrm{d}t \leqslant \int_x^\infty \{1 - F_2(t)\}\mathrm{d}t, \quad \forall x$$

根据对这两个随机变量的分布假设，这等价于

$$H_1 : \sum_{j=\ell+1}^{k+1} (b_j - b_\ell)p_{1j} \leqslant \sum_{j=\ell+1}^{k+1} (b_j - b_\ell)p_{2j}, \quad \ell = 1, \cdots, k$$

因为 $p_{i,k+1} = 1 - \sum\limits_{j=1}^{k} p_{ij}$，$X_i$ 的分布 $p_i = (p_{i1}, \cdots, p_{ik}, p_{i,k+1})$ 可由其前 k 个分量组成的 k 维向量

$$\theta_i = (p_{i1}, \cdots, p_{ik})^{\mathrm{T}}, \quad i = 1, 2$$

完全决定。用 $1-\sum\limits_{j=1}^{k}p_{ij}$ 代替 $p_{i,k+1}$，H_1 又可写为

$$\begin{aligned}H_1:\quad &(b_\ell-b_{k+1})\sum_{j=1}^{\ell}p_{1j}+\sum_{j=\ell+1}^{k}(b_j-b_{k+1})p_{1j}\\&\leqslant(b_\ell-b_{k+1})\sum_{j=1}^{\ell}p_{2j}+\sum_{j=\ell+1}^{k}(b_j-b_{k+1})p_{2j},\quad \ell=1,\cdots,k\end{aligned}$$

记

$$a_\ell=b_\ell-b_{k+1},\quad B_\ell=(\underbrace{a_\ell,\cdots,a_\ell}_{\ell},a_{\ell+1},\cdots,a_k)^{\mathrm{T}}$$

$$A_\ell=(-B_\ell^{\mathrm{T}},B_\ell^{\mathrm{T}}),\quad \ell=1,\cdots,k$$

$$\theta=(\theta_1^{\mathrm{T}},\theta_2^{\mathrm{T}})^{\mathrm{T}}\triangleq(p_{11},\cdots,p_{1k},p_{21},\cdots,p_{2k})^{\mathrm{T}}$$

上式可改写为

$$H_1:\theta\in S=\{\theta:A_\ell^{\mathrm{T}}\theta\geqslant 0,\ell=1,\cdots,k\}\triangleq\{\theta:A\theta\geqslant 0\}\tag{7.2.2}$$

其中 A 为 $k\times 2k$ 满秩矩阵，

$$A=\begin{pmatrix}-B_1^{\mathrm{T}} & B_1^{\mathrm{T}}\\-B_2^{\mathrm{T}} & B_2^{\mathrm{T}}\\\vdots & \vdots\\-B_k^{\mathrm{T}} & B_k^{\mathrm{T}}\end{pmatrix}$$

由 (7.2.2) 确定的 S 是凸多面锥。而 H_0 可写成

$$H_0:\theta\in S_0\triangleq\{\theta:A\theta=0\}$$

检验问题 (7.2.1) 成为

$$H_0:\theta\in S_0=\{\theta:\theta_1=\theta_2\},\quad H_1:\theta\in S=\{\theta:A\theta\geqslant 0\}\tag{7.2.3}$$

于是增凸序检验问题 (7.2.1) 化成了一个参数等式假设对不等式假设的检验问题。

2) 检验方法

(7.2.3) 是增凸序检验问题的参数形式。这一问题常用似然比来检验。对应于分布 (p_1,p_2) 的似然函数为

$$L(p_1,p_2)\propto\prod_{i=1}^{2}\prod_{j=1}^{k+1}p_{ij}^{n_{ij}}$$

检验假设 (7.2.3) 的似然比对数为

$$
\begin{aligned}
T_{01} &= 2\left\{\max_{p_1 \leqslant_{\mathrm{cx}} p_2} \log L(p_1, p_2) - \max_{p_1 = p_2} \log L(p_1, p_2)\right\} \\
&= 2\left\{\log L(\hat{p}_1, \hat{p}_2) - \log L(\bar{p}_1, \bar{p}_2)\right\} = 2\sum_{i=1}^{2}\sum_{j=1}^{k+1} n_{ij}(\log \hat{p}_{ij} - \log \bar{p}_{ij}) \\
&= 2\left\{\log L(\hat{\theta}) - \log L(\bar{\theta})\right\} = 2\left\{\max_{\theta \in S} \log L(\theta) - \max_{\theta \in S_0} \log L(\theta)\right\} \qquad (7.2.4)
\end{aligned}
$$

其中 $\hat{p}_1$，$\hat{p}_2$ 和 $\hat{\theta}$ 为 p_1, p_2 和 θ 在 H_1 下的极大似然估计量，$\bar{p}_1$，$\bar{p}_2$ 和 $\bar{\theta}$ 为 p_1，p_2 和 θ 在原假设 H_0 下的极大似然估计量。

T_{01} 的数值解可用非线性规划算法得出。似然比分子分母中的两个最优化问题

$$
\max_{\theta \in S} \log L(\theta), \qquad \max_{\theta \in S_0} \log L(\theta)
$$

一个是有等式线性约束的非线性最优化问题，一个是有不等式线性约束的非线性最优化问题。

3) 对数似然比的极限分布

为求检验问题的拒绝域，需 T_{01} 的 (渐近) 概率分布。

原假设 H_0 下似然函数的极大解容易求得，

$$
\bar{p}_{1j} = \bar{p}_{2j} = (n_1\tilde{p}_{1j} + n_2\tilde{p}_{2j})/n, \quad j = 1, \cdots, k+1 \qquad (7.2.5)
$$

记

$$
F_n(\theta) = 2\{\log L(\bar{\theta}) - \log L(\theta)\}
$$

则

$$
T_{01} = -F_n(\hat{\theta}) = -\min_{\theta \in S} F_n(\theta)
$$

用变量 $\beta = \sqrt{n}(\theta - \theta_0)$ 代替 θ 作为优化变量，其中 θ_0 为 θ 的真值。先确定是 θ 的可行解范围。在 H_0 下有

$$
A\theta_0 = 0
$$

对于 S 中的 θ 有 $A\theta \geqslant 0$。因此，对于 β 的约束条件为

$$
A\beta \geqslant 0
$$

记满足此条件的集合为 S^*。注意：这一集合与 θ 所在集合 S 形式上是相同的。

再求出用变量 β 后的目标函数的形式。记

$$
G_n(\beta) = F_n(\beta/\sqrt{n} + \theta_0)
$$

则

$$T_{01}=-\min_{\beta\in S^*}G_n(\beta)=-G_n(\hat{\beta}_n)$$

其中 $\hat{\beta}_n$ 为 $G_n(\beta)$ 在 S^* 上的最小值点。

因此，为求 T_{01} 的极限分布，只要求出 $G_n(\beta)$ 的极限函数即可。对此，有下面的结论：

定理 7.2.1 当 $n\to\infty$ 时，$G_n(\beta)$ 依分布收敛于

$$G(\beta)=(Z-\beta)^{\mathrm{T}}V(Z-\beta)-Y^{\mathrm{T}}MY \tag{7.2.6}$$

其中 Z,Y 为正态变量，分别具有分布 $Z\sim N(0,V^{-1})$ 和 $Y\sim N(0,M^{-1})$，$V=\mathrm{diag}(V_1,V_2)$，$V_i=r_iM$，$M=(m_{ij})_{k\times k}$，它的元素为

$$m_{ii}=\frac{1}{p_{0i}}+\frac{1}{p_{0,k+1}},\quad i=1,\cdots,k$$

$$m_{ij}=\frac{1}{p_{0,k+1}},\quad i\neq j$$

证明 首先注意：p_{ij} 的无约束极大似然估计量 p^*_{ij} 是 n_{ij}/n_i，于是下面的恒等式成立：

$$\begin{aligned}F_n(p_1,p_2)&=2\left\{\log L(\bar{p}_1,\bar{p}_2)-\log L(p_1,p_1)\right\}\\&\equiv 2\sum_{i=1}^{2}\sum_{j=1}^{k+1}n_i\left\{p^*_{ij}\left(\log\bar{p}_{ij}-\log p_{ij}\right)\right\}\end{aligned}$$

将上式中的 $\log\bar{p}_{ij}$ 与 $\log p_{ij}$ 在 p^*_{ij} 处作二阶 Taylor 展开得

$$F_n(p_1,p_2)=\sum_{i=1}^{2}\sum_{j=1}^{k+1}n_i\left\{\frac{p^*_{ij}}{\alpha^2_{ij}}\left(p_{ij}-p^*_{ij}\right)^2-\frac{p^*_{ij}}{\nu^2_{ij}}\left(\bar{p}_{ij}-p^*_{ij}\right)^2\right\}$$

其中 α_{ij} 为界于 p_{ij} 和 p^*_{ij} 之间的值，ν_{ij} 为界于 $\bar{p}_{ij}$ 和 p^*_{ij} 之间的值。根据 (7.2.5)，$\bar{p}_{ij}=(n_1p^*_{1j}+n_2p^*_{2j})/n$，将此代入上式得

$$\begin{aligned}F_n(p_1,p_2)=&\sum_{i=1}^{2}\sum_{j=1}^{k+1}n_i\frac{p^*_{ij}}{\alpha^2_{ij}}\left(p_{ij}-p^*_{ij}\right)^2-n_1\sum_{j=1}^{k+1}\frac{p^*_{1j}}{\nu^2_{1j}}\left\{\frac{n_2}{n}\left(p^*_{1j}-p^*_{2j}\right)\right\}^2\\&-n_2\sum_{j=1}^{k+1}\frac{p^*_{2j}}{\nu^2_{2j}}\left\{\frac{n_1}{n}\left(p^*_{1j}-\tilde{p}_{2j}\right)\right\}^2\\=&\sum_{i=1}^{2}\frac{n_i}{n}\sum_{j=1}^{k+1}\frac{p^*_{ij}}{\alpha^2_{ij}}\left\{\sqrt{n}\left(p_{ij}-p_{0j}\right)-\sqrt{n}\left(p^*_{ij}-p_{0j}\right)\right\}^2\end{aligned}$$

$$-\frac{n_2}{n}\sum_{j=1}^{k+1}\frac{p_{1j}^*}{\nu_{1j}^2}\left\{\sqrt{\frac{n_2}{n}n_1}(p_{1j}^*-p_{0j})-\sqrt{\frac{n_1}{n}n_2}(p_{2j}^*-p_{0j})\right\}^2$$

$$-\frac{n_1}{n}\sum_{j=1}^{k+1}\frac{p_{2j}^*}{\nu_{2j}^2}\left\{\sqrt{\frac{n_2}{n}n_1}(p_{1j}^*-p_{0j})-\sqrt{\frac{n_1}{n}n_2}(p_{2j}^*-p_{0j})\right\}^2$$

因为 p_i^* 是 p_0 的相合估计量，所以几乎处处有

$$\alpha_i=(\alpha_{i1},\cdots,\alpha_{i,k+1})^{\mathrm{T}}\to p_0,\quad \nu_i=(\nu_{i1},\cdots,\nu_{i,k+1})^{\mathrm{T}}\to p_0,\quad i=1,2$$

又由中心极限定理有

$$\sqrt{n_i}(p_i^*-p_0)\xrightarrow{L}(U_{i1},\cdots,U_{i,k+1})^{\mathrm{T}},\quad i=1,2$$

其中 $(U_{11},\cdots,U_{1,k+1})$，$(U_{21},\cdots,U_{2,k+1})$ 互相独立 (因为 X_1,X_2 互相独立)，服从多元正态分布，具有零均值和协方差阵

$$\mathrm{var}(U_{ij})=p_{0j}(1-p_{0j}),\quad \mathrm{cov}(U_{ij}),(U_{ij}))=-p_{0j}p_{0l},\quad j\neq l$$

因而

$$\sqrt{n_i}(\theta_i^*-\theta_{0i})\xrightarrow{L}U_i=(U_{i1},\cdots,U_{ik})^{\mathrm{T}},\quad i=1,2$$

其中 U_1，U_2 为互相独立的多元正态分布向量。

注 7.2.1　$\theta_i^*=(p_{i1}^*,\cdots,p_{ik}^*)^{\mathrm{T}}$，$\theta_{0i}=(p_{01},\cdots,p_{0k})^{\mathrm{T}}\,(i=1,2)$，应用 (Billingsley, 1968) 中的定理 4.4，在 H_0 下有

$$\left(\sqrt{n_1}\,(\theta_1^*-\theta_{01})^{\mathrm{T}},\sqrt{n_2}\,(\theta_2^*-\theta_{02})^{\mathrm{T}},(p_1^*)^{\mathrm{T}},(p_2^*)^{\mathrm{T}},\alpha_1^{\mathrm{T}},\alpha_2^{\mathrm{T}},\nu_1^{\mathrm{T}},\nu_2^{\mathrm{T}}\right)^{\mathrm{T}}$$
$$\xrightarrow{L}\left(U_1^{\mathrm{T}},U_2^{\mathrm{T}},p_0^{\mathrm{T}},p_0^{\mathrm{T}},p_0^{\mathrm{T}},p_0^{\mathrm{T}},p_0^{\mathrm{T}},p_0^{\mathrm{T}}\right)^{\mathrm{T}}$$

$F_n(p_1,p_2)$ 是上式左端括号中各分量的连续函数，可以用弱收敛理论得出 $F_n(p_1,p_2)$ 的极限。把

$$p_{0,k+1}=1-\sum_{t=1}^{k}p_{0t},\quad p_{i,k+1}=1-\sum_{t=1}^{k}p_{it},\quad p_{i,k+1}^*=1-\sum_{t=1}^{k}p_{it}^*$$
$$\beta=\sqrt{n}\,(\theta-\theta_0)$$

代入 $F_n(p_1,p_2)$ 得

$$F_n(\theta)\xrightarrow{L}\sum_{i=1}^{2}r_i\Bigg[\sum_{j=1}^{k}\frac{1}{p_{0j}}\left(r_i^{-1/2}U_{ij}-\beta_{ij}\right)^2$$

$$
\begin{aligned}
&+\left(1-\sum_{t=1}^{k}p_{0t}\right)^{-1}\left\{\sum_{t=1}^{k}\left(r_i^{-1/2}U_{it}-\beta_{it}\right)\right\}^2\Bigg]\\
&-\sum_{j=1}^{k}\frac{1}{p_{0j}}\left(r_2^{1/2}U_{1j}-r_1^{1/2}U_{2j}\right)^2\\
&-\left(1-\sum_{t=1}^{k}p_{0t}\right)^{-1}\left\{\sum_{t=1}^{k}\left(r_2^{1/2}U_{1t}-r_1^{1/2}U_{2t}\right)\right\}^2\\
=&\sum_{i=1}^{2}(Z_i-\beta_i)^{\mathrm{T}}V_i(Z_i-\beta_i)-Y^{\mathrm{T}}MY,
\end{aligned}
$$

其中

$$
\begin{aligned}
&\beta_i=(\beta_{i1},\cdots,\beta_{ik})^{\mathrm{T}},\beta_{ij}=\sqrt{n}\,(p_{ij}-p_{0j}),j=1,\cdots,k,\quad i=1,2\\
&Z_i=\left(r_i^{-1/2}U_{i1},\cdots,r_i^{-1/2}U_{ik}\right)^{\mathrm{T}},\quad i=1,2\\
&Y=\left(\sqrt{r_2}\,U_{11}-\sqrt{r_1}\,U_{21},\cdots,\sqrt{r_2}\,U_{1k}-\sqrt{r_1}\,U_{2k}\right)^{\mathrm{T}}
\end{aligned}
$$

而 V 如定理 7.2.1 中所定义。

由前面 M 和 V_i 定义易见

$$
Y\sim N(0,M^{-1}),\quad Z_i\sim N(0,V_i^{-1})
$$

其中矩阵 $M^{-1}=(w_{ij})_{k\times k}$ 的元素定义为 $w_{ii}=p_{0i}(1-p_{0i})$，$w_{ij}=-p_{0i}p_{0j}$，矩阵 $V_i^{-1}=r_i^{-1}M^{-1}\,(i=1,2)$。令 $Z=(Z_1^{\mathrm{T}},Z_2^{\mathrm{T}})^{\mathrm{T}}$, $V=\mathrm{diag}(V_1,V_2)$，$\beta=(\beta_1^{\mathrm{T}},\beta_2^{\mathrm{T}})^{\mathrm{T}}$。因为 Z_1 与 Z_2 互相独立，故 $Z\sim N(0,V^{-1})$。这样，$F_n(\theta)$ 的极限即为定理所示的形式。■

由上述目标函数 $F_n(\theta)$ 的极限，不难得出其极值的极限分布，即 T_{01} 的极限分布，如以下定理所示：

定理 7.2.2 在假设 H_0 下有

$$
T_{01}\xrightarrow{L}T=\min_{\eta\in\mathbf{R}_+^k}(X-\eta)^{\mathrm{T}}W(X-\eta)\sim\bar{\chi}^2\left\{W^{-1},(\mathbf{R}_+^k)^{\circ}\right\}\tag{7.2.7}
$$

其中 V 和 Z 如定理 7.2.1 中所示，A 如 (7.2.2) 所定义，$\varDelta=-V^{-1}A^{\mathrm{T}}$，$W=\varDelta^{\mathrm{T}}V\varDelta$，$X=(\varDelta^{\mathrm{T}}V\varDelta)^{-1}\varDelta^{\mathrm{T}}VZ\sim N(0,W^{-1})$，$(\mathbf{R}_+^k)^{\circ}$ 为 $\mathbf{R}_+^k$ 的极锥。

证明 T_{01} 是定理 7.2.1 中 $G_n(\beta)$ 在 S 上的极小值的负值。定理 7.2.1 断言，对每一给定 β,$G_n(\beta)$ 依分布收敛于 $G(\beta)$。现在，先求出 $G(\beta)$ 的极小值 T 的在原假设 H_0 之下的分布，然后证明 T_{01} 依分布收敛于 T。

由 (7.2.6)，

$$G(\beta) = (Z-\beta)^{\mathrm{T}}V(Z-\beta) - Y^{\mathrm{T}}MY$$

由于矩阵 M 与 β 无关，于是 T(即 $G(\beta)$ 在 S^* 上的极小值的负值) 可改写成下式：

$$T = -\min_{\beta\in S^*}(Z-\beta)^{\mathrm{T}}V(Z-\beta) + Y^{\mathrm{T}}MY \triangleq T_1 - T_2 \tag{7.2.8}$$

其中

$$T_1 = Z^{\mathrm{T}}VZ - \min_{\beta\in S^*}(Z-\beta)^{\mathrm{T}}V(Z-\beta), \quad T_2 = Z^{\mathrm{T}}VZ - Y^{\mathrm{T}}MY$$

根据 (Shapiro, 1988) 的结果有

$$T_1 = \min_{\beta\in(S^*)^{\circ}}(Z-\beta)^{\mathrm{T}}V(Z-\beta)$$

其中 $(S^*)^{\circ}$ 为 S^* 的极锥。由 (Shapiro, 1985) 中的恒等式 (2.9) 有

$$(S^*)^{\circ} = \varDelta\mathbf{R}_+^k = \{\beta : \beta = \varDelta\eta, \eta\in\mathbf{R}_+^k\}$$

其中 $\varDelta = -V^{-1}A^{\mathrm{T}}$($A$ 的定义见 (7.2.2))，从而

$$\begin{aligned} T_1 &= \min_{\beta\in(S^*)^{\circ}}(Z-\beta)^{\mathrm{T}}V(Z-\beta) = \min_{\eta\in\mathbf{R}_+^k}(Z-\Delta\eta)^{\mathrm{T}}V(Z-\varDelta\eta) \\ &= \min_{\eta\in\mathbf{R}_+^k}(X-\eta)^{\mathrm{T}}W(X-\eta) + T_3 \end{aligned} \tag{7.2.9}$$

其中 $W = \varDelta^{\mathrm{T}}V\varDelta$，$X = (\varDelta^{\mathrm{T}}V\varDelta)^{-1}\Delta^{\mathrm{T}}VZ$(因而 $X\sim N(0, W^{-1})$)，

$$T_3 = Z^{\mathrm{T}}\{I_{2k} - \varDelta(\varDelta^{\mathrm{T}}V\varDelta)^{-1}\varDelta^{\mathrm{T}}V\}^{\mathrm{T}}V\{I_{2k} - \varDelta(\varDelta^{\mathrm{T}}V\varDelta)^{-1}\varDelta^{\mathrm{T}}V\}Z$$

下面证明 $T_3 = T_2$。矩阵 A 可以写成 $A = (-B, B)$。容易验证

$$\begin{aligned} \varDelta^{\mathrm{T}} &= -AV^{-1} = -(-BM^{-1}/r_1, BM^{-1}/r_2) \\ \varDelta^{\mathrm{T}}V\varDelta &= -A\varDelta = (1/r_1 + 1/r_2)BM^{-1}B \end{aligned}$$

以及

$$(\varDelta^{\mathrm{T}}V\varDelta)^{-1}\varDelta^{\mathrm{T}}V = r_1r_2B^{-1}MB^{-1}(-A) = -r_1r_2(-B^{-1}M, B^{-1}M)$$

因为 $r_1 + r_2 = 1$，于是

$$\begin{aligned} \varDelta(\varDelta^{\mathrm{T}}V\varDelta)^{-1}\varDelta^{\mathrm{T}}V &= r_1r_2\begin{pmatrix} -M^{-1}B/r_1 \\ M^{-1}B/r_2 \end{pmatrix}(-B^{-1}M, B^{-1}M) \\ &= \begin{pmatrix} r_2I_k & -r_2I_k \\ -r_1I_k & r_1I_k \end{pmatrix} \end{aligned}$$

其中 I_k 为一个 $k \times k$ 单位矩阵。简单运算可得

$$
\begin{aligned}
T_3 &= Z^{\mathrm{T}} \begin{pmatrix} r_1 I_k & r_2 I_k \\ r_1 I_k & r_2 I_k \end{pmatrix}^{\mathrm{T}} \begin{pmatrix} r_1 M & 0 \\ 0 & r_2 M \end{pmatrix} \begin{pmatrix} r_1 I_k & r_2 I_k \\ r_1 I_k & r_2 I_k \end{pmatrix} Z \\
&= (Z_1^{\mathrm{T}}, Z_2^{\mathrm{T}}) \begin{pmatrix} r_1^2 M & r_1 r_2 M \\ r_1 r_2 M & r_2^2 M \end{pmatrix} \begin{pmatrix} Z_1 \\ Z_2 \end{pmatrix} \\
&= (r_1 Z_1 + r_2 Z_2)^{\mathrm{T}} M (r_1 Z_1 + r_2 Z_2)
\end{aligned}
$$

由定理 7.2.1 的证明中给出的 Z_1, Z_2 和 Y 的表达式可得 $Y = \sqrt{r_1 r_2}(Z_1 - Z_2)$，于是

$$
\begin{aligned}
T_2 &= (r_1 Z_1^{\mathrm{T}} M Z_1 + r_2 Z_2^{\mathrm{T}} M Z_2) - r_1 r_2 (Z_1 - Z_2)^{\mathrm{T}} M (Z_1 - Z_2) \\
&= (r_1 Z_1 + r_2 Z_2)^{\mathrm{T}} M (r_1 Z_1 + r_2 Z_2) = T_3
\end{aligned} \tag{7.2.10}
$$

综合 (7.2.8)~(7.2.10) 得

$$
T = \min_{\eta \in \mathbf{R}_+^k} (X - \eta)^{\mathrm{T}} W (X - \eta)
$$

由定理 4.3.1 得 $T \sim \bar{\chi}^2(W^{-1}, (\mathbf{R}_+^k)^0)$，其中 $(\mathbf{R}_+^k)^0$ 为 $\mathbf{R}_+^k$ 的极锥。这正是定理所断言的分布。

下面简要说明为何 T_{01} 依分布收敛于 T，证明细节可参见文献 (Liu and Wang, 2003)。

定理 7.2.1 断言，对每个给定的 $\beta \in S^*$，作为随机变量序列的收敛性有 $G_n(\beta) \xrightarrow{L} G(\beta)$。更进一步可以证明，对任一有界长方体 D，随机过程序列 $\{G_n(\beta), \beta \in S \cap D\}$ 弱收敛于随机过程 $\{G(\beta), \beta \in S \cap D\}$。它们的样本函数为连续函数。于是这一随机过程收敛性蕴涵着它们在样本函数空间上所诱导的概率测度序列的收敛性，记为 $\mu_n \Rightarrow \mu$。由于对所有 $n, G_n(\beta)$ 的优化变量 β 的取值范围都是 $S^* = \{A\beta \geqslant 0\}$，只需将同一最优化算子作用于 $G_n(\beta)$ 和 $G(\beta)$(而且由于这里的最优解就是随机变量到凸多面锥 S^* 上的投影，都是唯一的)，则由测度论的连续映射定理 (Billingsley, 1968) 得出它们的最优值的依分布收敛性，此即 $T_{01} \xrightarrow{L} T$。■

4) 检验步骤小结

总结起来，相等对增凸序假设检验问题 (7.2.1) 的检验步骤如下：

(1) 依式 (7.2.4) 计算似然比对数 T_{01} 的值；

(2) 给定显著性水平 α，用 Monte Carlo 方法计算 $\bar{\chi}^2(W^{-1}, (\mathbf{R}_+^k)^0)$ 的 α 分位数 t_α，满足 $P(\bar{\chi}^2(W^{-1}, (\mathbf{R}_+^k)^0) \geqslant) = \alpha$；

(3) 若 $T_{01} \geqslant t_\alpha$，则拒绝原假设 H_0。

7.2.2 简单随机序的检验

简单随机序的检验基本上也都是用似然比检验，但如何找出似然比统计量的实用形式和相应的概率分布要以具体问题而定。本小节将给出简单随机序的检验方法。

在各种实际应用问题中的简单随机序的检验的本质都是相同的，这里以医药研究中剂量–反应问题为例来阐述简单随机序的检验方法。

根据 (Ruberg, 1995) 的说法，剂量–反应研究中主要关心以下 4 个问题：① 某种药有没有疗效？② 哪种剂量显示出与对照剂量反应有差异？③ 剂量–反应的本质是什么？④ 哪个剂量是最优剂量？这些问题都要通过比较治疗效果来回答。治疗效果会随着许多因素而改变，因而是随机变量。要回答这些问题必须对这些随机变量进行比较。

随机序意义下的剂量–反应强度递增序 (即反应强度随药物剂量的增加而增加) 的检验问题，因为其重要性，早就受到了人们的关注。早在 20 世纪 50 年代，Cochran (1955)，Armitage (1955) 就给出了 Cochran-Armitage (C-A) 检验方法。然而，那是针对取二值变量 (即有关随机变量只取两个值，反映两种可能的状态，如有效果与无效果、生与死等) 的模型，即 $2 \times k$ 数据表。针对这种二值变量模型，后来还发展出一些进一步的检验方法，如 Hirotsu (1998), Dosemeci 和 Benichou (1998) 等。显然，用二值变量来刻画治疗效果是太粗糙了。于是发展为用 m 值变量来刻画 (即有关随机变量取 m 个值，反映 m 种可能的状态)，并给出了对 $m \times 2$ 数据模型的检验，即治疗效果有 m 种状态，但只比较两种药物的治疗效果，如 Grove (1980),Bhattacharya 和 Dykstra (1994) 等。显然，在多 (m) 种治疗效果下比较多 (k) 种药物的问题的研究更有必要，这就是 $m \times k$ 数据表的检验问题。有一些文章中已注意到这个问题，如 (Chuang-Stein and Agresti, 1997; Agresti and Coull, 1998) 等。可惜的是，这方面的进展一直不理想。现在，用本书中的方法可以解决这些问题，甚至更复杂的问题了。下面叙述如何解决这类问题，包括 $m \times k$ 数据表和 $m \times r \times c$ 数据表情形下的检验问题.

7.2.2.1 $m \times k$ 数据表情形下的检验

1) 数据结构与检验问题

先看一个例子。

表 7.2.1 所示是一组来自临床诊断的数据，常称为 Glasgow Outcome Scale，用以确定当用药剂量增加时治疗 (某种损伤) 效果是否随之提高。药物剂量分 4 等：安慰剂、低剂量、中等剂量、高剂量；治疗效果从死亡到康复分为 5 等。目的是要从这一数据中寻找哪些剂量有较好的效果。这里，“较好的效果” 不是指它们的治疗效果平均值的好坏，而是指它们的概率分布之间的大小。

表 7.2.1 对蛛网膜下腔出血病症采用四种不同治疗时创伤程度的反应

剂量	死亡	继续增长	较多坏死	较少坏死	完全康复	总计
安慰剂	59	25	46	48	32	210
低剂量	48	21	44	47	30	190
中剂量	44	14	54	64	31	207
高剂量	43	4	49	58	41	195
合计	194	64	193	217	134	802

数据来源：Dr. Christy Chuang-Stein, Pharmacia & Upjohn 公司

设 $X_i\,(i=1,2,3,4)$ 分别为安慰剂、低剂量、中等剂量、高剂量所对应的治疗效果总体，具有相应的分布函数 F_1,F_2,F_3,F_4。

如果只是比较均值，则不可能看出各种治疗方案的全面治疗效果的好坏，所以检验关于分布的假设

$$H_0: F_1=F_2=F_3=F_4,\quad H_1: F_1\geqslant_{\rm st} F_2\geqslant_{\rm st} F_3\geqslant_{\rm st} F_4$$

更有价值。

一般地，设有 k 个互相独立的总体 $X_1,\cdots,X_k$，其概率分布分别为 $F_1,\cdots,F_k$。绝大多数的反应强度递增序的检验都是关于反应均值的递增序的检验，即检验假设

$$H_0: \mu_1=\cdots=\mu_k,\quad H_1: \mu_1\leqslant\cdots\leqslant\mu_k$$

这样的假设只能反映平均意义下的趋势。为给出更深入的比较结果，需要检验随机序。所要检验的假设为

$$H_0: F_1=\cdots=F_k,\quad H_1: F_1\leqslant_{\rm st}\cdots\leqslant_{\rm st} F_k \tag{7.2.11}$$

即检验这 k 个互相独立的总体在分布意义下是相等的还是具有递增的趋势。在不少情况下，随着剂量的递增，其反应强度应该会随之递增。因此，这一假设是有实际意义的。

剂量反应强度比较中常遇到的数据类型为下面的区间数据。设 $-\infty=s_0<s_1<\cdots<s_{m+1}=\infty$ 为试验的检测时间点，观测到的数据是感兴趣现象出现的案例个数 (死亡个数等)。设在时间区间 $(s_j,s_{j+1}]$ 内观测到属于第 i 个总体中的个数为 n_{ij}，$n_i=\sum\limits_{j=0}^{m} n_{ij}$。不妨假定 $\lim\limits_{n\to\infty} n_i/n=r_i>0\,(i=1,\cdots,k)$。表 7.2.2 给出这种数据的框架。

表 7.2.2

总体	1	2	$\cdots$	k	n_i
X_1	n_{11}	n_{12}	$\cdots$	$n_{i,k}$	n_1
X_2	n_{21}	n_{22}	$\cdots$	$n_{2,k}$	n_2
$\vdots$	$\vdots$	$\vdots$		$\vdots$	$\vdots$
X_m	n_{m1}	n_{m2}	$\cdots$	$n_{m,k}$	n_m
$n_{.j}$	$n_{.1}$	$n_{.2}$	$\cdots$	$n_{.k}$	n

2) 化成参数不等式假设检验问题

根据简单随机序的定义，检验问题 (7.2.11) 中的 H_1 可写为

$$F_i(s_j) \geqslant F_{i+1}(s_j), \quad j=1,\cdots,m, i=1,\cdots,k-1$$

$$(F_i(s_{m+1})=1, \quad i=1,\cdots,k)$$

令 $p_{ij}=F_i(s_{j+1})-F_i(s_j)$，$H_1$ 可化为

$$\sum_{r=0}^{j-1} p_{ir} \geqslant \sum_{r=0}^{j-1} p_{i+1,r}, \quad j=1,\cdots,m, i=1,\cdots,k-1$$

由于

$$\sum_{r=0}^{m} p_{ir} = \sum_{r=0}^{m} p_{i+1,r}=1, \quad i=1,\cdots,k-1$$

假设 (7.2.11) 可写成

$$H_0: \quad \sum_{r=0}^{j} p_{ir} = \sum_{r=0}^{j} p_{i+1,r}, \quad j=1,\cdots,m, i=1,\cdots,k-1$$

$$H_1: \quad \sum_{r=0}^{j} p_{ir} \geqslant \sum_{r=0}^{j} p_{i+1,r}, \quad j=1,\cdots,m, i=1,\cdots,k-1$$

为简化记号，令 $\theta_i=(p_{i0},\cdots,p_{i,m-1})^{\mathrm{T}}$，$\theta=(\theta_1^{\mathrm{T}},\cdots,\theta_m^{\mathrm{T}})^{\mathrm{T}}$，用与增凸序检验中所用的方法，上述假设又可写成

$$\begin{aligned} H_0: &\quad \theta \in S_0=\{\theta_1=\cdots=\theta_k\} \\ H_1: &\quad \theta \in S=\{\theta: A\theta \geqslant 0\} \end{aligned} \tag{7.2.12}$$

其中

$$A_{(k-1)m\times km}=\begin{pmatrix} C & -C & & & 0 \\ & C & -C & & \\ & & \ddots & \ddots & \\ 0 & & & C & -C \end{pmatrix}$$

而 0 表示 $m \times m$ 阶全零元素矩阵，C 为以 c_{ij} 为元素的矩阵，当 $i < j$ 时，$c_{ij} = 0$; 当 $i \geqslant j$ 时，$c_{ij} = 1\,(i = 1.\cdots, k-1, j = 1, \cdots, m)$，于是 S 为凸多面锥。这样，检验问题 (7.2.11) 也化成了一个参数等式假设对不等式假设的检验问题。

3) 检验方法

对于检验问题 (7.2.12)，也是用似然比检验法检验。

令 $p_{ij} = F_i(s_{j+1}) - F_i(s_j)$，$F = (F_1, \cdots, F_k)$。在这一概率结构下，似然函数为

$$L(F) = \prod_{i=1}^{k}\prod_{j=0}^{m}\{F_i(s_{j+1}) - F_i(s_j)\}^{n_{ij}} = \prod_{i=1}^{k}\prod_{j=0}^{m} p_{ij}^{n_{ij}}$$

对数似然函数可写成

$$\begin{aligned}\log L(F) &= \sum_{i=1}^{k}\sum_{j=0}^{m} n_{ij}\log\{F_i(s_{j+1}) - F_i(s_j)\} = \sum_{i=1}^{k}\sum_{j=0}^{m} n_{ij}\log p_{ij} \\ &= \sum_{i=1}^{k}\left\{\sum_{j=0}^{m-1} n_{ij}\log p_{ij} + \left(n_i - \sum_{t=0}^{m-1} n_{it}\right)\log\left(1 - \sum_{t=0}^{m-1} p_{it}\right)\right\} \\ &\triangleq \log L(\theta)\end{aligned}$$

其似然比统计量为

$$\begin{aligned}T_{01} &= 2\{\log L(\hat{F}) - \log L(\bar{F}_0)\} = 2\{\log L(\hat{\theta}) - \log L(\bar{\theta})\} \\ &= 2\sum_{i=1}^{k}\sum_{j=0}^{m} n_{ij}(\log \hat{p}_{ij} - \log \bar{p}_{ij}) \\ &= 2\sum_{i=1}^{k} n_i \sum_{j=0}^{m} \tilde{p}_{ij}(\log \hat{p}_{ij} - \log \bar{p}_{ij})\end{aligned} \tag{7.2.13}$$

其中 $\hat{p}_{ij}$ 为 p_{ij} 在 H_1 下的极大似然估计量，$\tilde{p}_{ij} = \tilde{F}_i(s_{j+1}) - \tilde{F}_i(s_j) = n_{ij}/n_i$，$\bar{p}_{ij} = (n_1\tilde{p}_{1j} + \cdots + n_m\tilde{p}_{mj})/n$ 是 p_{ij} 在 H_0 下的极大似然估计量。

如果原假设 H_0 成立，则 T_{01} 的值应该 (大于零) 接近于零。因此，当 T_{01} 的值大于某一临界值，即 $T_{01} > C_\alpha$ 时，似然比检验将在 α 水平下拒绝原假设 H_0，其中 C_α 为满足下述条件的 T_{01} 的分位数：$P_{H_0}(T_{01} > C_\alpha) = \alpha$。

4) 似然比统计量的极限分布

找出 T_{01} 的渐近分布才能确定 C_α 的值。稍后的定理 7.2.4 将给出 T_{01} 的渐近分布。

记

$$F_n(\theta) = 2\{\log L(\bar{\theta}) - \log L(\theta)\}$$

则

$$T_{01} = -\min_{\theta \in S} F_n(\theta)$$

用变量 $\beta = n^{\frac{1}{2}}(\theta - \theta_0)$ 代替 θ 作上式中的优化变量 (其中 $\theta_{\mathbf{0}}$ 为 θ 的真值)。与上一小节增凸序情形一样，β 在 H_1 下的变化范围也是

$$S^* = \{\beta : A\beta \geqslant 0\}$$

令

$$G_n(\beta) = F_n(\beta/\sqrt{n} + \theta_0)$$

则有

$$T_{01} = -\min_{\beta \in S^*} G_n(\beta) = -G_n(\hat{\beta}_n)$$

其中 $\hat{\beta}_n$ 为 $G_n(\beta)$ 在 S^* 上的最优解。

为求 T_{01} 即 $G_n(\hat{\beta}_n)$ 的极限分布，先求 $G_n(\beta)$ 的极限函数。

定理 7.2.3 设 $n_i \to \infty$ 且 $n_i/n \to r_i$，则 $G_n(\beta)$ 分布收敛于

$$G(\beta) = (Z - \beta)^{\mathrm{T}} Q (Z - \beta) - \frac{1}{2} \sum_{t,l=1}^{k} r_t r_l (Z_t - Z_l)^{\mathrm{T}} M (Z_t - Z_l) \tag{7.2.14}$$

其中 $Z \sim N(0, Q^{-1})$，Q 正定且 $Q = \mathrm{diag}(Q_1, \cdots, Q_m)$，$Q_i = r_i M$，矩阵 M 的元素 m_{ij} 定义如下：

$$m_{ii} = \frac{1}{p_{i-1}} + \frac{1}{p_m}, i = 1, \cdots, m, \quad m_{ij} = \frac{1}{p_m}, i \neq j$$

证明 注意到

$$F(\theta) = \sum_{i=1}^{k} \sum_{j=0}^{m} n_i \{\tilde{p}_{ij} (\log \bar{p}_{ij} - \log p_{ij})\}$$

并用 $\log \bar{p}_{ij}$ 和 $\log p_{ij}$ 在 $\tilde{p}_{ij}$ 附近的二阶展开式得

$$F_n(\theta) = \sum_{i=1}^{k} \sum_{j=0}^{m} n_i \left\{ \frac{\tilde{p}_{ij}}{\alpha_{ij}^2} (p_{ij} - \tilde{p}_{ij})^2 - \frac{\tilde{p}_{ij}}{\beta_{ij}^2} (\bar{p}_{ij} - \tilde{p}_{ij})^2 \right\}$$

其中 α_{ij} 为 p_{ij} 和 $\tilde{p}_{ij}$ 之间的点，β_{ij} 为 $\bar{p}_{ij}$ 和 $\tilde{p}_{ij}$ 之间的点，而 $\bar{p}_{ij}$ 与 $\tilde{p}_{ij}$ 都收敛于 p_{ij}。当 H_0 为真时，由 Slutsky 定理，可用 $\bar{p}_{ij}$ 代替 $\tilde{p}_{ij}/{\alpha_{ij}}^2$，用 $\bar{p}_{ij}$ 代替 $\tilde{p}_{ij}/{\beta_{ij}}^2$ 而不影响其极限，从而得

$$F_n(\theta) = \sum_{i=1}^{k} \sum_{j=0}^{m} \frac{n_i}{\bar{p}_{ij}} (p_{ij} - \tilde{p}_{ij})^2 - \sum_{i=1}^{k} \sum_{j=0}^{m} \frac{n_i}{\bar{p}_{ij}} \left\{ \frac{\sum\limits_{1 \leqslant t \neq i \leqslant k} n_t (\tilde{p}_{tj} - \tilde{p}_{ij})}{n} \right\}^2$$

$$
\begin{aligned}
&=\sum_{i=1}^{k}\frac{n_i}{n}\sum_{j=0}^{m}\frac{1}{\bar{p}_{ij}}\left\{\sqrt{n}(\tilde{p}_{ij}-p_j)-\sqrt{n}(p_{ij}-p_j)\right\}^2\\
&\quad-\frac{1}{2}\sum_{j=0}^{m}\frac{1}{\bar{p}_{ij}}\left\{\frac{\sum\limits_{t,l=1}^{k}n_t n_l(\tilde{p}_{tj}-\tilde{p}_{lj})^2}{n}\right\}\\
&=\sum_{i=1}^{k}\frac{n_i}{n}\sum_{j=0}^{m}\frac{1}{\bar{p}_{ij}}\left\{\sqrt{n}(\tilde{p}_{ij}-p_j)-\sqrt{n}(p_{ij}-p_j)\right\}^2\\
&\quad-\frac{1}{2}\sum_{j=0}^{m}\frac{1}{\bar{p}_{ij}}\sum_{t,l=1}^{k}\left\{\sqrt{\frac{n_l}{n}}n_t(\tilde{p}_{tj}-p_j)-\sqrt{\frac{n_t}{n}}n_l(\tilde{p}_{lj}-p_j)\right\}^2
\end{aligned}
$$

注意到在 H_0 下，$\sqrt{n_i}(\theta_i-\theta_0)\rightarrow^{L}v_i(i=1,\cdots,k)$，其中 v_i 为独立多维正态向量和下列等式：

$$
p_m=1-\sum_{t=0}^{m-1}p_t,\quad p_{im}=1-\sum_{t=0}^{m-1}p_{it},\quad \tilde{p}_{im}=1-\sum_{t=0}^{m-1}\tilde{p}_{it},\quad \beta_{ij}=\sqrt{n}(p_{ij}-p_j)
$$

上式可化为

$$
\begin{aligned}
F_n(\theta)=&\sum_{i=1}^{k}r_i\Bigg\{\sum_{j=0}^{m-1}\frac{1}{p_j}(r_i^{-1/2}v_{ij}-\beta_{ij})^2\\
&+\left(1-\sum_{h=0}^{m-1}p_h\right)^{-1}\left[\sum_{h=0}^{m-1}(r_i^{-1/2}v_{ih}-\beta_{ih})\right]^2\Bigg\}\\
&-\sum_{j=0}^{m-1}\frac{1}{p_j}\sum_{t,l=1}^{k}\Bigg\{(\sqrt{r_t}v_{lj}-\sqrt{r_l}v_{tj})^2\\
&-\left(1-\sum_{h=0}^{m-1}p_h\right)^{-1}\left(\sum_{h=0}^{m-1}(\sqrt{r_t}v_{lh}-\sqrt{r_l}v_{th})\right)^2\Bigg\}\\
=&\sum_{i=1}^{k}r_i(Z_i-\beta_i)^{\mathrm{T}}M(Z_i-\beta_i)-\frac{1}{2}\sum_{t,l=1}^{k}r_t r_l(Z_t-Z_l)^{\mathrm{T}}M(Z_t-Z_l)\\
=&(Z-\beta)^{\mathrm{T}}Q(Z-\beta)-\frac{1}{2}\sum_{t,l=1}^{k}r_t r_l(Z_t-Z_l)^{\mathrm{T}}M(Z_t-Z_l)
\end{aligned}
$$

其中

$$
Z=(Z_1^{\mathrm{T}},\cdots,Z_k^{\mathrm{T}})^{\mathrm{T}},\quad Z_i=\left(r_i^{-1/2}v_{i0},\cdots,r_i^{-1/2}v_{i,m-1}\right)^{\mathrm{T}}
$$

$$
\beta=(\beta_1^{\mathrm{T}},\cdots,\beta_k^{\mathrm{T}})^{\mathrm{T}},\quad \beta_i=(\beta_{i0},\cdots,\beta_{i,m-1})^{\mathrm{T}},\quad i=1,\cdots,k
$$

易见 $Z_i \sim N(0, Q_i^{-1})$，其中 $Q_i^{-1} = r_i^{-1} M^{-1}\,(i = 1, \cdots, k)$，$M^{-1} = (w_{ij})_{m\times m}$，$w_{ii} = p_i(1 - p_i)$，$w_{ij} = -p_i p_j (1 \leqslant i, j \leqslant m, i \neq j)$。由诸 Z_i 的独立性即得定理结论。■

下面推导 T_{01} 的极限分布。

记 $X = (\Delta^{\mathrm{T}} Q \Delta)^{-1} \Delta^{\mathrm{T}} Q Z$，其中，$\Delta = -Q^{-1} A^{\mathrm{T}}$。由定理 7.2.3，$Z = N(0, Q^{-1})$，因此，$X \sim N(0, W^{-1})$，其中 $W = \Delta^{\mathrm{T}} Q \Delta$.

在此记号下，有下面的结果。

定理 7.2.4 设 Q 和 Z 如定理 7.2.3 中所示，则

$$\begin{aligned} T_{01} \to^{L} T &= \min_{\eta \in \mathbf{R}_+^{m(k-1)}} (X - \eta)^{\mathrm{T}} W (X - \eta) \\ &\sim \bar{\chi}^2(W^{-1}, (\mathbf{R}_+^{m(k-1)})^0) \end{aligned} \tag{7.2.15}$$

其中 $(\mathbf{R}_+^{m(k-1)})^{\mathrm{o}}$ 为 $\mathbf{R}_+^{m(k-1)}$ 的极锥。

证明 为得出 T_{01} 的具体极限分布，先求 $G(\beta)$ 在 S^* 上的极小值的负值的分布。由 (7.2.14)，把 T 分成两部分，

$$T = -\min_{\beta \in S^*} (Z - \beta)^{\mathrm{T}} Q (Z - \beta) + \frac{1}{2} \sum_{t,l=1}^{k} r_t r_l (Z_t - Z_l)^{\mathrm{T}} M (Z_t - Z_l)$$

$$\triangleq T_1 - T_2$$

其中

$$T_1 = Z^{\mathrm{T}} Q Z - \min_{\beta \in S} (Z - \beta)^{\mathrm{T}} Q (Z - \beta)$$

$$T_2 = Z^{\mathrm{T}} Q Z - \frac{1}{2} \sum_{t,l=1}^{k} r_t r_l (Z_t - Z_l)^{\mathrm{T}} M (Z_t - Z_l)$$

根据 (Shapiro, 1988) 有

$$T_1 \sim \bar{\chi}^2(Q^{-1}, (S^*)^{\mathrm{o}})$$

其中 $(S^*)^{\mathrm{o}}$ 是 S^* 的极锥。注意到现在有

$$(S^*)^{\mathrm{o}} = \{\beta : \beta = \Delta\eta, \eta \in \mathbf{R}_+^{m(k-1)}\}$$

其中 $\Delta = -Q^{-1} A^{\mathrm{T}}$ 为一个 $mk \times (m-1)k$ 满行秩矩阵 (Shapiro, 1988)。这样得

$$T_1 = \min_{\beta \in S^{\mathrm{o}}} (Z - \beta)^{\mathrm{T}} Q (Z - \beta) = \min_{\eta \in \mathbf{R}_+^{m(k-1)}} (Z - \Delta\eta)^{\mathrm{T}} Q (Z - \Delta\eta)$$

$$= \min\nolimits_{\eta \in \mathbf{R}_+^{m(k-1)}} (X - \eta)^{\mathrm{T}} W (X - \eta) + T_3$$

其中

$$W=\Delta^{\mathrm{T}}Q\Delta,\quad X=(\Delta^{\mathrm{T}}Q\Delta)^{-1}\Delta^{\mathrm{T}}QZ,\quad X\sim N(0,W^{-1})$$

$$T_3=Z^{\mathrm{T}}\{I_{mk}-\Delta(\Delta^{\mathrm{T}}Q\Delta)^{-1}\Delta^{\mathrm{T}}Q\}^{\mathrm{T}}Q\{I_{mk}-\Delta(\Delta^{\mathrm{T}}Q\Delta)^{-1}\Delta^{\mathrm{T}}Q\}Z$$

I_{mk} 为 $mk\times mk$ 阶单位矩阵，

$$\Delta^{\mathrm{T}}Q\Delta=-A\Delta=R\otimes(CM^{-1}C^{\mathrm{T}}),\quad (\Delta^{\mathrm{T}}Q\Delta)^{-1}=R^{-1}\otimes(CM^{-1}C^{\mathrm{T}})^{-1}$$

其中 $\otimes$ 表示 Kronecker 乘积，

$$R=\begin{pmatrix} \frac{1}{r_1}+\frac{1}{r_2} & \frac{-1}{r_2} & & & & 0 \\ \frac{-1}{r_2} & \frac{1}{r_2}+\frac{1}{r_3} & \frac{-1}{r_3} & & & \\ & \ddots & \ddots & \ddots & & \\ & & \ddots & \ddots & \ddots & \\ & & & \frac{-1}{r_{k-2}} & \frac{1}{r_{k-2}}+\frac{1}{r_{k-1}} & \frac{-1}{r_{k-1}} \\ 0 & & & & \frac{-1}{r_{k-1}} & \frac{1}{r_{k-1}}+\frac{1}{r_k}, \end{pmatrix}$$

R^{-1} 的第 i 行是

$$\left(r_1\left(\sum_{t=i+1}^{k}r_t\right),(r_1+r_2)\left(\sum_{t=i+1}^{k}r_t\right),\cdots,\left(\sum_{t=1}^{i}r_t\right)\left(\sum_{t=i+1}^{k}r_t\right),\right.$$
$$\left.\left(\sum_{t=1}^{i}r_t\right)\left(\sum_{t=i+2}^{k}r_t\right),\cdots,\left(\sum_{t=1}^{i}r_t\right)r_k\right)$$

由 $r_1+\cdots+r_k=1$ 直接计算可得

$$\Delta(\Delta^{\mathrm{T}}Q\Delta)^{-1}\Delta^{\mathrm{T}}Q=\begin{pmatrix} \left(\sum_{t\neq 1}r_t\right)I_m & -r_2I_m & \cdots & -r_kI_m \\ -r_1I_m & \left(\sum_{t\neq 2}r_t\right)I_m & \cdots & -r_kI_m \\ \vdots & \vdots & & \vdots \\ -r_1I_m & -r_2I_m & \cdots & \left(\sum_{t\neq k}r_t\right)I_m \end{pmatrix}$$

其中 I_m 为 $m \times m$ 单位矩阵。于是

$$T_3 = Z^{\mathrm{T}} \begin{pmatrix} r_1 I_m & \cdots & r_k I_m \\ \vdots & & \vdots \\ r_1 I_m & \cdots & r_k I_m \end{pmatrix}^{\mathrm{T}} \begin{pmatrix} r_1 M & & 0 \\ & \ddots & \\ 0 & & r_k M \end{pmatrix} \begin{pmatrix} r_1 I_m & \cdots & r_k I_m \\ \vdots & & \vdots \\ r_1 I_m & \cdots & r_k I_m \end{pmatrix} Z$$

$$= (r_1 Z_1 + \cdots + r_k Z_k)^{\mathrm{T}} M (r_1 Z_1 + \cdots + r_k Z_k)$$

这样 T_1 的具体分布已得，即为

$$\min_{\eta \in \mathbf{R}_+^{m(k-1)}} (X - \eta)^{\mathrm{T}} W (X - \eta) + (r_1 Z_1 + \cdots + r_k Z_k)^{\mathrm{T}} M (r_1 Z_1 + \cdots + r_k Z_k)$$

下面求 T_2。注意到

$$\begin{aligned} T_2 &= Z^{\mathrm{T}} Q Z - \frac{1}{2} \sum_{t,l=1}^{k} r_t r_l (Z_t - Z_l)^{\mathrm{T}} M (Z_t - Z_l) \\ &= \left(\sum_{i=1}^{k} r_i Z_i^{\mathrm{T}} M Z_i \right) - \frac{1}{2} \sum_{t,l=1}^{k} r_t r_l (Z_t^{\mathrm{T}} M Z_t + Z_l M Z_l - 2 Z_t^{\mathrm{T}} M Z_l) \\ &= \sum_{i=1}^{k} \left\{ r_i Z_i^{\mathrm{T}} M Z_i - \left(\sum_{l \neq i} r_l \right) Z_i^{\mathrm{T}} M Z_i \right\} + \sum_{t \neq l} r_t r_l Z_t^{\mathrm{T}} M Z_l \\ &= \sum_{i=1}^{k} r_i^2 Z_i^{\mathrm{T}} M Z_i + \sum_{t \neq l} r_t r_l Z_t^{\mathrm{T}} M Z_l \\ &= (r_1 Z_1 + \cdots + r_k Z_k)^{\mathrm{T}} M (r_1 Z_1 + \cdots + r_k Z_k) \end{aligned}$$

于是

$$T = T_1 - T_2 = \min_{\eta \in \mathbf{R}_+^{m(k-1)}} (X - \eta)^{\mathrm{T}} W (X - \eta)$$

根据定理 4.3.1，$T \sim \bar{\chi}^2(W^{-1}, (\mathbf{R}_+^{m(k-1)})^{\circ})$。

关于为何 $T_{01} \to^{L} G(\hat{\beta})$ 成立的理由与增凸序检验中的类似，从略。细节可参见文献 (Feng and Wang, 2007a)。■

5) 检验步骤小结

因此，对于 $m \times k$ 数据，相等对简单随机 (递增) 序假设检验问题 (7.2.11) 的检验步骤如下：

(1) 依式 (7.2.13) 计算似然比对数 T_{01} 的值；

(2) 给定显著性水平 α，用 Monte Carlo 方法计算 $\bar{\chi}^2(W^{-1}, (\mathbf{R}_+^{m(k-1)})^{\circ})$ 的 α 分位数 t_α，满足 $P(\bar{\chi}^2(W^{-1}, (\mathbf{R}_+^{m(k-1)})^{0}) \geqslant) = \alpha$;

(3) 若 $T_{01} \geqslant t_\alpha$，则拒绝原假设 H_0。

7.2.2.2 $m \times r \times c$ 数据表情形的检验

1) $m \times r \times c$ 数据表和检验问题

$m \times r \times c$ 数据可产生于下述类型的多指标试验中：在医药研究中考察药物的效用时，不仅要看它在某一指标 (如消炎) 方面的效果，还要考虑其他方面 (如血压等) 的效果，就产生多指标问题。设要研究 m 种药物 (治疗方案) 在 c 种指标方面的 r 种试验结果，便产生 $m \times r \times c$ 数据。多指标问题是医药研究 (和其他一些类型的研究) 中经常发生的，因而很有实用意义。

对于这种复杂的数据的随机序检验问题，其他一些曾经用过的方法几乎都无能为力了。而用本节前面所述方法，这种问题仍可得到解决。

设对每一 $k=1,\cdots,c$，$X_{1k},\cdots,X_{mk}$ 为相互独立的总体，每个 X_{ik} 可取 r 个不同的值。记 X_{ik} 取第 j 个值的概率为 $p_{ijk}\,(j=1,\cdots,r)$。记 $X_{1k},\cdots,X_{mk}$ 的分布函数为 $F_{1k},\cdots,F_{mk}$。

设对 $i=1,\cdots,m,k=1,\cdots,c$，观测到 X_{ik} 取第 j 个值的次数为 n_{ijk}。记 $n_{ik}=\sum\limits_{j=1}^{r} n_{ijk}$。所要检验的假设为

$$H_0: F_{1s}=\cdots=F_{ms},\quad s=1,\cdots,c,\quad H_1: F_{1s}\leqslant_{st}\cdots\leqslant_{st}F_{ms}, s=1,\cdots,c \tag{7.2.16}$$

即检验 $F_{1s}=\cdots=F_{ms}\,(s\in\{1,\cdots,c\})$ 这 c 个分布之间等式关系都成立，还是 c 个简单随机序关系 $F_{1s}\leqslant_{\mathrm{st}}\cdots\leqslant_{\mathrm{st}}F_{ms}$ 中至少有一个成立。

2) 化成参数不等式假设检验问题

由简单随机序的定义，$F_{1s}\leqslant_{\mathrm{st}}\cdots\leqslant_{\mathrm{st}}F_{ms}$ 等价于

$$\sum_{r=1}^{j-1} p_{irs} \geqslant \sum_{r=1}^{j-1} p_{i+1,rs},\quad j=1,\cdots,r,\quad i=1,\cdots,m-1$$

所检验假设就是

$$H_0:\quad \sum_{j=1}^{q} p_{ijs}=\sum_{j=1}^{q} p_{i+1,js},\quad i=1,\cdots,m-1,\ q=1,\cdots,r-1,\ s=1,\cdots,c$$

$$H_1:\quad \sum_{j=1}^{q} p_{ijs}\geqslant\sum_{j=1}^{q} p_{i+1,js},\quad i=1,\cdots,m-1,\ q=1,\cdots,r-1,\ s=1,\cdots,c$$

令

$$\theta_{is}=(p_{i1s},\cdots,p_{i(r-1)s})^{\mathrm{T}},\quad i=1,\cdots,m,s=1,\cdots,c$$

$$\theta=(\theta_{11}^{\mathrm{T}},\cdots,\theta_{m1}^{\mathrm{T}},\cdots,\theta_{1c}^{\mathrm{T}},\cdots,\theta_{mc}^{\mathrm{T}})^{\mathrm{T}}$$

以上假设可写为

$$H_0: \theta \in S_0 = \{\theta_{11} = \cdots = \theta_{mc}\}, \quad H_1: \theta \in S = \{\theta: A\theta \geqslant \mathbf{0}\} \tag{7.2.17}$$

其中 $A = I_c \otimes B$，I_c 为 c 阶单位矩阵，$\otimes$ 表示 Kronecker 乘积，

$$B = \begin{pmatrix} C & -C & & & 0 \\ & C & -C & & \\ & & \ddots & \ddots & \\ 0 & & & C & -C \end{pmatrix}_{(m-1)(r-1)\times m(r-1)}$$

其中 0 表示 $(r-1)\times(r-1)$ 全零元素矩阵，C 为 $(r-1)\times(r-1)$ 满行秩矩阵，元素为 $c_{ij} = 1\,(i \geqslant j)$，$c_{ij} = 0\,(i < j)$。

(7.2.17) 就是检验问题 (7.2.16) 相应的参数形式检验问题。

3) 检验方法

这一检验问题的对数似然函数为

$$\begin{aligned}\log L(\theta) &= \sum_{k=1}^{c}\sum_{i=1}^{m}\sum_{j=1}^{r} n_{ijk}\log p_{ijk} \\ &= \sum_{k=1}^{c}\sum_{i=1}^{m}\left\{\sum_{j=1}^{r-1} n_{ijk}\log p_{ijk} + \left(n_i - \sum_{t=1}^{r-1} n_{itk}\right)\log\left(1 - \sum_{t=1}^{r-1} p_{itk}\right)\right\}\end{aligned}$$

其对数似然比统计量为

$$T_{01} = 2\{\log L(\hat{\theta}) - \log L(\bar{\theta})\} \tag{7.2.18}$$

其中 $\hat{\theta}, \bar{\theta}$ 分别为似然比分子和分母中极大似然估计量。记

$$F_n(\theta) = 2\{\log L(\hat{\theta}) - \log L(\theta)\}$$

若 T_{01} 大于其临界值，则拒绝它们在概率分布意义下相等的原假设。

4) 似然比的极限分布

在极大似然估计问题中，用变量 $\beta = n^{\frac{1}{2}}(\theta - \theta_0)$ 代替 θ 作为优化变量，其中 θ_0 为 θ 的真值，并记

$$G_n(\beta) = F_n(\beta_1 n_1^{-\frac{1}{2}} + \theta_0^{(1)}, \cdots, \beta_c n_c^{-\frac{1}{2}} + \theta_0^{(c)})$$

则上式可写为

$$T_{01} = -\min_{\beta \in S} G_n(\beta) = -\min_{\theta \in S} F(\theta) = -G_n(\hat{\beta}_n)$$

先求 $G_n(\beta)$ 的极限函数。

定理 7.2.5 设对 $s=1,\cdots,c$ 有 $p_j^{(s)}>0$，$n_{i\cdot s}\to\infty$ 且 $n_{i\cdot s}/n_s\to r_{is}>0$，则在原假设 H_0 下，$G_n(\beta)$ 依分布收敛于

$$G(\beta)=(Z-\beta)^{\mathrm{T}}Q(Z-\beta)-\frac{1}{2}\sum_{s=1}^{c}\sum_{t,l=1}^{m}r_{ts}r_{ls}(Z_{ts}-Z_{ls})^{\mathrm{T}}M_s(Z_{ts}-Z_{ls})$$

其中 $Q=\mathrm{diag}(Q_1,\cdots,Q_c)$，$Q_s=\mathrm{diag}(r_{1s}M_s,\cdots,r_{ms}M_s)$，而 $M_s=(m_{ij}^s)_{(r-1)\times(r-1)}$，$M_s$ 的元素为

$$m_{ii}^s=1/p_i^{(s)}+1/p_r^{(s)},i=1,\cdots,r-1,\quad m_{ij}^s=1/p_r^{(s)},i\neq j$$

证明 首先注意到等式

$$F(\theta)=2\sum_{s=1}^{c}\sum_{i=1}^{m}\sum_{j=1}^{r}n_{i\cdot s}\{\tilde{p}_{ijs}(\log\bar{p}_{ijs}-\log p_{ijs})\}$$

对 $\log\bar{p}_{ijs}$ 和 $\log p_{ijs}$ 在 $\tilde{p}_{ijs}$ 处作 Taylor 展开得

$$F_n(\theta)=\sum_{s=1}^{c}\sum_{i=1}^{m}\sum_{j=1}^{r}n_{i\cdot s}\left\{\frac{\tilde{p}_{ijs}}{\alpha_{ijs}^2}(p_{ijs}-\tilde{p}_{ijs})^2-\frac{\tilde{p}_{ijs}}{\gamma_{ijs}^2}(\bar{p}_{ijs}-\tilde{p}_{ijs})^2\right\}$$

其中 α_{ijs} 为位于 p_{ijs} 和 $\tilde{p}_{ijs}$ 之间的点，γ_{ijs} 为位于 $\bar{p}_{ijs}$ 和 $\tilde{p}_{ijs}$ 之间的点。因为在 H_0 下，$\bar{p}_{ijs}$ 和 $\tilde{p}_{ijs}$ 都收敛于 p_{ijs}，则可以把 θ_s 限于 $\theta_0^{(s)}$ 的 ${n_s}^{-1/2}$ 邻域内。由 Slutsky 定理，可用 $1/\bar{p}_{ijs}$ 代替 $\tilde{p}_{ijs}/{\alpha_{ijs}}^2$ 和 $\tilde{p}_{ijs}/{\gamma_{ijs}}^2$ by $1/\bar{p}_{ijs}$，而不影响其渐近性态。由 $\bar{p}_{ijs}=(n_{1\cdot s}\tilde{p}_{1js}+\cdots+n_{m\cdot s}\tilde{p}_{mjs})/n_s$ 得

$$\begin{aligned}F_n(\theta)=&\sum_{s=1}^{c}\sum_{i=1}^{m}\sum_{j=1}^{r}\frac{n_{i\cdot s}}{\bar{p}_{ijs}}(p_{ijs}-\tilde{p}_{ijs})^2-\sum_{s=1}^{c}\sum_{i=1}^{m}\sum_{j=1}^{r}\frac{n_{i\cdot s}}{\bar{p}_{ijs}}\left\{\frac{\sum\limits_{1\leqslant t\neq i\leqslant m}n_{t\cdot s}(\tilde{p}_{tjs}-\tilde{p}_{ijs})}{n_s}\right\}^2\\
=&\sum_{s=1}^{c}\sum_{i=1}^{m}\frac{n_{i\cdot s}}{n_s}\sum_{j=1}^{r}\frac{1}{\bar{p}_{ijs}}\left\{\sqrt{n_s}(\tilde{p}_{ijs}-p_j^{(s)})-\sqrt{n_s}(p_{ijs}-p_j^{(s)})\right\}^2\\
&-\frac{1}{2}\sum_{s=1}^{c}\sum_{j=1}^{r}\frac{1}{\bar{p}_{ijs}}\left\{\frac{\sum\limits_{t,l=1}^{s}n_{t\cdot s}n_{l\cdot s}(\tilde{p}_{tjs}-\tilde{p}_{ljs})^2}{n_s}\right\}\\
=&\sum_{s=1}^{c}\sum_{i=1}^{m}\frac{n_{i\cdot s}}{n_s}\sum_{j=1}^{r}\frac{1}{\bar{p}_{ijs}}\left\{\sqrt{n_s}(\tilde{p}_{ijs}-p_j^{(s)})-\sqrt{n_s}(p_{ijs}-p_j^{(s)})\right\}^2\end{aligned}$$

$$-\frac{1}{2}\sum_{s=1}^{c}\sum_{j=1}^{r}\frac{1}{\bar{p}_{ijs}}\sum_{t,l=1}^{m}\left\{\sqrt{\frac{n_{l\cdot s}}{n_s}}n_{t\cdot s}(\tilde{p}_{tjs}-p_j^{(s)})-\sqrt{\frac{n_{t\cdot s}}{n_s}}n_{l\cdot s}(\tilde{p}_{ljs}-p_j^{(s)})\right\}^2$$

此外，$F_n(\theta)$ 为连续函数，把

$$p_r^{(s)}=1-\sum_{t=1}^{r-1}p_t^{(s)},\quad p_{irs}=1-\sum_{t=1}^{r-1}p_{its},$$

$$\tilde{p}_{irs}=1-\sum_{t=1}^{r-1}\tilde{p}_{its},\quad \beta_{ijs}=n_s^{\frac{1}{2}}(p_{ijs}-p_j^{(s)})$$

代入 $F_n(\theta)$ 的表达式得

$$\begin{aligned}F_n(\theta)=&\sum_{s=1}^{c}\sum_{i=1}^{m}r_{is}\sum_{j=1}^{r-1}\frac{1}{p_j^{(s)}}(r_{is}^{-1/2}v_{ijs}-\beta_{ijs})^2\\&+\sum_{s=1}^{c}\sum_{i=1}^{m}r_{is}\left(1-\sum_{h=1}^{r-1}p_h^{(s)}\right)^{-1}\left[\sum_{h=1}^{r-1}(r_{is}^{-1/2}v_{ihs}-\beta_{ihs})\right]^2\\&-\frac{1}{2}\sum_{s=1}^{c}\sum_{t,l=1}^{m}\sum_{j=1}^{r-1}\frac{1}{p_j^{(s)}}(\sqrt{r_{ts}}v_{ljs}-\sqrt{r_{ls}}v_{tjs})^2\\&-\frac{1}{2}\sum_{s=1}^{c}\sum_{t,l=1}^{m}\left(1-\sum_{h=1}^{r-1}p_h^{(s)}\right)^{-1}\left(\sum_{h=1}^{r-1}(\sqrt{r_{ts}}v_{lhs}-\sqrt{r_{ls}}v_{ths})\right)^2\\=&\sum_{s=1}^{c}\sum_{i=1}^{m}r_{is}(Z_{is}-\beta_{is})^{\mathrm{T}}M_s(Z_{is}-\beta_{is})\\&-\frac{1}{2}\sum_{s=1}^{c}\sum_{t,l=1}^{m}r_{ts}r_{ls}(Z_{ts}-Z_{ls})^{\mathrm{T}}M_s(Z_{ts}-Z_{ls})\\=&(Z-\beta)^{\mathrm{T}}Q(Z-\beta)-\frac{1}{2}\sum_{s=1}^{c}\sum_{t,l=1}^{m}r_{ts}r_{ls}(Z_{ts}-Z_{ls})^{\mathrm{T}}M_s(Z_{ts}-Z_{ls})\end{aligned}$$

其中

$$Z_{is}=\left(r_{is}^{-1/2}v_{i1s},\cdots,r_{is}^{-1/2}v_{i(r-1)s}\right)^{\mathrm{T}},\quad \beta_{is}=(\beta_{i1s},\cdots,\beta_{i(r-1)s})^{\mathrm{T}}$$

$$i=1,\cdots,m,s=1,\cdots,c$$

易见

$$Z_s=(Z_{1s}^{\mathrm{T}},\cdots,Z_{ms}^{\mathrm{T}})^{\mathrm{T}}\sim N(0,Q_s^{-1})$$

$$Q_s^{-1}=\mathrm{diag}(r_{1s}^{-1}M_s^{-1},\cdots,r_{ms}^{-1}M_s^{-1}),\quad s=1,\cdots,c$$

$$M_s^{-1}=(w_{ij}),\quad w_{ii}=p_i^{(s)}(1-p_i^{(s)}),\quad w_{ij}=-p_i^{(s)}p_j^{(s)},1\leqslant i\neq j\leqslant r-1$$

令 $Z=(Z_1^{\mathrm{T}},\cdots,Z_c^{\mathrm{T}})^{\mathrm{T}}$，$\beta=(\beta_1^{\mathrm{T}},\cdots,\beta_c^{\mathrm{T}})^{\mathrm{T}}$，由各 Z_i 的独立性得所需结论。■

有了 $G_n(\beta)$ 的极限函数，容易得出 T_{01} 的渐近分布。记

$$Z=(Z_{11}^{\mathrm{T}},\cdots,Z_{m1}^{\mathrm{T}},\cdots,Z_{1c}^{\mathrm{T}},\cdots,Z_{mc}^{\mathrm{T}})^{\mathrm{T}}$$

则

$$Z\sim N(0,Q^{-1}),\quad Q=\mathrm{diag}(Q_1,\cdots,Q_c),\quad Q_s=\mathrm{diag}(r_{1s}M_s,\cdots,r_{ms}M_s)$$

其中

$$\begin{aligned}&M_s=(m_{ij}^s)_{(r-1)\times(r-1)}\\&m_{ii}^s=1/p_i^{(s)}+1/p_r^{(s)},\quad i=1,\cdots,r-1\\&m_{ij}^s(i\neq j)=1/p_r^{(s)}\end{aligned}$$

记 $\Delta=-Q^{-1}A^{\mathrm{T}}$，$W=\Delta^{\mathrm{T}}Q\Delta$，则关于 T_{01} 的渐近分布，有下述结果：

定理 7.2.6 在 H_0 下有

$$T_{01}\xrightarrow{L}T=\min_{\eta\in\mathbf{R}_+^{(m-1)(r-1)c}}(X-\eta)^{\mathrm{T}}W(X-\eta)\sim\bar{\chi}^2(W^{-1},(\mathbf{R}_+^{(m-1)(r-1)c})^{\mathrm{o}})$$

其中 $X=(\Delta^{\mathrm{T}}Q\Delta)^{-1}\Delta^{\mathrm{T}}QZ$, $X\sim N(0,W^{-1})$，$(\mathbf{R}_+^{(m-1)(r-1)c})^{\mathrm{o}}$ 是 $\mathbf{R}_+^{(m-1)(r-1)c}$ 的极锥。

证明 此定理的证明思路与定理 7.2.4 相似，下面主要给出 T 的具体分布。将 T 写为

$$\begin{aligned}T&=-\min_{\beta\in S}(Z-\beta)^{\mathrm{T}}Q(Z-\beta)+\frac{1}{2}\sum_{s=1}^{c}\sum_{t,l=1}^{m}r_{ts}r_{ls}(Z_{ts}-Z_{ls})^{\mathrm{T}}M_s(Z_{ts}-Z_{ls})\\&\triangleq T_1-T_2\end{aligned}$$

其中

$$\begin{aligned}&T_1=Z^{\mathrm{T}}QZ-\min_{\beta\in S}(Z-\beta)^{\mathrm{T}}Q(Z-\beta)\\&T_2=Z^{\mathrm{T}}QZ-\frac{1}{2}\sum_{s=1}^{c}\sum_{t,l=1}^{m}r_{ts}r_{ls}(Z_{ts}-Z_{ls})^{\mathrm{T}}M_s(Z_{ts}-Z_{ls})\end{aligned}$$

显然，$T_1\sim\bar{\chi}^2(Q^{-1},S^*)$，$S^*$ 的极锥是

$$(S^*)^{\mathrm{o}}=\{\beta:\beta=\Delta\eta,\eta\in\mathbf{R}_+^{(m-1)(r-1)c}\}$$

其中 $\varDelta=-Q^{-1}A^{\mathrm{T}}$ 为 $m(r-1)c\times(m-1)(r-1)c$ 满秩矩阵。于是得

$$T_1=\min_{\beta\in S^{\circ}}(Z-\beta)^{\mathrm{T}}Q(Z-\beta)=\min_{\eta\in\mathbf{R}_{+}^{(m-1)(r-1)c}}(Z-\varDelta\eta)^{\mathrm{T}}Q(Z-\varDelta\eta)$$
$$=\min_{\eta\in\mathbf{R}_{+}^{(m-1)(r-1)c}}(X-\eta)^{\mathrm{T}}W(X-\eta)+T_3$$

其中

$$W=\varDelta^{\mathrm{T}}Q\varDelta,\quad X=(\varDelta^{\mathrm{T}}Q\varDelta)^{-1}\varDelta^{\mathrm{T}}QZ,\quad X\sim N(0,W^{-1})$$
$$T_3=Z^{\mathrm{T}}\{I_{m(r-1)c}-\varDelta(\varDelta^{\mathrm{T}}Q\varDelta)^{-1}\varDelta^{\mathrm{T}}Q\}^{\mathrm{T}}Q\{I_{m(r-1)c}-\varDelta(\varDelta^{\mathrm{T}}Q\varDelta)^{-1}\varDelta^{\mathrm{T}}Q\}Z$$

$I_{m(r-1)c}$ 为 $m(r-1)c$ 阶单位矩阵，$\varDelta^{\mathrm{T}}Q\varDelta=\mathrm{diag}(BQ_1^{-1}B^{\mathrm{T}},\cdots,BQ_c^{-1}B^{\mathrm{T}})$，$BQ_t^{-1}B^{\mathrm{T}}=R_t\otimes(CM_t^{-1}C^{\mathrm{T}})\,(t=1,\cdots,c)$，其中 $\otimes$ 为 Kronecker 乘积，矩阵 R_t 为

$$R_t=\begin{pmatrix}\frac{1}{r_{1t}}+\frac{1}{r_{2t}} & \frac{-1}{r_{2t}} & & & & 0\\ \frac{-1}{r_{2t}} & \frac{1}{r_{2t}}+\frac{1}{r_{3t}} & \frac{-1}{r_{3t}} & & & \\ & \ddots & \ddots & \ddots & & \\ & & \ddots & \ddots & \ddots & \\ & & & \frac{-1}{r_{(m-2)t}} & \frac{1}{r_{(m-2)t}}+\frac{1}{r_{(m-1)t}} & \frac{-1}{r_{(m-1)t}}\\ 0 & & & & \frac{-1}{r_{(m-1)t}} & \frac{1}{r_{(m-1)t}}+\frac{1}{r_{mt}}\end{pmatrix}$$

R_t^{-1} 的第 i 行为

$$\left(r_{1t}\left(\sum_{s=i+1}^{m}r_{st}\right),(r_{1t}+r_{2t})\left(\sum_{s=i+1}^{m}r_{st}\right),\cdots,\right.$$
$$\left.\left(\sum_{s=1}^{i}r_{st}\right)\left(\sum_{s=i+1}^{m}r_{st}\right),\cdots,\left(\sum_{s=1}^{i}r_{st}\right)r_{mt}\right)$$

因为 $r_{1t}+\cdots+r_{mt}=1\,(t\in\{1,\cdots,c\})$，简单计算得

$$\varDelta(\varDelta^{\mathrm{T}}Q\varDelta)^{-1}\varDelta^{\mathrm{T}}Q=\mathrm{diag}(D_1,\cdots,D_c)$$

其中

$$D_t=\begin{pmatrix}(1-r_{1t})I_{r-1} & -r_{2t}I_{r-1} & \cdots & -r_{mt}I_{r-1}\\ -r_{1t}I_{r-1} & (1-r_{2t})I_{r-1} & \cdots & -r_{mt}I_{r-1}\\ \vdots & \vdots & & \vdots\\ -r_{1t}I_{r-1} & -r_{2t}I_{r-1} & \cdots & (1-r_{mt})I_{r-1}\end{pmatrix}$$

I_{r-1} 为 $r-1$ 阶单位矩阵。于是有

$$\begin{aligned}&\{I_{m(r-1)c}-\varDelta(\varDelta^{\mathrm{T}}Q\varDelta)^{-1}\varDelta^{\mathrm{T}}Q\}^{\mathrm{T}}Q\{I_{m(r-1)c}-\varDelta(\varDelta^{\mathrm{T}}Q\varDelta)^{-1}\varDelta^{\mathrm{T}}Q\}\\&=\mathrm{diag}(O_1,\cdots,O_c)\end{aligned}$$

其中

$$O_t=\begin{pmatrix}r_{1t}I_{r-1}&\cdots&r_{mt}I_{r-1}\\\vdots&&\vdots\\r_{1t}I_{r-1}&\cdots&r_{mt}I_{r-1}\end{pmatrix}^{\mathrm{T}}\begin{pmatrix}r_{1t}M_t&\cdots&0\\\vdots&\ddots&\vdots\\0&\cdots&r_{mt}M_t\end{pmatrix}\begin{pmatrix}r_{1t}I_{r-1}&\cdots&r_{mt}I_{r-1}\\\vdots&&\vdots\\r_{1t}I_{r-1}&\cdots&r_{mt}I_{r-1}\end{pmatrix}$$

因此，

$$T_3=\sum_{t=1}^{c}Z_t^{\mathrm{T}}O_tZ_t=\sum_{t=1}^{c}(r_{1t}Z_{1t}+\cdots+r_{mt}Z_{mt})^{\mathrm{T}}M_t(r_{1t}Z_{1t}+\cdots+r_{mt}Z_{mt})$$

另一方面，

$$\begin{aligned}T_2&=Z^{\mathrm{T}}QZ-\frac{1}{2}\sum_{s=1}^{c}\sum_{t,l=1}^{m}r_{ts}r_{ls}(Z_{ts}-Z_{ls})^{\mathrm{T}}M_s(Z_{ts}-Z_{ls})\\&=\sum_{s=1}^{c}Z_s^{\mathrm{T}}Q_sZ_s-\frac{1}{2}\sum_{s=1}^{c}\sum_{t,l=1}^{m}r_{ts}r_{ls}(Z_{ts}^{\mathrm{T}}M_sZ_{ts}+Z_{ls}M_sZ_{ls}-2Z_{ts}^{\mathrm{T}}M_sZ_{ls})\\&=\sum_{s=1}^{c}\sum_{i=1}^{m}\left\{r_{is}Z_{is}^{\mathrm{T}}M_sZ_{is}-\left(\sum_{l\neq i}r_{ls}\right)r_{is}Z_{is}^{\mathrm{T}}M_sZ_{is}\right\}+\sum_{s=1}^{c}\sum_{t\neq l}r_{ts}r_{ls}Z_{ts}^{\mathrm{T}}M_sZ_{ls}\\&=\sum_{s=1}^{c}\sum_{i=1}^{m}r_{is}^2Z_{is}^{\mathrm{T}}M_sZ_{is}+\sum_{s=1}^{c}\sum_{t\neq l}r_{ts}r_{ls}Z_{ts}^{\mathrm{T}}M_sZ_{ls}\\&=\sum_{s=1}^{c}(r_{1s}Z_{1s}+\cdots+r_{ms}Z_{ms})^{\mathrm{T}}M_s(r_{1s}Z_{1s}+\cdots+r_{ms}Z_{ms})=T_3\end{aligned}$$

最后得

$$T=\min_{\eta\in\mathbf{R}_+^{(m-1)(r-1)c}}(X-\eta)^{\mathrm{T}}W(X-\eta)$$

所以，$T\sim\bar{\chi}^2(W^{-1},(\mathbf{R}_+^{\mathbf{(m-1)(r-1)c}})^{\circ})$。■

定理 7.2.6 的证明的基本思想与上一小节中相同，只是细节更复杂一些，参见文献 (Feng and Wang, 2008)。

从定理 7.2.6 可见，对于 $m\times r\times c$ 型数据的随机序检验，其对数似然比统计量的渐近分布与前面几种情况下的统计量的渐近分布属同一类型，只是形式略复杂一些而已。

5) 检验步骤小结

因此，对于 $m \times r \times c$ 数据，相等对简单随机 (递增) 序假设检验问题 (7.2.18) 的检验步骤如下：

(1) 依式 (7.2.12) 计算似然比对数 T_{01} 的值；

(2) 给定显著性水平 α，用 Monte Carlo 方法计算 $\bar{\chi}^2(W^{-1}, (\mathbf{R}_+^{(m-1)(r-1)c})^o)$ 的 α 分位数 t_α，满足 $P(\bar{\chi}^2(W^{-1}, (\mathbf{R}_+^{(m-1)(r-1)c})^o) \geqslant) = \alpha$;

(3) 若 $T_{01} \geqslant t_\alpha$，则拒绝原假设 H_0。

注 7.2.2　在随机增凸序检验中的矩阵 $W, m \times k$ 数据相等对简单随机 (递增) 序假设检验中的矩阵 W，以及 $m \times r \times c$ 数据相等对简单随机 (递增) 序假设检验中的矩阵 W，各自有不同的定义。

注 7.2.3　本节中给出了几种情况下随机序检验对数似然比统计量的渐近分布，它们都是 $\bar{\chi}^2$ 分布，是一些不同自由度的 χ^2 分布的加权组合。在作检验的具体执行过程中会遇到一个技术性的困难，即这些权的计算临界值的确定非常麻烦，没有明显的公式。此外，随机序检验中的 $\bar{\chi}^2$ 分布的计算量特别大。例如，对 $m \times k$ 数据检验问题，若 $m = 5, k = 6$，则需要计算 $m \times (k-1) = 25$ 维参数空间中的 $\bar{\chi}^2$ 分布的权和临界值，这在一般水平的计算机上几乎是不可能的事，所以这是需要解决的一个重大问题。现在大都靠随机模拟法解决，现在有很好的随机模拟法，如 MCMC 等可以利用。

7.3　随机序下的多重比较

古典的假设检验问题中检验两个假设，一个原假设与一个备择假设，在这两个假设中拒绝一个。多重比较 (multiple comparison) 是同时检验多个 (三个以上) 假设，拒绝其中某些假设。因此，多重比较是古典假设检验的发展。

多重比较问题的提出是很自然的。例如，在方差分析模型中，常常检验多个因子的效应 (那里的“效应”通常是指效应的均值) 是否都相等，原假设是效应的均值都相等，对立假设是它们不全相等。古典的假设检验能给出的结论是：或者拒绝这些因子的效应都相等的原假设，或者不拒绝这一原假设，而拒绝对立假设。如果是前者，则进一步的问题应该是这些因子的效应是全部都互不相等，还是其中有几个相等，有几个不相等？究竟哪几个效应的均值不相等？古典的假设检验对这些问题都不能做出回答，必须依靠另外的统计分析。而多重比较的作用是在一次比较中就给出答案，究竟哪几个相等，哪几个不相等？又如，在 7.2 节的剂量–反应模型中，常常检验几个剂量的效应是否相等 (或是否有单调上升趋势)。同样，如果检验结果拒绝这些剂量的效应都相等的原假设，则需用多重比较来回答哪几个剂量的效应不相等的问题。

多重比较并不是多作几次只有两个假设的检验，而是把多个假设作为一个整体放在一起比较，看究竟拒绝哪几个比较合理。这也是多重比较与多个单重比较之间的差别。

多重比较是古典假设检验的发展与补充，因此，它们有着同样广阔的应用范围。在医药、卫生、经济等领域已常被使用。目前，它在基因研究中已发挥着重要作用。例如，那里常常要检验一些假设：众多基因中究竟哪些基因与某种疾病 (或功能) 有密切关系。由于基因个数是天文数字，所以这样的问题常常要同时检验许多个 (通常会有成千上万个) 假设，参见文献 (Dudoit and van der Laan, 2007)。显然，这样的问题用多重比较来检验比较合适。也许，很多基因都和某疾病或多或少地有一些关系。如果单独检验各个基因与此疾病有无关系这一假设，则很可能不会拒绝任何一个假设。但是，如果用多重比较，则可以比较出在这些基因中，相对来说，哪些基因与此疾病的联系更密切。这是更合理的结论。

多重比较已有许多研究成果，比较系统地阐述其基本思想和方法的可参见文献 (Hochberg and Tamhane, 1987; Hsu, 1996)。在多重比较的应用方面，迄今为止的已有成果几乎都是用来比较各个总体的均值大小。根据 7.2 节中所叙述的理由，比较各个总体的分布，即多重比较中的随机序检验，应该是更有价值的问题。本节将叙述在多重比较的一个典型问题 ——MCC 问题中如何作随机序意义下的检验。

7.3.1 多重比较

7.3.1.1 多重比较问题

多重比较问题的基本形式如下：同时检验 $m(\geqslant 3)$ 个假设

$$H_i, \quad i = 1, \cdots, k$$

或

$$H_{i0}: \quad H_{iA}: i = 1, \cdots, k$$

其中 H_{iA} 为 H_{i0} 的对立假设。

下面的例子是多重比较中一个典型问题。

例 7.3.1 MCC(multiple comparison with control) 问题。设要检验某 $m-1$ 种新药中有哪几种比原有的对照药 (第 m 种药) 更有效。

传统的 MCC 问题是用服用这些药后的效果的均值 $\mu_i\,(i = 1, \cdots, m)$ 来反映这些药的有效性，则需检验的假设为

$$H_{i0}: \mu_i = \mu_m, \quad H_{iA}: \mu_i \leqslant \mu_m, \quad i = 1, \cdots, m-1$$

这是医药研究中的一个常见问题。

同时检验这 $m-1$ 对假设并不是去作 $m-1$ 次古典的假设检验，每次检验一对假设

$$H_{i0}:\mu_i=\mu_m,\quad H_{iA}:\mu_i\leqslant\mu_m$$

而是要设计一种检验方法，把这 $m-1$ 对假设放在一起检验。检验的结果是拒绝其中的某些假设 H_{i0}，而其余的假设 H_{i0} 不被拒绝 (拒绝其中某些假设 H_{iA})。这样的检验可以比较出这 $m-1$ 种药中哪些药相对而言更优于对照药 [详细分析可参见文献 (Hsu, 1996)]。

7.3.1.2　多重比较中犯第一类错误的定义

进行假设检验难免会犯错误：或者是拒绝了正确的假设，或者是错误的假设没有被拒绝，而且不管使用什么统计量进行检验，犯错误都是不可避免的。这是统计推断的基本性质。人们所能做的是，在控制拒绝正确假设的概率在某一水平的前提下，如何设计一个有效的检验方法，所以控制犯错误的概率是假设检验中不可缺少的一个方面。根据古典假设检验问题的经验，只有在同一个犯第一类错误的概率水平下，才能比较两种检验方法的功效。犯第一类错误的概率也就是在原假设 (一个假设) 为真的情况下被拒绝的概率。在同时检验许多个假设时，如何合理地定义犯错误的概率是一个重要的理论问题。在设计多重比较检验方法时，必须考虑如何控制检验的犯错误概率，才能定出合理的拒绝域。

在多重比较中，犯第一类错误的概率同样是指拒绝真的假设的概率，犯第二类错误的概率也是指不真的假设没有被拒绝的概率。还有一种犯第三类错误的概率，这是指一个假的假设被一个错误的理由拒绝的概率 (例如，设一总体的真实均值为 $\mu>0$，假设为 $H:\mu=0$。现检验统计量推断 $\mu<0$，于是该假设 $(H:\mu=0)$ 被错误的理由 (认为 $\mu<0$) 拒绝)。在古典假设检验问题中，因为只考虑两个情况 (假设)，没有第三种情况出现的可能，也就不必考虑犯第三类错误的概率。因为多重比较同时检验许多假设，因此，拒绝第一个假设并不意味着不拒绝其他所有假设。而古典的假设检验只检验两个假设，原假设与备择假设，于是拒绝原假设就意味着不拒绝其他所有假设 (即备择假设)。

在多重比较中，控制犯第一类错误的概率可以有多种选择。现在已提出了许多种 (不下几十种) 犯错误的概率。比较基本而常用的有 FWE 和 FDR 两种。

FWE 是 family-wise error 的缩写，意思是在检验一族 (family) 具有 m 对假设的过程中至少拒绝了一个真的原假设 (H_{i0}) 的概率。FWE 的正式定义为

$$\text{FWE}=\text{至少拒绝一个正确假设的概率}$$

FDR 是 false discovery rate 的缩写，意思是检验过程中错误地被拒绝假设的

个数与被拒绝假设总数之比值的期望。FDR 的正式定义为

$$\mathrm{FDR} = E(V/R)$$

其中 R 为被拒绝的假设的个数，V 为被拒绝的真的假设的个数。如果所有被检验的原假设都为真，则 FDR 也就是拒绝真原假设的概率。于是控制 FDR 也就是控制 FWE。

其他许多定义是这两种定义的变异或改进。考虑到本书的目的，即如何检验关于随机序的多个假设，只限于使用 FWE 和 FDR 这两种犯错误概率。

FWE 和 FDR 两种犯第一类错误的概率各有自己的长短之处。如果统计决策者想要控制犯任何错误 (不管犯了几次错误，即拒绝了几个真的假设，而只管犯了错误没有) 的概率，则应采用控制 FWE。但是，如果需检验的假设个数 (m) 较大，要想把犯任何错误的概率控制在很低的水平，也许对检验方法的要求太高了，以致很难找到一个检验能达到这个要求。这时，控制 FDR 也许是一个更合适的选择，因为控制 FDR 只是要求错误地拒绝假设的次数与全部拒绝假设个数的比例低于某一水平，这应该是比较合理，也比较容易达到的一个目标。然而，因为不知道究竟哪些假设是真的，FDR 的值无法计算，只能进行估计，于是也会在估计中发生误差，从而影响到整个检验的有效性。因此，究竟应该采用一个什么样的犯第一类错误的概率是一个仍然需要认真研究的问题。

对于多重比较问题，主要的任务是怎样设计一个较好的检验方法 (统计量)，能够决定这些假设中应该拒绝哪些，并且要保证犯第一类错误的概率 (在某种意义下) 控制在给定水平之下。而对于随机序意义下的多重比较问题，还会有一些新问题产生，这些问题将在后面讨论。

7.3.2 多重比较方法

现在已有很多种多重比较方法，每一种方法有适合它的某些模型，这里介绍逐步向下 (step-down) 法，它是比较有效的方法，特别是对后面要讨论的随机序意义下 MCC 问题。

设有 $H_1,\cdots,H_k$ 共 k 个原假设需检验。逐步向下法是反复执行以下两步：

第 1 步　检验单个假设 $H^{(k)} \triangleq \bigcap\limits_{i=1}^{k} H_i$，即所有假设 $H_i\,(i=1,\cdots,k)$ 都成立这一假设。

若检验结果为“不拒绝”$H^{(k)}$，则推断所有假设 $H_i\,(i=1,\cdots,k)$ 都成立，整个检验到此结束，结论是：所有假设 $H_i\,(i=1,\cdots,k)$ 都成立。

若检验结果为“拒绝”$H^{(k)}$，即至少有一个 H_i 不成立，则转向第 2 步。

第 2 步 寻找 $H_1, \cdots, H_m$ 中“最不成立”的 H_i，并把它从假设组 $H_1, \cdots, H_m$ 中删去 (认为这个 H_i 不成立)。然后，把剩下的 $m-1$ 个假设的交形成一个新的单个假设 $H^{(k-1)}$，并重复第 1 步检验之。

于是整个检验或者在第 l 次重复后停止，结论是：到目前为止，剩下的 $k-l$ 个假设全部成立，而已经删去的 l 个假设不成立；或者是把这个过程重复进行 k 次，看最后一个假设是否要拒绝。

注意：这一检验过程的每一次重复的第 1 步都是检验一个单一的原假设 ($H^{(k-l)}$ 及其 $H^{(k-1)}$ 的否定作为备择假设)，这一步所需的检验方法与古典检验问题的方法相同；而第 2 步则是检验多个简单检验问题：H_i 对“非 H_i”。

这一检验方法的犯错误概率 (FWE) 的控制由下述定理给予保证：

定理 7.3.1 设所需控制的犯错误概率是 FWE。若检验过程中每一步犯第一类错误的概率都控制在 α 水平下，则整个检验过程的 FWE 必在 α 水平下。

关于定理 7.3.1 的证明，参见文献 (Marcus et al., 1976).

7.3.3 随机序下的多重比较 ——MCC 问题、控制 FWE

在已有的多重比较的实际应用中，大部分工作都是比较各个总体的均值。根据本章开头的评论，对于多重比较问题而言，当然也是在随机序意义下作比较才会给出更深入的分析，得出更有意义的结论。这里，将以多重比较中的典型问题 MCC 问题为例，叙述如何在简单随机序意义下比较出比对照处方更有效的处方。本小节先研究控制 FWE 这种犯第一类错误的概率的 MCC 问题。

7.3.3.1 随机序下 MCC 问题的检验方法

设要把 $k-1$ 种处方与对照处方相比较，比较它们的治疗效果的分布在随机序意义下的大小。设这些治疗效果的分布分别为 $F_i\,(i=1,2,\cdots,k)$，则所考虑的检验问题为

$$H_{i0}: F_i = F_k, \quad H_{i1}: F_i >_{\text{st}} F_k, \quad i=1,2,\cdots,k-1 \tag{7.3.1}$$

即要检验这 $k-1$ 种处方中哪些处方的治疗效果在简单随机序意义下比对照处方的好。

1) 检验方法

对这一比较问题，选择用逐步向下 (step-down) 比较法。因为有研究表明，逐步向下法是对 MCC 问题比较有效的方法，参见文献 (Marcus et al., 1976; Lehmann et al., 2005)。

按照 7.3.2 小节中介绍的方法，这一比较过程可简要叙述如下：

第 1 步 首先检验是否所有这 k 个 F_i 都相等这一假设。若检验结果不拒绝这一假设，则检验到此结束。得到的结论是：这 $k-1$ 个处方都 (在分布意义下) 不明

显优于对照处方。

若检验结果拒绝所有这 k 个 F_i 都相等这一假设，则蕴涵至少有一个处方是优于对照处方。转向第 2 步。

第 2 步　寻找哪一个 F_i 是最明显地大于 F_k 的，并推断该 F_i 确实是大于 F_k，即拒绝 H_{i0}。然后，去掉第 i 个处方，在剩下的 $k-1$ 个处方中重复以上步骤，检验有没有哪些处方明显优于对照处方。

第 1 步所对应的检验问题为

$$\begin{aligned}&H_0^{k-1}: F_1=\cdots=F_k\\&H_1^{k-1}:\ \text{至少有一个 } i\,(1\leqslant i\leqslant k-1), \text{使得}\end{aligned}$$

$$F_i>_{\mathrm{st}}F_k \tag{7.3.2}$$

其中 H_0^{k-1}，H_1^{k-1} 的上标 $k-1$ 表示有 $k-1$ 个待比较处方与一个对照处方。

第 2 步所对应的检验问题为

$$H_{i0}: F_i=F_k,\quad H_{i1}: F_i>_{\mathrm{st}}F_k,\quad i=1,\cdots,k-1 \tag{7.3.3}$$

即为 $k-1$ 个检验一个原假设和一个备择假设的古典假设检验问题。

下面讨论如何构造相应统计量和根据具体数据进行检验的问题。具体做法是将这两个检验分布相等与否的问题化为带不等式约束的检验问题。

这里还是采用 7.2.2 小节中的概率结构与数据，即令

$$\begin{aligned}&p_{ij}=F_i(s_{j+1})-F_i(s_j), j=1,\cdots,m,\quad F_i(s_{m+1})=1\\&\theta_i=(p_{i0},\cdots,p_{i,m-1})^{\mathrm{T}},\quad i=1,\cdots,k,\quad \theta=(\theta_1,\cdots,\theta_k)\end{aligned}$$

对于每一 $i\in\{1,\cdots,k-1\}$，假设 $H_{i1}: F_i>_{st}F_k$ 就是 7.2.2 小节中的两个分布在简单随机序意义下的比较，它的参数形式 (对照 (7.2.12)) 可以写为

$$(C,-C)\begin{pmatrix}-\theta_i\\ \theta_k\end{pmatrix}\geqslant 0$$

其中 $C=(c_{ij})$ 为一 $m\times m$ 满行秩矩阵，其元素 c_{ij} 定义为 $c_{ij}=1\,(i\geqslant j)$；否则，等于 0。

于是第 1 步所对应的检验问题的参数形式可化为

$$\begin{aligned}&H_0^{k-1}:\theta\in S_0=\{\theta:\theta_1=\cdots=\theta_k\}\\&H_1^{k-1}:\theta\in S=\{\theta:A\theta\leqslant 0\}\cap S_0^{\mathrm{c}}\end{aligned} \tag{7.3.4}$$

其中 S_0^c 表示 S_0 的余集，$(k-1)m \times km$ 矩阵 A 定义如下：

$$A = \begin{pmatrix} C & 0 & \cdots & \cdots & -C \\ 0 & C & \cdots & \cdots & -C \\ & \ddots & \ddots & & \\ 0 & \cdots & \cdots & C & -C \end{pmatrix}$$

0 表示元素全为零的 $m \times m$ 矩阵。注意：这里的矩阵 A 与 7.2.2 小节中的矩阵 A 的结构不同，这是因为检验问题 (7.3.2) 的备择假设的内容与 (7.2.11) 的备择假设的内容不同。

第 2 步　因为是对每个 i 检验是否 $F_i \geqslant_{st} F_k$，所对应的检验问题可化为

$$\begin{aligned} &H_0^{(i)} : \theta^i \in S_0^i = \{(\theta_i, \theta_k)^{\mathrm{T}} : \theta_i = \theta_k\} \\ &H_1^{(i)} : \theta^i \in S^i = \{(\theta_i, \theta_k)^{\mathrm{T}} : A^i\theta^i \leqslant 0\} \cap {S_0^i}^{\mathrm{c}} \end{aligned} \tag{7.3.5}$$

其中 $A^i = (C, -C), \theta^i = (\theta_i, \theta_k)^{\mathrm{T}}$。

检验问题 (7.3.4)(也即检验问题 (7.3.2)) 将用似然比作检验。原假设和备择假设下的似然函数是

$$\begin{aligned} \log L(F) &= \sum_{i=1}^{k}\sum_{j=0}^{m} n_{ij}\log p_{ij} \\ &= \sum_{i=1}^{k}\left\{\sum_{j=0}^{m-1} n_{ij}\log p_{ij} + \left(n_i - \sum_{t=0}^{m-1} n_{it}\right)\log\left(1 - \sum_{t=0}^{m-1} p_{it}\right)\right\} \\ &\triangleq \log L(\theta) \end{aligned}$$

记 $L(F)$ 在假设 H_0^{k-1} 下的极大似然估计量为 $\bar{\theta}$，假设 H_1^{k-1} 下的极大似然估计量为 $\hat{\theta}$，则检验问题 (7.3.4) 似然比统计量为

$$T_{01}^{k-1} = 2\{\log L(\hat{\theta}) - \log L(\bar{\theta})\}$$

若 T_{01}^{k-1} 的值大于临界值，则拒绝 H_0^{k-1}。

2) 似然比统计量的渐近分布

这里，需要给出第 1 步和第 2 步的两个检验问题的似然比的渐近分布。

首先，T_{01}^{k-1} 的渐近分布由下面的定理给出。

定理 7.3.2　在假设 H_0^{k-1} 下，

$$T_{01}^{k-1} \xrightarrow{L} T^{k-1} = \min_{\eta \in \mathbf{R}^{m(k-1)}} (X-\eta)^{\mathrm{T}} W (X-\eta) \sim \bar{\chi}^2(W^{-1}, (\mathbf{R}_+^{m(k-1)})^{\circ})$$

其中 $X \sim N(0, W^{-1}), W = AQ^{-1}A^{\mathrm{T}}, Q = \mathrm{diag}(r_1 M, \cdots, r_k M)$,

$$M = (m_{ij})_{m\times m}, \quad m_{ii} = 1/p_{i-1} + 1/p_m, m_{ij} = 1/p_m, i \neq j, \quad i = 1, \cdots, m$$

$(\mathbf{R}_+^{m(k-1)})^{\circ}$ 为锥体 $\mathbf{R}_+^{m(k-1)}$ 的极锥。

证明 因为检验问题 (7.3.4) 与 7.3.2 小节中的问题 (7.2.11), (7.2.14) 的性质相同，都是有两个假设的随机序检验问题，故定理证明的思路与定理 7.2.3 和定理 7.2.5 的证明思路近似，区别仅在于：由于两个备择假设的内容不同，因而不等式似然估计问题中的目标函数和可行解集合的具体结构不同。这里仅给出证明的概要，证明细节可参见文献 (Gou and Wang, 2008)。主要步骤如下：

(1) 记 $-T_{01}^{k-1} = \min\limits_{\beta\in S} G_n(\beta)$，则

$$G_n(\beta) = 2\{\log L(\bar{\beta}/\sqrt{n} + \theta_0) - \log L(\beta/\sqrt{n} + \theta_0)\}$$

先求 $G_n(\beta)$ 的极限函数 $G(\beta)$, 于是可得

$$G_n(\beta) \xrightarrow{L} G(\beta) = (Z-\beta)^{\mathrm{T}} Q (Z-\beta) - \frac{1}{2}\sum_{t,l=1}^{k} r_t r_l (Z_t - Z_l)^{\mathrm{T}} M (Z_t - Z_l)$$

其中

$$M = (m_{ij})_{k\times k}, \quad m_{ii} = 1/p_{i-1} + 1/p_k, m_{ij} = 1/p_k, i \neq j, \quad i = 1, \cdots, m$$

$$Z \sim N(0, Q^{-1}), \quad Q = \mathrm{diag}(r_1 M, \cdots, r_k M)$$

(2) 求 $G(\beta)$ 的极大值。用 7.2 节中的方法推导可得

$$-\min_{\beta\in S} G(\beta) = \min_{\eta\in\mathbf{R}^{m(k-1)}} (X-\eta)^{\mathrm{T}} W (X-\eta)$$

此值的分布为 $\bar{\chi}^2(W^{-1}, (\mathbf{R}_+^{m(k-1)})^{\circ})$。

(3) 证明在假设 H_0^{k-1} 下有

$$T_{01}^{k-1} \xrightarrow{L} -\min_{\beta\in S} G(\beta)$$

这些均可仿照定理 7.2.3 的证明中的相关部分进行。

于是可以确定拒绝 H_0^{k-1} 的 α 水平临界值 c_α^{k-1},

$$P_{H_0^{k-1}}\{T_{01}^{k-1} > c_\alpha^{k-1}\} = \alpha$$

如果 $T_{01}^{k-1} \geqslant c_\alpha^{k-1}$，则拒绝 H_0^{k-1}。

接着，考虑第 2 步所对应的检验问题，即寻找哪个处方最明显地优于对照处方。

检验问题 (7.3.2) 的 $k-1$ 个检验中的第 i 个检验的假设为

$$H_{i0}: F_i = F_k, \quad H_{i1}: F_i \geqslant_{\mathrm{st}} F_k$$

对应的似然比统计量为

$$T_{01}^{(i)} = 2\{\max_{\theta^i \in S^i} \log L^i(\theta^i) - \max_{\theta^i \in S_0^i} \log L^i(\theta^i)\}$$

设 B 和 M 如前所定义，$A^i = (B, -B)$，$Q^i = \begin{pmatrix} r_i' M & 0 \\ 0 & r_k' M \end{pmatrix}$，$\Delta^i = -(Q^i)^{-1} A^{\mathrm{T}}, W^i = {\Delta^i}^{\mathrm{T}} Q^i \Delta^i = (1/r_i' + 1/r_k') BM^{-1}B^{\mathrm{T}}, r_i' = \dfrac{n_i}{n_i+n_k}, r_k' = \dfrac{n_k}{n_i+n_k}$，$T_{01}^{(i)}$ 的渐近分布由下面的定理给出。

定理 7.3.3　在假设 H_{i0} 下，

$$T_{01}^{(i)} \xrightarrow{L} T^{(i)} = \min_{\eta \in \mathbf{R}_+^m} (X^i - \eta)^{\mathrm{T}} W^i (X^i - \eta) \sim \bar{\chi}^2((W^i)^{-1}, (\mathbf{R}_+^m)^{\circ})$$

其中 $X^i \sim N(0, {W^i}^{-1})$，$(\mathbf{R}_+^m)^{\circ}$ 为 $\mathbf{R}_+^m$ 的极锥。

即 $T_{01}^{(i)}$ 的渐近分布是 $\bar{\chi}^2((W^i)^{-1}, (\mathbf{R}_+^m)^{\circ})$。

定理 7.3.3 是定理 7.3.2 中 $k=2$ 时的特殊情形，不另行证明。

虽然定理 7.3.3 给出了 $T_{01}^{(i)}$ 的渐近分布，但这些分布通过 W^i 而依赖于 i。因此，不能以比较各个 $T_{01}^{(i)}$ 的值的大小次序来决定哪个是最明显地优于对照处方的处方，所以需要找一个其分布不依赖于 i 的统计量。为此，引进统计量 $T_{02}^{(i)}$，它定义为

$$T_{02}^{(i)} = \left(\frac{1}{r_i'} + \frac{1}{r_k'}\right)^{-2} T_{01}^{(i)}$$

它的渐近分布由下面的定理给出。

定理 7.3.4　在假设 H_{i0} 下有

$$T_{02}^{(i)} \xrightarrow{L} T_i = \min_{\eta \in \mathbf{R}_+^m} (X - \eta)^{\mathrm{T}} BM^{-1}B^{\mathrm{T}} (X - \eta) \sim \bar{\chi}^2((BM^{-1}B^{\mathrm{T}})^{-1}, (\mathbf{R}_+^m)^{\circ})$$

其中 $X = (1/r_i' + 1/r_k')^{-\frac{1}{2}} X^i \sim N(0, (BM^{-1}B^{\mathrm{T}})^{-1})$。

定理 7.3.4 的结论可以由应用下述线性变换到定理 7.3.3 得出：

$$T_{02}^{(i)} = (1/r_i' + 1/r_k')^{-2} {T_{01}}^{(i)}, \quad X = (1/r_i' + 1/r_k')^{-\frac{1}{2}} X^i$$

这样对于所有 i，统计量 $T_{02}^{(i)}$ 在 H_{i0} 下都有同样的渐近分布 $\bar{\chi}^2((BM^{-1}B^{\mathrm{T}})^{-1}, (\mathbf{R}_+^m)^{\circ})$，因而可以作为一个公共的量来判断哪个处方最明显地优于对照处方。

将各个 $T_{02}^{(i)}$ 依值的大小次序排定，用 $[1],[2],\cdots,[k-1]$ 表示随机指标，满足

$$T_{02}^{[1]} \geqslant \cdots \geqslant T_{02}^{[k-1]}$$

把对应的假设记为 $H_{[1]0},\cdots,H_{[k-1]0}$。为方便计，仍然记 $H_{[i]0}$ 为 H_{i0}，记 $T_{02}^{[i]}$ 为 $T_{02}^{(i)}$，希望不会引起误解。基于这一记号，可以推断，如果至少有一个处方是优于对照处方的，则对应于 H_{10} 中的处方便是最明显地优于对照处方的。

因此，检验第 2 步的具体做法如下：对于给定的置信度 α，给出相应的临界值 t_α，若存在某些 i，其 $T_{02}^{(i)}$ 值大于或等于 t_α，$T_{02}^{(1)}$ 的值便是最大的一个，则推断对应于 H_{10} 中的处方便是最明显地优于对照处方的。

然后，删去这一处方，得到一个有 $k-2$ 个处方和一个对照处方的比较问题。再重复这一比较过程。

在这一过程中，如果 H_{j0} 被拒绝，则对所有小于 j 的 i，H_{i0} 也一定被拒绝。

注 7.3.1 由定理 7.3.2 中 W 的定义，W 的结构与 k 有关。因此，在逐步向下法中，第 1 步比较 k 个总体时的 W 将记为 W_k，第 2 步比较 $k-1$ 个总体时的 W 将记为 W_{k-1}，以此类推。

因此，这一比较过程可总结如下：

第 1 步 计算 T_{01}^{k-1}。如果 $T_{01}^{k-1} \leqslant c_\alpha^{k-1}$(其中 c_α^{k-1} 为分布 $\bar{\chi}^2(W_k,(\mathbf{R}^{m\times(k-1)}))$ 的 α 分位数)，则得结论：$F_1 = F_2 = \cdots = F_k$，终止比较过程；否则，推断为 $F_1 >_{st} F_k$，并转向第 2 步。

第 2 步 计算 T_{01}^{k-2}。如果 $T_{01}^{k-2} \leqslant c_\alpha^{k-2}$(其中 c_α^{k-2} 为分布 $\bar{\chi}^2(W_{k-1},(\mathbf{R}^{m\times(k-2)}))$ 的 α 分位数)，则得结论：$F_2 = F_3 = \cdots = F_{k-1} = F_k; F_1 >_{\mathrm{st}} F_k$，并终止比较过程；否则，推断为 $F_1 >_{\mathrm{st}} F_k$，并转向第 3 步。

……

第 $k-1$ 步 计算 T_{01}^1。如果 $T_{01}^1 \leqslant c_\alpha^1$，则得结论：$F_{k-1} = F_k, F_1 >_{\mathrm{st}} F_k, \cdots, F_{k-2} >_{\mathrm{st}} F_k$，并终止比较过程；否则，推断为 $F_1 >_{\mathrm{st}} F_k, F_2 >_{\mathrm{st}} F_k, \cdots, F_{k-1} >_{\mathrm{st}} F_k$.

结束。

3) FWE 的控制

设计好检验过程后，剩下的最重要的问题就是如何把犯第一类错误的概率 FWE 控制在给定的水平上。

应用定理 7.3.1 到现在考虑的问题，可得下面的定理，即上述逐步向下法确实可以控制 FWE 在某一给定水平。

定理 7.3.5 上述逐步向下检验过程中，若在每一次循环的两步检验时都控制犯第一类错误的概率在 α 水平，则整个检验过程也控制 FWE 在给定的 α 水平。

证明 该定理虽然可由定理 7.3.1 得出，但还是给出一个完整的证明。这样可以看出为什么整个检验过程的 FWE 可以控制住。

令 A 为上述检验过程中至少作一次错误论断的事件。再次强调，这里 H_{i0} 实际上是 $H_{[i]0}$，$T_{02}^{(i)}$ 实际上是 $T_{02}^{[i]}$。记 $H_0^j = \bigcap_{i=k-j}^{k-1} H_{i0}$。在这检验过程中，对每一个 H_0^j 的检验都是 α 水平检验。注意到 $H_0^j \subseteq H_0^{j+1}\ (1 \leqslant j \leqslant k-1)$，在 H_0^{k-1} 假设下有

$$\begin{aligned}
\text{FWE} &= P_{H_0^{k-1}}\{A\} \\
&= P_{H_0^{k-1}}\ (\text{拒绝某 } H_{j0}) \\
&\leqslant P_{H_0^{k-j}}\ (\text{拒绝某 } H_{j0}) \\
&\leqslant P_{H_0^{k-j}}\ (\text{拒绝 } H_0^{k-j}) \leqslant \alpha
\end{aligned}$$

最后一个不等式成立是因为检验的每一步都控制在 α 水平。定理得证。

7.3.3.2 实例

下面用一个实例来说明如何进行简单随机序意义下的多重比较检验和这一检验的结果说明什么，并与均值比较意义下的多重比较检验结果相对照。

这一例子的数据来自 (Kalbfleisch and Prentice, 1980)。数据是患咽喉癌病人在观察时间内的存活时间。因为淋巴结恶化程度是咽喉癌严重程度的重要指标，所以把病人按照其淋巴结恶化程度进行分组。共分成 4 组，第 1 组病人是最严重的，第 2 组次之，第 3 组更轻，第 4 组则是在收进来观察时还没有淋巴结恶化的，作为对照组。试验的目的是要比较不同组的病人剩余寿命的长短。因此，作在简单随机序意义下的多重比较最合适。FWE 的显著性水平取 0.05。

病人存活天数划成三类 (原数据中划分成 7 类，这里剔除了删失数据，并对原数据进行了一些归并，以减少问题的维数)，分别是 0~260d，261~900d，901d 以上。各组病人的存活天数数据如表 7.3.1 所示。

表 7.3.1 存活人数

总体	0~260	261~900	901+	
	n_{i1}	n_{i2}	n_{i3}	n_i
1	33	36	12	81
2	7	13	14	34
3	4	13	7	24
4	8	20	8	36
$n_{\cdot j}$	52	82	41	175

令 X_1, X_2, X_3, X_4 为对应于第 1，2，3，4 组的总体，分别具有分布函数 F_1, F_2, F_3, F_4。需要检验的假设为

$$H_{i0} : F_i = F_4, \quad H_{i1} : F_i \geqslant_{\text{st}} F_4, \quad i = 1, 2, 3$$

对照前面的论述，对于这一组数据，有关总体个数为 $k = 4$，每个总体可用 $m = 2$ 个分量刻画。计算似然比的值为

$$T_{02}^{(1)} = 3.4489 \geqslant T_{02}^{(2)} = 1.974 \geqslant T_{02}^{(3)} = 1.743$$

其中 $T_{02}^{(i)}$ 为对应于检验 H_{i0} 和 H_{i1} 的似然比，因而第一组 X_1 与对照组的分布的似然比最大。

检验过程可总结如下：

第 1 步 检验

$$H_0^3 : F_1 = F_2 = F_3 = F_4, \quad H_1^3 : F_i \geqslant_{\text{st}} F_4, i = 1, 2, 3$$

于是得 $T_{01}^3 = 14.983$。T_{01}^3 服从 $\bar{\chi}^2(6)$ 分布。

但计算 $\bar{\chi}^2(8)$ 分布的 $\alpha = 0.05$ 临界值太复杂，代之以计算 p 值。为得出次 p 值，先要计算 $\bar{\chi}^2$ 分布中的权重。这由 Monte Carlo 方法得出。通过计算得到，第 1 步检验的 p 值为

$$P(\bar{\chi}^2(W^{-1}, (\mathbf{R}_+^6)^{\circ}) \geqslant 14.9834) = 0.0024$$

这个的 p 值远小于 0.05。这表明 $\bar{\chi}^2(W^{-1}, (\mathbf{R}_+^6)^{\circ})$ 的 0.05 临界值远小于 14.9834，或者说，现在的似然比值 $T_{01}^3 (= 14.983)$ 远大于 0.05 临界值，所以应该拒绝 4 个分布都相等的原假设 H_0^3，即至少有一个 $F_i >_{\text{st}} F_4$。而第 1 组 X_1 的分布是最明显地大于对照组的，因此，推断 $F_1 >_{\text{st}} F_4$，并转到第 2 步。

第 2 步 去掉第 1 组 X_1，检验假设

$$H_0^2 : F_2 = F_3 = F_4, \quad H_1^2 : F_i \geqslant_{\text{st}} F_4, i = 2, 3$$

用同样的方法进行检验得 p 值 $p = 0.0170$。这个 p 值导致拒绝原假设 H_0^2，并推断 $F_2 >_{\text{st}} F_4$。

第 3 步 检验

$$H_0^1 : F_3 = F_4, \quad H_1^1 : F_3 \geqslant_{\text{st}} F_4$$

计算得出 $p = 0.0421$。这一 p 值仍然建议拒绝原假设 H_0^1 并推断 $F_1 >_{\text{st}} F_4$。

因此，从这一逐步向下检验过程得出的结论是，所有这三组都明显地大于对照组，即

$$F_1 >_{\text{st}} F_4, \quad F_2 >_{\text{st}} F_4, \quad F_3 >_{\text{st}} F_4$$

结论 $F_i >_{\text{st}} F_4\,(i=1,2,3)$ 意味着，对任何 x 都有

$$P(X_i \geqslant x) = 1 - F_i(x) \leqslant 1 - F_4(x) = P(X_4 \geqslant x), \quad i=1,2,3$$

即其他三组中病人存活天数大于等于 x 的概率都有比第 4 组中病人的相应概率小。这一结论显然比从均值比较得出的结论 —— 即平均而言，其他三组中存活天数都比第 4 组中病人少 —— 包含更多的信息。

附录　数学规划知识简要

这里介绍一些数学规划的基本知识，以方便读者阅读本书。内容以阅读本书够用为准。当然，对数学规划的知识掌握得越好，越能有效地将数学规划的方法运用来解决统计中的有关问题。对数学规划的知识有兴趣的读者可阅读有关专著。

A.1　数学规划问题

数学规划问题的一般形式为

$$\begin{aligned} \min \quad & f(x) \\ \text{s.t.} \quad & x \in S \subset \mathbf{R}^n \end{aligned} \tag{A.1.1}$$

也就是求一个函数在给定约束条件下 (即在指定集合 S 内) 的极值点和极值的最优化问题，可以是求极小值问题，也可以是求极大值问题，也可以是极大极小问题。问题 (A.1.1) 中的函数 $f(x)$ 称为目标函数，S 称为可行解集合，S 中的任一点 x 称为可行解。若 S 是优化变量 x 所在的整个空间 $\mathbf{R}^n$，则 (A.1.1) 称为无约束最优化问题。

若 $f(x)$ 为线性函数，并且 S 由线性等式和不等式限制而成，则规划问题 (A.1.1) 称为线性规划问题。它的一般形式为

$$\begin{aligned} \min \quad & \bar{c}^{\mathrm{T}} x \\ \text{s.t.} \quad & \bar{A}x \leqslant \bar{b} \\ & \bar{C}x = \bar{d} \end{aligned} \tag{A.1.2}$$

其中 $\bar{A}$ 为 $m \times n$ 矩阵，$\bar{C}$ 为 $r \times n$ 矩阵，$\bar{b}$ 为 m 维向量,$\bar{c}$ 为 n 维向量, $\bar{d}$ 为 r 维向量。通过简单的代数变换 (一个实变量可以用两个非负变量之差表出，一个 “$\leqslant$” 不等式可以通过加上一个非负松弛变量变成等式)，(A.1.2) 可化为下列标准形式：

$$\begin{aligned} \min \quad & c^{\mathrm{T}} x \\ \text{s.t.} \quad & Ax = b \\ & x \geqslant 0 \end{aligned} \tag{A.1.3}$$

之所以写成这种标准形式，是因为线性规划问题的基本算法 —— 单纯形法 —— 是对此标准形式给出的。

若规划问题 (A.1.1) 的目标函数和约束条件函数中至少有一个不是线性的，则 (A.1.1) 称为非线性规划问题。它的一般形式为

$$\begin{aligned}\min\quad & f(x)\\ \text{s.t.}\quad & g_i(x)\leqslant 0, i=1,\cdots,l\\ & h_i(x)=0, i=l+1,\cdots,m\end{aligned}\tag{A.1.4}$$

若 $f(x)$ 为凸函数且 S 为凸集，则 (A.1.1) 称为凸规划问题，所以如果问题 (A.1.4) 中的 $f(x)$ 为凸函数，$g_i(x)\,(i=1,\cdots,l)$ 为凸函数，$h_i(x)\,(i=l+1,\cdots,m)$ 为线性函数，则 (A.1.4) 是凸规划问题 (注意：这里的约束不等式为小于等于号，右端项是零。凸规划问题的理论和它的算法有其方便之处，其特点之一是凸规划问题的局部极小值点就是它的全局极小值点。

如果 $f(x)$，$g_i(x)$，$h_i(x)$ 中的某些函数不可微，则 (A.1.4) 称为不可微规划问题。由于篇幅有限，这里不介绍不可微规划问题。

A.2　最优性条件

要求出数学规划问题的最优解，首先必须给出最优解的条件。数学规划问题的最优解有两种：局部最优解和全局最优解。然而，这里的局部和全局都是指可行解集合里的局部和全局。数学规划问题的 (局部) 最优性条件是指点 x 能成为该问题的 (局部) 最优解所需要满足的条件。由于有不等式约束条件的限制，微积分中的函数最优解条件 (如目标函数的梯度向量等于零这一必要条件等) 不再适用。下面分线性规划问题和非线性规划问题来叙述最优性条件。

1) 标准形式的线性规划问题的最优性条件

线性规划问题 (A.1.3) 的可行解集 S 是一个凸多面体，若 (A.1.3) 的最小值有限，则必能在 S 的某一顶点处达到 (也有可能 (A.1.3) 的最小值是负无穷大，这时，其最小值不能在某一顶点处达到，这里不讨论这种情况)。

(A.1.3) 中 S 的任一顶点都具有 $x=(B^{-l}b,0)$ 的形式，其中 B 为 A 的一个 $m\times m$ 子矩阵，这种解 x 称为基可行解。x 是 (A.1.3) 的最优解的充分条件是

$$B^{-l}b\geqslant 0,\quad c-c^{\mathrm{T}}B^{-l}A\geqslant 0\tag{A.2.1}$$

这只是最优解的充分条件，而不是必要条件，因为最优解也可在非顶点处达到。

另一种形式的最优性条件是存在 m 维向量 λ，使得

$$\begin{aligned}&Ax=b\\&x\geqslant 0\\&A^{\mathrm{T}}\lambda\leqslant c\\&\lambda^{\mathrm{T}}(Ax-b)=0\\&\lambda\geqslant 0\end{aligned}$$

其中 $\lambda^{\mathrm{T}}(Ax-b)=0$ 称为互补性条件。

2) 非线性规划问题的最优性条件

必要性条件。由于非线性规划问题的可行解集由非线性等式和非线性不等式限制而成，也由于非线性函数的复杂性，所以必须对这些非线性函数加上某种约束条件的规范性条件，才能表述最优性条件。而这类规范性条件有很多种，因此，非线性规划问题的最优性条件有很多种。这里选几个常用的。

非线性规划问题 (A.1.4) 的下列最优性必要条件常称为 Kuhn-Tucker 条件, 参见文献 (Bazaraa and Shetty, 1993)。

定理 A.2.1 设 x^* 为问题 (A.1.4) 的局部可行解，问题 (A.1.4) 中的函数 $f(x), g_i(x), h_i(x)$ 在 x^* 邻近可微。$\nabla g_i(x^*)\,(i\in I(x^*))$，$\nabla h_i(x^*)\,(i=l+1,\cdots,m)$ 为线性无关向量组，其中 $I(x^*)=\{i: g_i(x^*)=0\}$。若 x^* 为问题 (A.1.4) 的局部最优解，则必存在 $\lambda^*\in\mathbf{R}^l, \mu^*\in\mathbf{R}^{m-l}$, 使得下式成立：

$$\begin{cases}\nabla f(x^*)+(\lambda^*)^{\mathrm{T}}\nabla g(x^*)+(\mu^*)^{\mathrm{T}}\nabla h(x^*)=0\\ \lambda_i^* g_i(x^*)=0, i=1,\cdots,l\\ g_i(x^*)\leqslant 0, i=1,\cdots,l\\ h_i(x^*)=0, i=l+1,\cdots,m\\ \lambda^*\geqslant 0\end{cases}\tag{A.2.2}$$

定理 A.2.1 中要求的 $\nabla g_i(x^*)\,(i\in I(x^*)), \nabla h_i(x^*)\,(i=l+1,\cdots,m)$ 为线性无关向量组这一条件，称为约束规范性条件，其中 λ_i^* 称为对应于不等式约束 $g_i(x^*)\leqslant 0$ 的拉格朗日乘数，μ_i^* 称为对应于等式约束 $h_i(x^*)=0$ 的拉格朗日乘数。注意：在这一最优性条件中，有对于 λ_i 非负性的要求。条件 $\lambda_i g_i(x)=0\,(i=1,\cdots,l)$ 称为互补性条件。这一条件表明，在 (线性或非线性) 数学规划问题的最优解 x^* 处，或者约束条件左端 $(g(x^*))$ 等于零，或者与此相应的拉格朗日乘数等于零，两者必有其一。这一性质在正文中经常用到。

函数 $L(x,\lambda,\mu)=f(x)+\lambda g(x)+\mu h(x)$ 称为规划问题 (A.1.4) 的拉格朗日函数。Kuhn-Tucker 条件中的第一项实际上就是 $\nabla_x L(x^*,\lambda^*,\mu^*)=0$，这相当于无约束最优化中的必要条件：目标函数在该点的梯度向量等于零。实际上，若没有约束条件存在，则 (A.2.2) 就退化为 $\nabla f(x^*)=0$。

为得出最优解的充分性条件，必须加上目标函数在最优解附近可行解集内各个方向上的非降的条件，参见文献 (袁亚湘和孙文瑜, 1997)。

定理 A.2.2 设 x^* 为问题 (A.1.4) 的可行解，函数 $f(x), g_i(x), h_i(x)$ 在 x^* 邻近可微。若

$$d^{\mathrm{T}}\nabla f(x^*)>0,\tag{A.2.3}$$

对一切满足下述条件的非零方向 d 成立：存在一个收敛于 d 的方向序列 $\{d_k\}$ 和趋近于零的常数序列 $\{\delta_k\}$，并且 $x^* + \delta_k d_k \in S$ 对一切 k 都成立，则 x^* 为问题 (A.1.4) 的最优解。

对于凸规划问题，则有下面的结果：

定理 A.2.3　如果 $f(x)$ 为凸函数，可行解集 S 为凸集，(x^*, λ^*, μ^*) 满足 Kuhn-Tucker 条件，则 x^* 为问题 (A.1.4) 的最优解，λ^*, μ^* 为对应的拉格朗日乘数。

可见，对于凸规划问题，Kuhn-Tucker 条件 (A.2.2) 已是最优解的充分必要条件。而对于一般的数学规划问题，它只是一个必要条件。这是凸规划的一个优良性质。为保证这种局部凸性，常用函数的二阶混合偏导数的正定性和其他一些条件来保证。限于本书的任务，这里不对此作介绍。

需要指出的是，从以上结果可以看出，最优性条件是一组包含 (线性或非线性) 等式和不等式的条件 (线性规划问题也如此)。因此，不能指望从最优性条件中解出最优解。最优性条件只是用来验证某给定点 x 是否有可能是最优解或进行理论分析的。

A.3　对偶理论

每一个数学规划问题都有它的对偶问题。原问题和其对偶问题组成一对规划问题，它们有着密切的关系，这种关系在规划问题的理论和计算方面都起着重要作用。

标准形式的线性规划问题 (A.1.3) 的对偶问题为

$$\begin{cases} \max & b^{\mathrm{T}} y \\ \text{s.t.} & A^{\mathrm{T}} y \leqslant c \end{cases} \tag{A.3.1}$$

它的结构特征如下：原问题是极小化问题，对偶问题则是极大化问题；对偶问题的目标函数 ($b^{\mathrm{T}}y$) 的系数向量 b 是原问题不等式 ($\leqslant$) 约束条件的右端常数向量；对偶问题的约束条件为 $\leqslant$ 不等式对应于原问题中变量 x 的非负性约束；对偶问题的约束系数矩阵为原问题中约束系数矩阵的转置；对偶问题的约束条件右端常数向量 c 是原问题中目标函数的系数向量。

设 (A.3.1) 有有限最优值，它的最优解为 y^*，最优值为 $b^{\mathrm{T}}y^*$。原问题和它的对偶问题的解之间的关系是下面的定理。

定理 A.3.1　对偶定理。若原问题 (A.1.3) 的最优值有限，则对偶问题 (A.3.1) 的最优值也一定有限。记原问题 (A.1.3) 的最优解为 x^*，最优值为 $c^{\mathrm{T}}x^*$，对偶问题 (A.3.1) 的最优解为 y^*，最优值为 $b^{\mathrm{T}}y^*$，则 (A.1.3) 的对应于 x^* 的拉格朗日乘数向量可取作为 y^*，并且有

$$c^{\mathrm{T}}x^* = b^{\mathrm{T}}y^*, \quad y^{*\mathrm{T}}(Ax^* - b) = 0$$

可见，原问题和对偶问题在问题的构成及最优解两方面都有着非常密切的关系。有一种算法叫做对偶单纯形法，它能同时求解原问题和对偶问题，在 (线性模型的) 最小一乘法计算中很有效。

对于非线性规划问题也有对偶规划和相应的对偶理论。由于线性规划一定是凸规划问题，所以其对偶理论相对而言比较简单。但非线性规划问题不一定是凸规划问题，相应的对偶理论要复杂得多。这里不予介绍，有兴趣的读者可参见有关著作。

A.4 数学规划的算法

本节介绍数学规划的一些基本算法，以使读者了解数学规划的算法的主要特点。

大部分数学规划算法 (以极小值问题为例，极大值问题类似) 进行如下：首先选取一初始可行解 $x^{(1)}$，检查 $x^{(1)}$ 是否满足最优性条件。若满足，则算法终止；若不满足，则用某种方法寻找下一个可行解 $x^{(2)}$，满足 $f(x^{(2)}) < f(x^{(1)})$。不断重复这一步骤，直到某一 $x^{(k)}$ 是最优解，或者直到 $x^{(k)}$ 满足某一停止原则 (如 $\|x^{(k)} - x^{(k-1)}\|$ 小于某一事先指定的数，或 $|f(x^{(k)}) - f(x^{(k-1)})|$ 小于某一事先指定的数) 为止。因此，最优化算法给出的最终结果有可能是真正的最优解，也有可能只是一个近似解。

这里，有多种方式选取初始可行解，有多种方式选取目标函数 $f(x)$ 的下降方向和下一个可行解，有多种方式制订停止规则。这些都是数学规划算法所需要研究的问题。对一个具体问题而言，究竟需要用哪一种算法比较好是很有讲究的，需要分别处理。

数学规划算法的特点是，它们都是迭代算法，给出的是最优解的近似点和最优值的近似值，没有解析公式来表出最优解。

现在已有许多有效的算法来求解这些非线性规划问题。现在比较成熟的算法是求局部极小值点的算法。这里介绍一些比较常用的算法。数学规划是有约束条件的最优化问题，它的算法也是从无约束最优化问题的算法发展而来的。因此，这里先简述无约束最优化问题的算法，然后再介绍一些数学规划算法。

A.4.1 无约束最优化问题的算法

无约束最优化问题的一般形式为

$$\min f(x), x \in \mathbf{R}^n$$

1) 梯度法 (最速下降法)

函数 $f(x)$ 在某一点 x 处的负梯度方向 $-\nabla f(x)$ 是函数在该点的最速下降方向。因此，用梯度法寻找最优解进行如下：先任选一个初始点 x_0，并令 $k=0$。若 $\nabla f(x_k)=0$，则算法停止；否则，在负梯度方向 $-\nabla f(x_k)$ 方向上用下述方式寻找下一个迭代点 x_{k+1}：

$$x_{k+1}=x_k-\lambda_k\nabla f(x_k)$$

其中 λ_k 称为步长，通常以下述方法决定，即求解一维最优化问题

$$\min_{\lambda\geqslant 0} f(x_k-\lambda\nabla f(x_k))$$

其最优解即为 λ_k。这一步骤称为一维搜索。除了这一种一维搜索法，最优化算法中还有许多有效的一维搜索法。

逐步重复这一步骤，直到在某一 x_{k+1} 处，或者有 $\nabla f(x_{k+1})=0$，或者有 $|f(x_{k+1})-f(x_k)|$ 小于某一预先指定的精确度 ε。

已经证明，在一定条件下，最速下降法所产生的迭代点列 $\{x_k\}$ 收敛到梯度为零的点。当然，梯度为零的点要有其他条件支持才能是极小值点。

最速下降法是求极值最基本的方法之一，它的许多基本思想都对其他算法有重要影响。初看起来，因为负梯度方向是函数在该点的最速下降方向，梯度法应该是一个很好的算法，其实却不然，特别是在迭代过程的后阶段，收敛到梯度为零的点的速度甚慢，因而有必要寻求更有效的算法。

2) 牛顿法

牛顿法是被认为较有效的算法，它进行如下：设 $f(x)$ 为二次连续可微，为找出 $f(x)$ 的局部最小值点，可先任选一个初始点 x_0。若 $\nabla f(x_0)=0$ 且 $f(x)$ 在 x_0 处的二阶混合偏导数矩阵 $H(x_0)$ 半正定，则 x_0 为局部最小值点。若 $\nabla f(x_0)\neq 0$，则用下列步骤求出下一迭代点 x_1：

$$x_1=x_0-H^{-l}(x_0)\nabla f(x_0)$$

重复这一过程，当某一 x_k 为局部最小值点时便停止搜索；或者进行到认为某一 x_k 已足够精确近似为止。

若把牛顿法应用到正定的二次函数，则只需有限步迭代便可得出该函数的局部最小值点。由于一般 (不是非常奇异) 的函数都可以由一个二次函数逼近，因此，可以想象，牛顿法对它们也会有较好的效果。

3) 拟牛顿法

牛顿法虽然被认为是较有效的算法，但每一迭代步骤中都需要计算 $f(x)$ 在当前迭代点 x_k 处的二次偏导数矩阵 $H(x_k)$ 的逆矩阵。当 x 所在空间的维数较大

时，计算这些逆矩阵的计算量极大 (还有其他一些缺点)。于是出现了它的改进算法 —— 拟牛顿法。这一类方法的基本思想如下：在牛顿法迭代过程中，用按某种法则生成的矩阵 D_k 代替 $H^{-l}(x_k)$，这样可以避免计算逆矩阵的麻烦。现在已有许多种生成 D_k 的方案，不同的生成 D_k 的方案产生不同的算法，典型的有 BFGS 算法、DFP 算法等。事实证明，这些算法大都很有效，即由此生成的迭代点序列 $\{x_k\}$ 较快地收敛于梯度为零的点。

A.4.2 有约束最优化问题的算法

有约束最优化问题的一般形式为

$$\min f(x), x \in S \subset \mathbf{R}^n$$

若 S 由一组线性不等式定义，如 $S = \{x : Ax \leqslant b\}$，即可行解集为一凸多面体，则下面的可行方向法是一种较容易实行的算法。

1) 可行方向法

这一方法的基本思想如下：任取一初始可行解 x_0，若此解满足最优性条件 (即 Kuhn-Tucker 条件)，则算法停止；否则，分下列几种情况进行：

(1) 若 x_0 为 S 的内点，则用梯度法找下一个迭代点 x_1，即

$$x_1 = x_0 - \lambda_0 \nabla f(x_0)$$

但需注意的是，在进行一维搜索时，步长的选择必须能保证 x_1 在可行解范围内；

(2) 若 x_0 为 S 的边界点，但负梯度方向指向 S 内 (包括边界)，则一维搜索的进行方法同上；

(3) 若 x_0 为 S 的边界点，但负梯度方向指向 S 外，则用下法进行：

$$x_1 = x_0 - \lambda_0 d_0$$

其中搜索方向 $-d_0$ 为负梯度方向在 S 上的投影。

重复上述步骤，直到某一停止原则满足为止。

注 A.4.1 寻找下一可行解的下降方向并不一定要是负梯度方向，也可以是其他下降方向。

可行方向法的主要特点是，每步迭代都保证在可行解集范围内。这样，它的停止点 (即精确或近似 Kuhn-Tucker 点) 一定是可行解。

2) 惩罚函数法

惩罚函数法的基本思想是用无约束最优化方法来求函数

$$f(x) + \mu P(x)$$

的最小值点，其中 μ 为可选择的很大正数，$P(x)$ 为惩罚函数。惩罚函数的选择原则是，对于在可行解集内的点 x，则令 $P(x) = 0$，对于在不可行解集内的点 x，则

令 $P(x)$ 取很大的值，以这种方式强迫迭代点 x_k 在可行解集内，或至少不至于离开可行解集太远。理论证明显示，这种方法产生的迭代点序列 $\{x_k\}$ 收敛于原数学规划问题的解。

(对于标准形式的非线性规划问题 (A.1.4) 的)$P(x)$ 的常见形式之一为

$$P(x) = \sum_{1}^{l}(g_i(x))_+^2 + \sum_{l+1}^{m} h_j^2(x)$$

显然，若 $g_i(x) > 0$ 或 $h_j(x) \neq 0$，即该点不在可行解集内，则 $P(x)$ 将取很大的值，从而 $f(x) + \mu P(x)$ 的极小值不可能在该点达到。

$P(x)$ 的取法有很多，其中有很多技巧。惩罚函数法的优越性在于：在作一维搜索时，不必顾及迭代点是否满足约束条件。

数学规划的算法还有很多，各种算法各有优劣之处。使用哪种方法最好要看所面临的函数 $f(x,\theta), g_i(\theta), h_j(\theta)$ 的情况而定。有兴趣的读者可参见文献 (Nemhauser et al., 1989; 袁亚湘和孙文喻, 1997)。从这些算法可见，数学规划的算法都是用逐步搜索法给出最优解的近似值。这些算法结合着现代计算机的巨大功能，使得许多统计问题的计算不再成为一个拦路虎。因此，它们对统计的发展有很大贡献。

A.5　最优化稳定性理论

稳定性理论在数学规划中起着重要作用。稳定性理论的一个重要作用是，用以研究当所处理的数学规划问题 (或目标函数，或可行解集) 有微小变化时，其相应的解是否也只有微小变化。这一点在实际应用中特别重要，因为所建立的数学模型并不一定是非常精确的，不能因为所建立的模型与真实模型有微小出入就造成最优解的很大偏差。稳定性理论的另一个重要作用是，当面临的数学规划问题的目标函数 $f(x)$ 或可行解集 S 非常复杂时，求解十分困难。解决这一困难的办法之一就是用比较简单且逼近于该目标函数的函数 $f_k(x)$ 代替目标函数，用比较规则的且能逼近于 S 的集合 S_k 代替 S，形成一个近似问题，以求出近似解。近似解的合理性需要由稳定性理论保证。

粗略地说，最优化稳定性理论的主要内容如下：当一个 (无约束或有约束) 最优化问题序列趋近于某一极限 (最优化) 问题时，是否有它们的对应最优解序列的收敛性？

并不是所有的最优化问题都是稳定的，下面就是一个反例。设有一函数

$$f(x) = \begin{cases} x, & x \geqslant 0 \\ 0, & x < 0 \end{cases}$$

和一个函数序列

$$f_n(x) = \begin{cases} x, & x \geqslant 0 \\ \dfrac{x}{n}, & -n \leqslant x < 0 \\ -1, & x < -n \end{cases}$$

显然，对于任一 x，都有 $f_n(x) \to f(x)$，即 $f_n(x)$ 逐点收敛于 $f(x)$。但是，对此函数序列，没有最优解和最优值的收敛性。实际上有

$$\min f_n(x) = -1, \quad \min f(x) = 0$$

$$\text{Argmin}\, f_n = (-\infty, -n], \quad \text{Argmin}\, f = (-\infty, 0]$$

可见，$f_n(x)$ 逐点收敛于 $f(x)$ 不能保证它们的极小值的收敛性，也不能保证它们的最优解的收敛性。此例引自文献 (Attouch and Wets, 1981)。

只有在一定的条件下才能保证最优化问题的最优值和最优解序列的收敛性。

现已建立了许多种稳定性理论。这里，介绍一种比较有用的稳定性理论 —— 上图收敛性理论。相对而言，这种稳定性理论所要求的条件比较弱，而收敛性结果能满足常用的要求。这就是下面介绍的上图收敛性理论。

定义在 $\mathbf{R}^n$ 上的下半连续函数 $f(x)$ 的上图 (epigragh), 记为 epi f，是指 $\mathbf{R}^{n+1}$ 中的集合

$$\text{epi} f = \{(x, y) : y \geqslant f(x)\}$$

即函数 $f(x)$ 的图形的以上部分。每一个函数 $f(x)$ 与它的上图一一对应，上图也完全反映了对应函数的所有信息。实际上，给定一个上图，可得出函数值 $f(x) = \inf\{y : (x, y) \in \text{epi} f\}$。函数的分析性质也与其上图的性质有密切关系。例如，函数的下半连续性与上图集合是闭集相对应。因此，也可用上图序列的收敛性来定义相应函数序列的收敛性。

上图序列是一个集合序列。集合序列有多种收敛性，这里所用的是 Kuratowski 意义下的收敛性。

称集合序列 S_k 在 Kuratowski 意义下收敛于集合 S，如果

(1) 对任一点列 $\{u_k\}$，符合 $u_k \in S_k$ 且 $u_k \to u$，则一定有 $u \in S$；

(2) 对任一点 $u \in S$, 存在一点列 $\{u_{k_m}\}$，满足 $u_{k_m} \in S_{k_m}$ 且 $u_{k_m} \to u$。

注意：

定义 A.5.1 称函数序列 $f_k(x)$ 上图收敛于 $f(x)$，如果 epi f_k 在 Kuratowski 意义下收敛于集合 epi f。

然而，从定义 A.5.1 不容易验证 $f_k(x)$ 上图收敛于 $f(x)$。下面给出一个比较容易验证的分析形式下的定义。

定义 A.5.2　称函数序列 $f_k(x)$ 上图收敛于 $f(x)$，如果

(1) 对任一点列 $\{x_k\}$, 满足 $x_k \to x$，一定有

$$\liminf f_k(x_k) \geqslant f(x)$$

(2) 对任一点 x, 存在一点列 $\{x_{k_m}\}$ 满足 $x_{k_m} \to x$，使得

$$\limsup f_{k_m}(x_{k_m}) \leqslant f(x)$$

上面这两个定义是等价的。因为定义 A.5.2 是分析形式的，验证起来比较容易些。

对于无约束最优化问题有下列稳定性结果:

定理 A.5.1　若下半连续函数序列 $f_k(\cdot)$ 上图收敛于 $f(\cdot)$，则

$$\limsup \text{Argmin}\{f_k\} \subseteq \text{Argmin}\{f\}$$

其中 Argmin $\{f\}$ 是指 $f(x)$ 的极小值点的集合。

定理 A.5.1 断言，若 $x_k^* \in \text{Argmin}\{f_k\}$ 且 $x_k^* \to x^*$，则必有 $x^* \in \text{Argmin}\{f\}$，即 x^* 为 $f(x)$ 的极小值点。

对于有约束最优化 (即数学规划) 问题有下列稳定性结果:

定理 A.5.2　设有一数学规划问题序列 $\{\min f_k(x)|x \in S_k\}$, 诸 $f_k(x)$ 为下半连续函数，S_k 为闭集，并且 $f_k(x)$ 上图收敛于 $f(x)$，S_k 在 Kuratowski 意义下收敛于集合 S，则有

$$\limsup \underset{x \in S_k}{\text{Argmin}} f_k \subseteq \underset{x \in S}{\text{Argmin}} f$$

也就是说，数学规划问题序列 $\{\min f_k(x)|x \in S_k\}$ 的最优解的任一收敛子序列的极限点一定是极限数学规划问题的最优解。

关于这些结果可参见文献 (Attouch, 1984; 王金德, 1988, 1990)。

参 考 文 献

陈希儒. 1997. 数理统计引论. 北京: 科学出版社.

冯艳钦, 王金德. 2006. 多项分布总体的相等对增凸序问题的多样本检验. 数学学报, 49(6): 1217–1224.

唐庆国, 王金德. 2005. 变系数模型中的一步估计法. 中国科学, (1): 23–38.

王金德. 1988. 关于 epi- 收敛性理论的一些结果. 高等学校应用数学学报, 3(4): 520–527.

王金德. 1990. 随机规划. 南京: 南京大学出版社.

韦博成, 鲁国斌, 史建清. 1991. 统计诊断引论. 南京: 东南大学出版社.

袁亚湘, 孙文瑜. 1997. 最优化理论与方法. 北京: 科学出版社.

周秀轻, 王金德. 2005. 随机删失数据非线性回归模型的最小一乘估计. 中国科学, 35(4): 387–403.

Agresti A. 2002. Category Data Analysis. New York: John Wiley.

Agresti A, Coull B A. 1998. Ordered restricted inference using odds ratios for monotone trend alternatives in contingency tables. Computational Statistics and Data Analysis, 28: 139–155.

Agresti A, Coull B A. 2002. The analysis of contingency tables under inequality constraints. Journal of Statistical Planning and Inference, 107: 45–73.

Aitchison J, Silvey S. 1958. Maximum likelihood estimation of parameters subject to constraints. Annals of Mathematical Statistics, 29: 813–828.

Amemiya Y. 1985. What should be done when an estimated between-group covariance matrix is not nonnegative definite. Amer Statistician, 39: 112–117.

Armitage P. 1955. Tests for linear trends in proportions and frequencies. Biometrics, 11: 375–386.

Attouch H. 1984. Variational Convergence for Functions and Operators. London: Pitman.

Attouch H, Wets R. 1981. Approximation and convergence in nonlinear optimizatio. *In*: Mangazarian O, Meyer R, Robinson S. Nonlinear Programming 4. New York: Academic Press.

Bai Z D, Chen X R, Wu Y H, et al. 1990. Asymptotic normality of minimum L_1-norm estimation in linear models. Science in China, Ser A, 449–463.

Barlow R E, Bartholomew D J, Bremner J M, et al. 1972. Statistical Inference under Order Restrictions. New York: John Wiley.

Barrodale I, Roberts F. 1970. Application of mathematical programming to l_p approximation, *In*: Rosen J, Mangasarian O, Ritter K. Nonlinear Programming. New York: Academic Press: 447–464.

Barrodale I, Roberts F. 1973. An improved algorithm for discrete l_1 linear approximation. SIAM J Numer Anal, 10: 839.

Barrodale I, Roberts F. 1978. An efficient algorithm for discrete l_1 linear approximation with linear constraints. SIAM J Numer Anal, 13: 382.

Bartholomew D J. 1959a. A test of homogeneity for ordered alternatives. Biometrika, 46: 36–48.

Bartholomew D J. 1959b. A test of homogeneity for ordered alternatives 2. Biometrika, 46: 328–335.

Bartholomew D J. 1961a. Ordered tests in the analysis of variance. Biometrika, 48: 325–332.

Bartholomew D J. 1961b. A test of homogeneity of means under restricted alternarives. Journal of the Royal Statistical Society, Series B: 239–281.

Basset G, Koenker R. 1978. Asymptotic theory of least absolute error regressions. J Amer Statist Assoc, 73: 618–622.

Bazarra M, Shetty C. 1993. Nonlinear Programming. Berlin: Springer.

Benjamini Y, Hochberg Y. 1995. Controlling the false discovery rate. J. Royal Statist. Soc. B57: 289–300.

Benjamini Y, Yekutieli D. 2001. The control of false discovery rate in multiple testing under dependence. Annafs of statistics 29, 1165–1188.

Bhattacharya B, Dykstra R L. 1994. Statistical inference for stochastic ordering. *In*: Shaked M, Shanthikumar J G. Stochastic Orders and their Applications. Boston: Academic Press.

Biau G, Cadre B. 2004. Nonparametric spatial prediction. Statistical Inference for Stochastic Processes, 7: 327–349.

Billingsley P. 1968. Convergence of Probability Measures. New York: Wiley.

Brockwell P, Davis R. 1991. Time Series: Thcory and Methods, Berlin, Springer.

Charnes A, Cooper W, Ferguson R, et al. 1955. Optimal estimation of executive compensation by linear programming. Management Sci, 1: 138–151.

Chernoff H. 1954. On the distribution of likelihood ratio. Annals of Mathematical Statistics, 25: 573–578.

Chiu T, Leonard T, Tsui K. 1996. The matrix-Logrithmic covariance model. J Amer Statist Assoc, 91: 198–210.

Chuang-Stein C, Agresti A. 1997. A review of tests for detecting a monotone dose-response relationship with ordinal response data. Statistics in Medicine, 16: 2599–2618.

Cleveland W S, Grosse E, Shyu W M. 1992. Local regression models. *In*: Chambers J M, Hastie T J. Statistical Models. Wadsworth/Brooks-Cole,Pacific Grove,CA: 309–376.

Cochran W G. 1955. A test of a linear function of the deviations between obderved and expected number. Journal of the American Statistical Association, 50: 377–397.

Cook R, Weisberg S. 1982. Reciduals and Inference in Regression. New York: Chapman and Hall.

Cressie N A C. 1991. Statistics for Spatial Data. New York: Wiley.

Dardanoni V, Forcina F. 1998. A unified approach to likelihood inference on stochastic in a nonparametric context. Journal of the American Statistical Association, 93: 1112–1123.

Diggle P, Heagerty P, Liang K-Y, et al. 2002. Analysis of Longitudinal Data. Oxford, Oxford University Press.

Dodge Y. 1992. Statistical Data Analysis Based on the L_1-norm and Related Methods. Amsterdam, North Holland.

Dodge Y. 1997. L_1-Statistical Procedures and Related Topics. IMS Lecture Notes and Monographs Series, Vol, 31, Berkeley, USA.

Dosemeci M, Benichou J. 1998. An alternative test for trend in exposure-response analysis. Journal of Exposure Analysis and Environmental Epidemiology, 8: 9–15.

Dudoit S, van der Laan M. 2007. Multiple Testing Procedures and Applications to Genetics. Berlin: Springer.

Dykstra R L, Madsen R W, Fairbanks K. 1983. A nonparametric likelihood ratio test. Journal of Statistical Computing and Simulation, 18: 147–264.

Edwards L, Stewart P, Muller K, et al. 2001. Linear equality constraints in the general linear mixed model. Biometrika, 57: 1185–1190.

Fan J, Gijble I. 1995. Local Polynomial Modeling and Its Applications. London: Chapman Hill.

Fan J, Zhang J. 2000. Two-step estimation of functional linear models with applications to longitudinal data. J Roy Statist Soc Ser B, 62: 303–322.

Feng Y, Wang J. 2007a. Likelihood ratio testing against simple stochastic ordering alternative among several populations. J Statistical Planning and Inference, 137(4): 1362–1374.

Feng Y, Wang J. 2007b. Test for increasing convex order in multivariate response. Biostatistical J, 49: 7–17.

Feng Y, Wang J. 2008. Likelihood ratio test against stochastic order in three way contingency tables. Commun in Statist, 37(1): 81–96.

Francisco J, Gilberto A. 2004. One sided tests in linear models with Multivariate t-distribution. Communications in statistics: Simulation and Computation, 33: 747–771.

Franck W E. 1984. A likelihood ratio test for stochastic ordering. Journal of the American Statistical Association, 79: 686–691.

Franke J, Hardle W, Martin D. 1984. Robust and Nonlinear Time Series Analysis. Berlin: Springer-Verlag.

Goovaerts R, Kaas A, van Heerwaarden. 1990. Effective Actuarial Methods. Amsterdam: North-Holland.

Gou J, Wang J. 2008. A step-down test based on the likelihood ratio for multiple comparison with a control. J Nanjing Univ Math Biquaterly, 25: 131–140.

Grove D M. 1980. A testing of independence against a class of ordered alternatives in a $2 \times c$ contingency table. Journal of the Amercian Statistival Association , 75: 454–459.

Haining R. 2003. Spatial Data Analysis: Theory and Practice. UK: University Press.

Hallin M, Lu Z, Tran L T. 2004a. Kernel density estimation University Press spatial processes: the L_1 theory. Journal of Multivariate Analysis, 88: 61–75.

Hallin M, Lu Z, Tran L T. 2004b. Local linear spatial regression. Annals of Statistics, 32: 2469–2500.

Heller G, Simonoff J. 1990. A comparison of estimators for regression with censored response variable. Biometrika, 77(3): 515–520.

Hirotsu C. 1998. Isotonic inference. *In*: Armitage P, Colton T E. Encyclopedia of Biostatistics. Volume III. Wiley: Chichester: 2107–2115.

Hochberg Y, Tamhane A C. 1987. Multiple Comparison Methods. New York: Wiley.

Hsu J. 1996. Multiple Comparision: Theory and Methods. New York: Chapman and Hall.

Jennrich R. 1969. Asymptotic properties of nonlinear least square estimators. Ann Math Statist, 40: 633–643.

Jennrich R, Schluchter M. 1986. Unbalanced repeated measures models with structured covariance matrices. Biometrics, 42: 805–820.

Kaas A, van Heerwaarden, Goovaerts M. 1994. Ordering of Actuarial Risks, Education Series 1,CAIRE,Brussels.

Kalbfleisch J D, Prentice R L. 1980. The Statistical Analysis of Failure Time Data. New York: Wiley.

Koenker R. 2005. Quantile Regression. London: Cambridge University Press.

Kudo A. 1963. A multivariate analogue of the one-sided test. Biometrika, 50: 403–418.

Lehmann E. 1994. Testing Statistical Hypothesses. New York: Chapman and Hall.

Lehmann E, Romano J, Shaffer J, 2005. On optimality of stepdown and stepup multiple test procedures. Annals of Statist, 33: 1084–1108.

Liu X, Wang J. 2003. Testing for increasing convex order in several populations. The Institute of Statistical Mathematics, 55: 121–136.

Liu X, Wang J. 2004. Testing the equality of multinomial ordered by increasing convexity under the alternative. Can J Statist, 32(2): 159–168.

Lu Z, Chen X. 2004. Spatial kernel regression estimation: weak consistency. Statistics and Probability Letters, 68: 125–136.

Lucas L A, Wright F T. 1991. Testing for and against a stochastic ordering between multivariate multinomial populations. Journal of Multivariate Analysis, 38: 167–186.

Mack G, Wolfe D. 1981. *k*-sample rank tests for umbrella alternatives. J Amer Statist Asso, 76: 175.

Magnus J. 1978. Maximum likelihood estimation of the GLS model with unknown parameters in the disturbance covariance matrix. J of Econometrics, 7: 281–312.

Mammen G. 1991. Estimationg a smooth monotone regression function. Ann Statist, 19: 724–740.

Marcus R, Peritz E, Gabriel K. 1976. On closed testing procedures with special reference to ordered analysis of variance. Biometrika, 63: 655–660.

Mukerjee H, Tu R. 1995. Order-restricted inference in linear regression. J Amer Statist Assoc, 90: 717–729.

Narula S. 1982. Optimization techniques in linear regression: A Review. *In*: Zanakis S, Rustagi J. Optimization in Statistics. Amsterdam: North-Holland.

Nemhauser G, Rinnooy Kan A, Todd M. 1989. Optimization. Amsterdam: North-Holland.

Perlman M. 1968. One-sided problems in multivariate analysis. Ann Math Statist, 40: 549–567.

Piegorsch W. 1990. One-sided significance tests for generalized linear models under dichotomous response. Biometrics, 46: 309–316.

Pollard D. 1991. Asymptotics for least absolute deviation regression estimators. Econometric Theory, 7: 186–199.

Powell J L. 1984. Least absolute deviation for the censored regression model. Journal of Econometrics, 25: 303–325.

Powell J L. 1986. Censored regression quantiles. Journal of Econometrics, 32: 143–155.

Prakasa Rao B L S. 1975. Tightness of probability measures generated by stochastic processes on metric spaces. Bull Inst Math Acad Sinica, 3: 353–367.

Prakasa Rao B L S. 1983. Nonparametric Functional Estimation. Orlando: Academic Press.

Prakasa Rao B L S. 1987. Asymptotic Theory of Statistical Inference. New York: John Wiley.

Rao C R. 1972. Linear Statistical Inference and Its Applications. New York: John Wiley.

Rao C R, Zhao L C. 1993. Asymptotic normility of LAD estimator in censored regression models. Math. Methods of Statist, 2(3): 228–239.

Robertson T, Wright F T. 1981. Likelihood ratio tests for and against a stochastic ordering between multinomial populations. The Annals of Statistics, 9: 1248–1257.

Roberston T, Wright F T, Dykstra R L. 1988. Order Restricted Statistical Inference. New York: John Wiley.

Rockafellar J. 1970. Convex Analysis. Princeton: Princeton University Press.

Roy J. 1958. Step-down procedure in multivariate analysis. Ann Math Statist, 29: 1177–1187.

Ruberg S. 1995. Dose-response studies. Journal of Biopharmaceutical Statistics, 5: 1–14.

Sahai H, Ojeda M. 2004. Analysis of Uariance for Random Models. Berlin: Birkhauser.

Schöenfield D. 1986. Confidence bounds for normal means under order restriction, with applications to dose-response curves,toxicology experiments and low-dose extrapolation. J Amer Statist Asso, 81: 186–195.

Searle S. 2006. Variance Components. New York: Wiley.

Sen P, Silvapulle M. 2002. An appraisal of some espects of statistical inference under inequality constraints. J Statist Plann Infer, 107: 3–43.

Shaked M and Shanshikumar J. 2007. Stochastic Orders. New York: Springer.

Shapiro A. 1985. Asymptotic distribution of test statistics in the analysis of moment structures under inequality constraints. Biometrika, 72: 133–144.

Shapiro A. 1988. Towards a unified theory of inequality constrained testing in multivariate analysis. International Statistical Review, 56: 49–62.

Shi N Z. 1991. A test of homogeneity of odds ratios agaist order restriction. J Amer Statist Assoc, 86: 154–158.

Shi N Z. 1994. Maximum likelihood estimation of means and variances from normal populations under simultaneous order restrictions. J Multi Anal, 50: 282–293.

Silvapulle M, Sen P. 2005. Constrained Statistical Inference: New York: Wiley Interscience.

Silvapulle M, Silvapulle P. 1995. A Score test against one-sided alternatives. J Amer Statist Assoc, 90: 342–349.

Stoer J, Witzgal C. 1970. Convexity and optimization in finite dimensions. New York: John Wiley.

Stoyan D, Daley D. 1983. Comparsion Methods for Queues and Other Stochastic Models. New York: John Wiley.

Tan M, Fang H, Tian G, et al. 2005. Repeated measuresmodels with constrained parameters for incomplete data in tumour xenograft experients. Statist Med, 24: 109–119.

Tang Q G, Wang J. 2005. L_1-estimation for varying coefficient models. Statistics, 39(5): 389–404.

Wang F T, Scott D W. 1994. The L_1 method for robust nonparametric regression. Journal of the American statistical Association, 89: 65–76.

Wang J. 1995. Asymptotic normality of L_1-estimators in nolinear regression. J of Multivariate Anal, 54: 227–238.

Wang J. 1996. The asymptotics of least-squares estimators for constrained nonlinear regression. The Annals of Statistics, 24: 1316–1326.

Wang J. 2000. Approximate representation of estimators in constrained regression problems,Scandinavian J. Statistics, 27: 21–33.

Wang L, Wang J. 1999. Asymptotic distribution of L_1-estimators of stationary AR(p) models . Acta Mathematica Sinica, 42(5): 259–267.

Wang L, Wang J. 2004. Limiting distribution of L_1 estimators for time series with threshold. JMVA, 89: 243–260.

Wang Y. 1996b. A likelihood ratio against stochastic ordering in several population. Journal of the American Statistical Association, 91: 1676–1683.

Wu J F. 1981. Asymptotic theory of nonlinear least squares estimation. Ann Statist, 9: 501–513.

Xu J, Wang J. 2008a. ML estimators for longitudinal data with inequality constraints. Communi. In Statist. Theory and Methods, 37(6): 931–946.

Xu J, Wang J. 2008b. Linear constrained weighted least-squares estimation of marginal linear models with longitudinal data. J Statist Plan Inffer, 138: 1905–1918.

Xu R, Wang J. 2008c. L_1 estimation for spatial nonparametric regression. J Nonparametric Statistics, 20(6): 523–537.

Yanagawa T, Fujii Y. 1990. Homogeneity test with a generalized Mantel-Haenszel estimator for $L2 \times J$ contingency table. J Amer Statist Assoc, 85: 744–748.

Yang G L. 2000. Some recent development in nonparametric inference for right censored and randomly truncated data. *In*: Rao C R. Statistics for 21 Century.

Zhou X, Wang J. 2005. A genetic method of LAD estimation for models with censored data. Comput Statist Data Anal, 48: 451–466.

致　谢

本书所述的内容基本上都是作者以及作者与他的学生们的研究成果。在本书出版之际，作者感谢国家自然科学基金、教育部博士点基金、江苏省自然科学基金对作者研究工作的支持；感谢许多统计学和运筹学专家对作者的研究和本书的写作、出版的支持与关心。特别地，感谢中国科学技术大学赵林城教授在作者刚转到数理统计方向时给予的帮助，以及中国科学院韩继业研究员、李国英研究员和北京大学耿直教授对本书的推荐。在本书的撰写过程中，在作图、Tex 文件处理、计算等方面，作者得到了他的学生们，特别是许静、汪红霞、勾建伟等的大力帮助，在此深表谢意。本书的出版得到了中国科学院科学出版基金委员会的大力资助。在出版过程中，王丽平编辑付出了辛勤的劳动，在此致以衷心感谢。

王金德

2011 年 2 月 8 日

于南京大学数学系

《现代数学基础丛书》已出版书目

1 数理逻辑基础(上册) 1981.1 胡世华 陆钟万 著
2 数理逻辑基础(下册) 1982.8 胡世华 陆钟万 著
3 紧黎曼曲面引论 1981.3 伍鸿熙 吕以辇 陈志华 著
4 组合论(上册) 1981.10 柯 召 魏万迪 著
5 组合论(下册) 1987.12 魏万迪 著
6 数理统计引论 1981.11 陈希孺 著
7 多元统计分析引论 1982.6 张尧庭 方开泰 著
8 有限群构造(上册) 1982.11 张远达 著
9 有限群构造(下册) 1982.12 张远达 著
10 测度论基础 1983.9 朱成熹 著
11 分析概率论 1984.4 胡迪鹤 著
12 微分方程定性理论 1985.5 张芷芬 丁同仁 黄文灶 董镇喜 著
13 傅里叶积分算子理论及其应用 1985.9 仇庆久 陈恕行 是嘉鸿 刘景麟 蒋鲁敏 编
14 辛几何引论 1986.3 J.柯歇尔 邹异明 著
15 概率论基础和随机过程 1986.6 王寿仁 编著
16 算子代数 1986.6 李炳仁 著
17 线性偏微分算子引论(上册) 1986.8 齐民友 编著
18 线性偏微分算子引论(下册) 1992.1 齐民友 徐超江 编著
19 实用微分几何引论 1986.11 苏步青 华宣积 忻元龙 著
20 微分动力系统原理 1987.2 张筑生 著
21 线性代数群表示导论(上册) 1987.2 曹锡华 王建磐 著
22 模型论基础 1987.8 王世强 著
23 递归论 1987.11 莫绍揆 著
24 拟共形映射及其在黎曼曲面论中的应用 1988.1 李 忠 著
25 代数体函数与常微分方程 1988.2 何育赞 萧修治 著
26 同调代数 1988.2 周伯壎 著
27 近代调和分析方法及其应用 1988.6 韩永生 著
28 带有时滞的动力系统的稳定性 1989.10 秦元勋 刘永清 王 联 郑祖庥 著
29 代数拓扑与示性类 1989.11 [丹麦] I.马德森 著
30 非线性发展方程 1989.12 李大潜 陈韵梅 著

31 仿微分算子引论 1990.2 陈恕行 仇庆久 李成章 编
32 公理集合论导引 1991.1 张锦文 著
33 解析数论基础 1991.2 潘承洞 潘承彪 著
34 二阶椭圆型方程与椭圆型方程组 1991.4 陈亚浙 吴兰成 著
35 黎曼曲面 1991.4 吕以辇 张学莲 著
36 复变函数逼近论 1992.3 沈燮昌 著
37 Banach 代数 1992.11 李炳仁 著
38 随机点过程及其应用 1992.12 邓永录 梁之舜 著
39 丢番图逼近引论 1993.4 朱尧辰 王连祥 著
40 线性整数规划的数学基础 1995.2 马仲蕃 著
41 单复变函数论中的几个论题 1995.8 庄圻泰 杨重骏 何育赞 闻国椿 著
42 复解析动力系统 1995.10 吕以辇 著
43 组合矩阵论(第二版) 2005.1 柳柏濂 著
44 Banach 空间中的非线性逼近理论 1997.5 徐士英 李 冲 杨文善 著
45 实分析导论 1998.2 丁传松 李秉彝 布 伦 著
46 对称性分岔理论基础 1998.3 唐 云 著
47 Gel'fond-Baker 方法在丢番图方程中的应用 1998.10 乐茂华 著
48 随机模型的密度演化方法 1999.6 史定华 著
49 非线性偏微分复方程 1999.6 闻国椿 著
50 复合算子理论 1999.8 徐宪民 著
51 离散鞅及其应用 1999.9 史及民 编著
52 惯性流形与近似惯性流形 2000.1 戴正德 郭柏灵 著
53 数学规划导论 2000.6 徐增堃 著
54 拓扑空间中的反例 2000.6 汪 林 杨富春 编著
55 序半群引论 2001.1 谢祥云 著
56 动力系统的定性与分支理论 2001.2 罗定军 张 祥 董梅芳 著
57 随机分析学基础(第二版) 2001.3 黄志远 著
58 非线性动力系统分析引论 2001.9 盛昭瀚 马军海 著
59 高斯过程的样本轨道性质 2001.11 林正炎 陆传荣 张立新 著
60 光滑映射的奇点理论 2002.1 李养成 著
61 动力系统的周期解与分支理论 2002.4 韩茂安 著
62 神经动力学模型方法和应用 2002.4 阮 炯 顾凡及 蔡志杰 编著
63 同调论——代数拓扑之一 2002.7 沈信耀 著
64 金兹堡-朗道方程 2002.8 郭柏灵 黄海洋 蒋慕容 著

65　排队论基础　2002.10　孙荣恒　李建平　著
66　算子代数上线性映射引论　2002.12　侯晋川　崔建莲　著
67　微分方法中的变分方法　2003.2　陆文端　著
68　周期小波及其应用　2003.3　彭思龙　李登峰　谌秋辉　著
69　集值分析　2003.8　李　雷　吴从炘　著
70　强偏差定理与分析方法　2003.8　刘　文　著
71　椭圆与抛物型方程引论　2003.9　伍卓群　尹景学　王春朋　著
72　有限典型群子空间轨道生成的格(第二版)　2003.10　万哲先　霍元极　著
73　调和分析及其在偏微分方程中的应用(第二版)　2004.3　苗长兴　著
74　稳定性和单纯性理论　2004.6　史念东　著
75　发展方程数值计算方法　2004.6　黄明游　编著
76　传染病动力学的数学建模与研究　2004.8　马知恩　周义仓　王稳地　靳　祯　著
77　模李超代数　2004.9　张永正　刘文德　著
78　巴拿赫空间中算子广义逆理论及其应用　2005.1　王玉文 著
79　巴拿赫空间结构和算子理想　2005.3　钟怀杰 著
80　脉冲微分系统引论　2005.3　傅希林　闫宝强　刘衍胜　著
81　代数学中的 Frobenius 结构　2005.7　汪明义　著
82　生存数据统计分析　2005.12　王启华　著
83　数理逻辑引论与归结原理(第二版)　2006.3　王国俊　著
84　数据包络分析　2006.3　魏权龄　著
85　代数群引论　2006.9　黎景辉　陈志杰　赵春来　著
86　矩阵结合方案　2006.9　王仰贤　霍元极　麻常利　著
87　椭圆曲线公钥密码导引　2006.10　祝跃飞　张亚娟　著
88　椭圆与超椭圆曲线公钥密码的理论与实现　2006.12　王学理　裴定一　著
89　散乱数据拟合的模型、方法和理论　2007.1　吴宗敏　著
90　非线性演化方程的稳定性与分歧　2007.4　马　天　汪宁宏　著
91　正规族理论及其应用　2007.4　顾永兴　庞学诚　方明亮　著
92　组合网络理论　2007.5　徐俊明　著
93　矩阵的半张量积:理论与应用　2007.5　程代展　齐洪胜　著
94　鞅与 Banach 空间几何学　2007.5　刘培德　著
95　非线性常微分方程边值问题　2007.6　葛渭高　著
96　戴维-斯特瓦尔松方程　2007.5　戴正德　蒋慕蓉　李栋龙　著
97　广义哈密顿系统理论及其应用　2007.7　李继彬　赵晓华　刘正荣　著
98　Adams 谱序列和球面稳定同伦群　2007.7　林金坤　著

99　矩阵理论及其应用　2007.8　陈公宁　编著
100　集值随机过程引论　2007.8　张文修　李寿梅　汪振鹏　高　勇　著
101　偏微分方程的调和分析方法　2008.1　苗长兴　张　波　著
102　拓扑动力系统概论　2008.1　叶向东　黄　文　邵　松　著
103　线性微分方程的非线性扰动(第二版)　2008.3　徐登洲　马如云　著
104　数组合地图论(第二版)　2008.3　刘彦佩　著
105　半群的 S-系理论(第二版)　2008.3　刘仲奎　乔虎生　著
106　巴拿赫空间引论(第二版)　2008.4　定光桂　著
107　拓扑空间论(第二版)　2008.4　高国士　著
108　非经典数理逻辑与近似推理(第二版)　2008.5　王国俊　著
109　非参数蒙特卡罗检验及其应用　2008.8　朱力行　许王莉　著
110　Camassa-Holm 方程　2008.8　郭柏灵　田立新　杨灵娥　殷朝阳　著
111　环与代数(第二版)　2009.1　刘绍学　郭晋云　朱　彬　韩　阳　著
112　泛函微分方程的相空间理论及应用　2009.4　王　克　范　猛　著
113　概率论基础(第二版)　2009.8　严士健　王隽骧　刘秀芳　著
114　自相似集的结构　2010.1　周作领　瞿成勤　朱智伟　著
115　现代统计研究基础　2010.3　王启华　史宁中　耿　直　主编
116　图的可嵌入性理论(第二版)　2010.3　刘彦佩　著
117　非线性波动方程的现代方法(第二版)　2010.4　苗长兴　著
118　算子代数与非交换 L_p 空间引论　2010.5　许全华　吐尔德别克　陈泽乾　著
119　非线性椭圆型方程　2010.7　王明新　著
120　流形拓扑学　2010.8　马　天　著
121　局部域上的调和分析与分形分析及其应用　2011.4　苏维宜　著
122　Zakharov 方程及其孤立波解　2011.6　郭柏灵　甘在会　张景军　著
123　反应扩散方程引论(第二版)　2011.9　叶其孝　李正元　王明新　吴雅萍　著
124　代数模型论引论　2011.10　史念东　著
125　拓扑动力系统——从拓扑方法到遍历理论方法　2011.12　周作领　尹建东　许绍元　著
126　Littlewood-Paley 理论及其在流体动力学方程中的应用　2012.3　苗长兴　吴家宏　章志飞　著
127　有约束条件的统计推断及其应用　2012.3　王金德　著
128　混沌、Mel′nikov 方法及新发展　2012.6　李继彬　陈凤娟　著
129　现代统计模型　2012.6　薛留根　著
130　金融数学引论　2012.7　严加安　著
131　零过多数据的统计分析及其应用　2013.1　解锋昌　韦博成　林金官　著

132　分形分析引论　2013.6　胡家信　著

133　索伯列夫空间导论　2013.8　陈国旺　编著

134　广义估计方程估计方程　2013.8　周　勇　著

135　统计质量控制图理论与方法　2013.8　王兆军　邹长亮　李忠华　著

136　有限群初步　2014.1　徐明曜　著

137　拓扑群引论(第二版)　2014.3　黎景辉　冯绪宁　著

138　现代非参数统计　2015.1　薛留根　著